Peter Engelmann

**Studentisches Wohnen im Passivhaus**

Peter Engelmann

# Studentisches Wohnen im Passivhaus

### Evaluierung energieeffizienter Studierendenwohnheime

**Südwestdeutscher Verlag für Hochschulschriften**

**Imprint**
Any brand names and product names mentioned in this book are subject to trademark, brand or patent protection and are trademarks or registered trademarks of their respective holders. The use of brand names, product names, common names, trade names, product descriptions etc. even without a particular marking in this work is in no way to be construed to mean that such names may be regarded as unrestricted in respect of trademark and brand protection legislation and could thus be used by anyone.

Publisher:
Südwestdeutscher Verlag für Hochschulschriften
is a trademark of
Dodo Books Indian Ocean Ltd., member of the OmniScriptum S.R.L Publishing group
str. A.Russo 15, of. 61, Chisinau-2068, Republic of Moldova Europe
Printed at: see last page
**ISBN: 978-3-8381-2529-9**

Zugl. / Approved by: Wuppertal, Bergische Universität, Dissertation, 2010

Copyright © Peter Engelmann
Copyright © 2011 Dodo Books Indian Ocean Ltd., member of the OmniScriptum S.R.L Publishing group

# Studentisches Wohnen im Passivhaus
Evaluierung energieeffizienter Studierendenwohnheime

Mit der Anwendung im Studierendenwohnheim findet das vom Wohnungsbau bis zur Produktionshalle umgesetzte Prinzip des Passivhauses in einer weiteren Gebäudetypologie Anwendung. Besonders sind vor allem die hohe Belegungsdichte und die Aufhebung der im Wohnungsbau üblichen Nutzungszonierungen: Wohnen, Arbeiten und Schlafen finden innerhalb eines Zimmers statt. Auch die Nutzerstruktur ist spezifisch: junge Bewohner im ersten eigenverantwortlich geführten Haushalt sowie hohe Fluktuation sind prägende Elemente.

Die Arbeit analysiert mehrere als Passivhaus umgesetzte Studierendenwohnheime. Bei den detailliert untersuchten Gebäuden handelt sich um Bauten mit Prototypencharakter – die *Bildungsherberge* Hagen, 2002 als erstes Wohnheim in passivhausbauweise errichtet, die *Neue Burse* in Wuppertal, im Jahr 2002 umgebaut, als größte Passivhaus- Sanierung im Wohnungsbau, das 2005 in der Wiener *Molkereistraße* fertiggestellte Wohnheim als eines der größten Passivhaus- Wohngebäude und erstes Passivhaus- Wohnheim in Österreich.

Gegenstand der Analysen ist, wie sich die Anwendung von passivhaus-typischen Merkmalen, also hochwertiger Wärmeschutz der Gebäudehülle, ventilatorgestützte Lüftung mit Wärmerückgewinnung und umfangreiche Nutzung interner und solarer Gewinne im Kontext der eingangs genannten Besonderheiten darstellt. Der Fokus liegt auf der technischen Gebäudeausrüstung, d.h. der Lüftung sowie der Wandlung, Verteilung und Bereitstellung von Wärme für Heizung und warmes Trinkwasser.
Zentrale Fragen sind:
Zeigen sich im Betrieb der Passivhaus- Wohnheime typische Problemstellungen?
Werden planerische Zielwerte erreicht? Ergeben sich Handlungsempfehlungen?
Wie wird das Wohnen im Passivhaus von den Nutzern angenommen?

Die Untersuchung basiert im Wesentlichen auf vier Methoden:
1. Erfassung von Betriebsdaten über ein mehrjähriges Monitoring,
2. Kurzzeitmessungen,
3. Nutzerbefragungen,
4. dynamischer Gebäudesimulation.

Das Monitoring stützt sich auf messtechnisch erfasste Daten, die in unterschiedlichem Detaillierungsgrad aus verschiedenen Zeiträumen vorliegen. Im Anschluss an die technische Bewertung stehen die Bewohner im Vordergrund: Der Komfort in Sommer und Winter ist Gegenstand messdatengestützter Analyse und mit Hilfe von Nutzerbefragungen überprüftem subjektiven Empfinden.

Die Auswertung von Verbrauchsdaten verdeutlicht den Einfluss der hohen Belegungsdichte: durch Reduktionen bei der Heizwärme wird der Wärmeverbrauch der Trinkwassererwärmung zur dominierenden Größe. Die Energiekennwerte der untersuchten Objekte liegen zwar deutlich unter dem Niveau des zum Vergleich ermittelten Durchschnitts anderer Wohnheime, in der Planungsphase berechnete Daten werden jedoch überschritten. Die Messungen zeigen Gründe für den Mehrverbrauch aber auch Grenzen der eingesetzten Technik.

Zentrale Ergebnisse sind:
Herausforderungen in der Betriebsführung: Durch die stark verringerten Heizlasten ge-winnen Verteil- und Bereitstellungsverluste einen hohen Stellenwert und zeigen oft deutliches Optimierungspotential.
Nicht angepasstes Nutzerverhalten: Unkenntnis über die technische Anlagen und hohe Fluktuation der Nutzer stellen hohe Anforderungen an die Haustechnik.
Dominanz der Trinkwassererwärmung: Der Energieverbrauch zur Bereitstellung warmen Trinkwassers kann den Heizwärmeverbrauch bis um den Faktor zwei übersteigen.

Erkenntnisse des realen Betriebs bilden den Hintergrund für die Erstellung von Nutzungsprofilen, die als Grundlage für simulationsgestützte Analysen dienen. Die Variation zentraler Parameter beantwortet Fragestellungen aus realen Beobachtungen und untersucht qualitativ Varianten des Einsatzes verschiedener Techniken. Durch hohe Lastwechsel stößt das funktionale Kriterium des Passivhauses, die Beheizbarkeit über die nötige Frischluft, in Studierendenwohnheimen an seine Grenzen. Größtes Einsparpotential, auch primärenergetisch gesehen, zeigt sich bei einer anwesenheitsgesteuerten Lüftung, die Heizwärme und den Be-darf der Hilfsenergie reduziert. Die Aussagen aus dem Simulationsmodell werfen bei der praktischen Umsetzung aber vor allem konstruktive Fragen auf, die im Modell nicht berücksichtigt und bei einer realen Planung zu prüfen sind.

# Inhalt

| | | |
|---|---|---|
| 1. | Studentisches Wohnen | 2 |
| 1.1. | Verbrauchsdaten Studierendenwohnheime | 3 |
| 1.1.1. | Verbrauch Wärme Strom und Wasser | 4 |
| 1.1.2. | Ökonomische Randbedingungen – Kosten für Energie und Wasser | 8 |
| 1.2. | Benchmark Wohnheime – Studentisches Wohnen in Zahlen | 11 |
| 2. | Die Objekte | 14 |
| 2.1. | Die Neue Burse in Wuppertal | 14 |
| 2.1.1. | Bauabschnitt Niedrigenergiehaus | 16 |
| 2.1.2. | Bauabschnitt Passivhaus | 19 |
| 2.1.3. | Art und Umfang der Messdatenerfassung, Neue Burse | 22 |
| 2.2. | Die Bildungsherberge in Hagen | 23 |
| 2.2.1. | Art und Umfang Messdatenerfassung, Bildungsherberge | 28 |
| 2.3. | Wohnheim Molkereistraße in Wien | 28 |
| 2.3.1. | Art und Umfang der Messdatenerfassung, Molkereistraße | 33 |
| 2.4. | Andere Referenz- und Vergleichsobjekte | 33 |
| 2.4.1. | Niedrigenergie- und Passivhaus Umweltcampus Birkenfeld | 35 |
| 2.4.2. | Wohnheim auf dem Solarcampus Jülich | 37 |
| 3. | Technischer Betrieb | 40 |
| 3.1. | Jahresbilanzen Energiebezug | 41 |
| 3.1.1. | Klimatische Randbedingungen im Betrachtungszeitraum | 41 |
| 3.1.2. | Endenergieverbrauch der untersuchten Objekte | 43 |
| 3.1.3. | Primärenergieverbrauch und Klimagasemissionen | 45 |
| 3.1.4. | Aufteilung Nutzenergie Wärme | 48 |
| 3.1.4.1. | Neue Burse, Niedrigenergiehaus | 50 |
| 3.1.4.2. | Neue Burse, Passivhaus | 51 |
| 3.1.4.3. | Bildungsherberge | 52 |
| 3.1.4.4. | Molkereistraße | 53 |
| 3.2. | Betriebsanalyse Endenergie Wärme | 54 |
| 3.2.1. | Konzepte und Betrieb von Heizwärmezufuhr und Lüftung | 54 |
| 3.2.1.1. | zentrale Lüftungsanlage, zentrale Zulufterwärmung – Neue Burse PH | 55 |
| 3.2.1.2. | zentrale Lüftungsanlage, semizentrale Luftheizung - Bildungsherberge | 60 |
| 3.2.1.3. | Zentrale Lüftungsanlage, Heizkörper – Birkenfeld und Jülich | 67 |
| 3.2.1.4. | Dezentrale Lüftungsgeräte, Heizkörper – Wien und Jülich | 69 |
| 3.2.1.5. | Heiz- und Lüftungskonzepte – Vor- und Nachteile der Systeme | 71 |
| 3.2.2. | Untersuchung der Heizkennfelder | 74 |
| 3.2.2.1. | Quantifizierung nutzbarer innerer Quellen | 75 |

| | | |
|---|---|---|
| 3.2.2.2. | Einfluss passiv solarer Gewinne | 79 |
| 3.2.2.3. | Neue Burse, Niedrigenergiehaus | 81 |
| 3.2.2.4. | Neue Burse, Passivhaus | 84 |
| 3.2.2.5. | Bildungsherberge | 86 |
| 3.2.2.6. | Molkereistraße | 88 |
| 3.2.2.7. | Heizkennfelder: Bereitstellungsverluste und Einfluss des Nutzerverhaltens | 90 |
| 3.2.3. | Wasserverbrauch und Trinkwassererwärmung | 92 |
| 3.2.3.1. | Neue Burse | 92 |
| 3.2.3.2. | Bildungsherberge | 96 |
| 3.2.3.3. | Molkereistraße | 100 |
| 3.2.3.4. | warmes Wasser – dominierender Verbrauch im Studierendenwohnheim | 102 |
| 3.3. | Betriebsanalyse Endenergie elektrischer Strom | 104 |
| 3.3.1. | Spezifische Kennwerte und Anteil Stromverbrauch TGA | 104 |
| 3.3.1.1. | Neue Burse, Niedrigenergiehaus | 104 |
| 3.3.1.2. | Neue Burse, Passivhaus | 105 |
| 3.3.1.3. | Bildungsherberge | 106 |
| 3.3.1.4. | Molkereistraße | 107 |
| 3.3.1.5. | Stromverbrauch TGA – erhöhter Nutzen mit erhöhtem Aufwand? | 110 |
| 3.3.2. | Nutzungsabhängiger Stromverbrauch | 112 |
| 3.3.2.1. | Neue Burse | 112 |
| 3.3.2.2. | Molkereistraße | 114 |
| 3.3.2.3. | Andere Vergleichsobjekte in Wien und Wuppertal | 115 |
| 3.3.2.4. | Stromverbrauch der Nutzung - typische Verbrauchsprofile | 117 |
| 3.4. | Fazit Betriebsanalyse – Passivhaustechnik im Studierendenwohnheim | 117 |
| 4. | Nutzung und Komfort | 120 |
| 4.1. | Lüftung und Luftqualität | 120 |
| 4.1.1. | Neue Burse NEH | 120 |
| 4.1.2. | Neue Burse PH | 124 |
| 4.1.3. | Bildungsherberge | 126 |
| 4.1.4. | Molkereistraße | 127 |
| 4.1.5. | Solarcampus Jülich und Umweltcampus Birkenfeld | 128 |
| 4.2. | Nutzung und Komfort im Winter | 130 |
| 4.2.1. | Messtechnische Erfassung und Analyse | 130 |
| 4.2.1.1. | Messungen im Winter, Neue Burse NEH | 130 |
| 4.2.1.2. | Messungen im Winter, Neue Burse PH | 133 |
| 4.2.1.3. | Messungen im Winter, Bildungsherberge | 136 |
| 4.2.1.4. | Messungen im Winter Molkereistraße | 140 |
| 4.2.2. | Nutzung und Komfort im Winter - Nutzerbefragung | 142 |
| 4.2.2.1. | Befragung im Winter, Neue Burse | 142 |

| | | |
|---|---|---|
| 4.2.2.2. | Befragung im Winter, Molkereistraße | 149 |
| 4.2.2.3. | Befragung im Winter, Solarcampus Jülich und Umweltcampus Birkenfeld | 151 |
| 4.2.3. | Komfort im Winter – Fazit aus Messung und Befragung | 152 |
| 4.3. | Nutzung und Komfort im Sommer | 155 |
| 4.3.1. | Messtechnische Erfassung und Analyse | 155 |
| 4.3.1.1. | Messungen im Sommer, Neue Burse NEH | 155 |
| 4.3.1.2. | Messungen im Sommer, Neue Burse PH | 157 |
| 4.3.1.3. | Messungen im Sommer, Bildungsherberge | 157 |
| 4.3.1.4. | Messungen im Sommer, Molkereistraße | 158 |
| 4.3.2. | Nutzung und Komfort im Sommer - Nutzerbefragung | 159 |
| 4.3.2.1. | Befragung im Sommer, Neue Burse | 159 |
| 4.3.2.2. | Befragung im Sommer, Molkereistraße | 162 |
| 4.3.2.3. | Befragung im Sommer, Jülich und Birkenfeld | 163 |
| 4.3.3. | Komfort im Sommer – Fazit aus Messung und Befragung | 163 |
| 4.4. | Fazit Nutzung und Komfort – die Konzepte aus Sicht der Nutzer | 164 |
| 5. | Simulation | 168 |
| 5.1. | Das Modell | 168 |
| 5.1.1. | Konstruktion und Aufbau | 169 |
| 5.1.2. | Klimatische Randbedingungen | 174 |
| 5.1.3. | Lüftung – unterschiedliche Konzepte | 174 |
| 5.1.4. | Heizung und Kühlung | 175 |
| 5.1.5. | Nutzung – interne Quellen und Fensterlüftung | 177 |
| 5.2. | Ergebnisse | 180 |
| 5.2.1. | Verteilung der Nutzerprofile | 180 |
| 5.2.2. | Einfluss der Belegung auf die Heizleitung | 182 |
| 5.2.3. | Einfluss der Ausrichtung auf die Szenarien | 184 |
| 5.2.4. | Einfluss Wärmebereitstellungsgrad der Lüftung | 187 |
| 5.2.5. | Dämmung der Trennwände und interne Wärmeströme | 190 |
| 5.2.6. | Wärmeschutz vs. Lüftungskonzept | 195 |
| 5.2.7. | Einfluss der Auslastung am Wochenende | 196 |
| 5.2.8. | Verhalten bei reduzierter Heizleistung | 197 |
| 5.2.9. | Stromverbrauch der Ventilatoren | 202 |
| 5.3. | Fazit Simulation – Maßnahmen und Nutzen | 203 |
| 6. | Literatur | 207 |

# Studentisches Wohnen

Wohnheime für Studierende - Hintergründe
Studentisches Wohnen in Zahlen:
Ermittlung von Verbrauchsdaten und -kosten als Vergleichsgrundlage

1

# 1. Studentisches Wohnen

Von den etwa 2 Millionen eingeschriebenen Studierenden wohnen etwa 11% in einem Wohnheim. Bundesweit werden insgesamt 225.885 mit öffentlichen Mitteln geförderte Wohnheimplätze zur Verfügung gestellt, 181.285 davon durch die Deutschen Studentenwerke [SZE07].

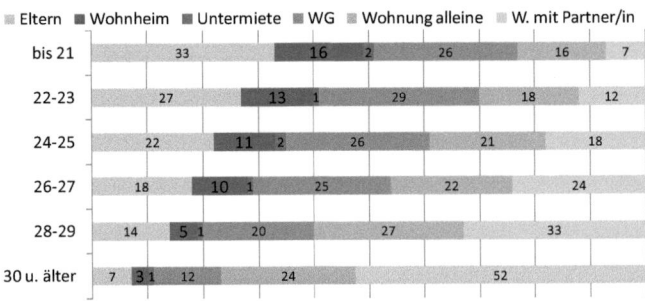

**Bild 1.1)** Verteilung der Studierenden auf unterschiedliche Wohnformen bei unterschiedlichen Altersgruppen. In ein Wohnheim ziehen vor allem junge Studierende, für die das Wohnheim die erste eigene Wohnung darstellt.
Quelle: [SZE07]

Wohnheime stellen vor allem für Studierende in den Anfangssemestern sowie für diejenigen, die über ein geringes Einkommen verfügen oder aus größerer Entfernung (speziell Ausland) stammen, eine Alternative zum freien Wohnungsmarkt dar.

Das Leben im Wohnheim ist in der Regel aber keine dauerhafte studentische Wohnform, sondern reiht sich ein in das typische Verlaufsmuster genutzter Wohnformen – von den Eltern über das Wohnheim oder die Wohngemeinschaft hin zu einer eigenen Wohnung mit dem Partner bzw. der Partnerin [HIS09].

Als Vorteil von Wohnheimen werden i.d.R. die Nähe zur Hochschule, günstige Mieten und verbreitet der günstige Anschluss ans Internet angegeben. Als Mangel werden die zur Verfügung stehende Wohnraumgröße und die Sauberkeit in Gemeinschaftsküchen und sanitären Einrichtungen am häufigsten kritisiert [HIS09].

Kapitel 1.1 gibt einen groben Überblick über „Studentisches Wohnen in Zahlen". Aus einer Querschnittsanalyse ausgewählter Studentenwohnheime werden spezifische Kenngrößen für Energie- und Wasserverbrauch sowie deren Kosten ermittelt. Diese Daten dienen als Vergleichsgrundlage, um die Nutzungsform „Studentenwohnheim" in den Kontext des „normalen" Wohnungsbaus zu setzen, aber speziell auch, um eine Vergleichsgrundlage für die im Detail untersuchten Passivhaus- Wohnheime zu haben und Objekte gleicher Nutzungsart gegenüberzustellen.

## 1.1. Verbrauchsdaten Studierendenwohnheime

Um ermittelte Kenndaten – vor allem Verbrauchsdaten – der in dieser Arbeit untersuchten Objekte in einen Kontext zu stellen, ergibt sich die Frage nach einem Bezugssystem mit gleicher Nutzungsstruktur.

Dabei zeigte sich, dass für die Nutzungsart „Studierendenwohnheim" keine Vergleichsgrundlage existiert, in der die Nutzungsart „Studierendenwohnheim" ausreichend detailliert abgegrenzt wird[1]. Um dennoch einen Vergleich herstellen zu können, wurde eine Primärerhebung durchgeführt. Dazu wurde eine Auswahl an Studentenwerken angeschrieben und gebeten, einen Fragebogen mit der Erfassung zentraler Gebäudekenndaten sowie den Verbrauchsdaten und –kosten der Jahre 2005 bis 2008 anzugeben. Neben den reinen Verbrauchsdaten wurden auch Informationen zum Gebäude abgefragt, wie Alter, Größe und Wohnform, sowie zu technischen Parametern wie Art der Wärmeerzeugung oder der Trinkwassererwärmung [BENCH09]. Aus dem Rücklauf der angeschriebenen Studentenwerke konnten Daten aus 28 Wohnheimen zusammengetragen werden, für die detaillierte Informationen zu den Gebäuden zur Verfügung standen. Für weitere 17 Wohnheime waren nur Verbrauchsdaten für Wärme und Strom ermittelbar, ohne weitere Informationen zum Gebäude selbst. Bei den Wohnheimen handelt es sich neben einzelnen Gebäuden auch um Gebäudegruppen oder Wohnsiedlungen. Die Verbrauchswerte und -kosten sind i.d.R. die am Abrechnungszähler abgelesenen Jahresdifferenzen bzw. die dafür vom Versorgungsunternehmen in Rechnung gestellten Kosten.

Bei der Auswertung wurde als Bezugsgröße kein flächengewichteter Bezug hergestellt, sondern die Anzahl der Wohneinheiten (WE) zu Hilfe genommen. Diese Bezugsgröße wurde gewählt, da die Angaben zu Flächen nicht einheitlich vorliegen (Flächenangaben von BGF bis zu reiner Wohn- Nutzfläche), was beim Vergleich zu verzerrten Darstellungen führen würde. Zusätzlich ist die Wohneinheit die zentrale Funktionseinheit der Wohnheime, sodass sich bei der Umrechnung eine gute Vergleichbarkeit der Daten ergibt. Da die Verbrauchswerte überwiegend nutzungsabhängig sind, spielt auch die Belegung des Wohnheims eine entscheidende Rolle. Die Auslastung der Wohnheime wurde daher mit abgefragt. Bei den 28 detailliert erfassten Wohnheimen lag sie nach Angaben der Betreiber allerdings bei allen Wohnheimen bei über 90%, sodass Verbrauchsschwankungen durch Teilauslastung kaum Einfluss haben sollten (bei den 17 Wohnheimen, von denen nur die Verbrauchsdaten zur Verfügung stehen, kann hierzu keine Aussage gemacht werden). Allerdings bleibt auch hier zu beachten, dass sich die tatsächliche Anwesenheit der Nutzer stark unterscheiden kann. Auch wenn Wohnungen das ganze Jahr über vermietet waren, kann

---

[1] In [VDI3807] werden „Wohnheime" genannt, dies bezieht sich aber nicht explizit auf Studierendenwohnheime, sondern gilt als Sammelbegriff z.B. auch für Alten- und Pflegeheime.

die tatsächliche Aufenthaltszeit stark unterschiedlich ausgeprägt sein (Belegung Wochenende, Semesterferien, etc.)

### 1.1.1. Verbrauch Wärme Strom und Wasser

Bild 1.2 zeigt mittlere Endenergie- Verbrauchskennwerte der erfassten Wohnheime. Da es bei der Bewertung des Endenergieverbrauchs eine große Rolle spielt, ob die Erwärmung des Trinkwarmwassers (TWW) im Wärme- oder im Stromverbrauch enthalten ist, sind die Verbrauchsdaten entsprechend getrennt dargestellt. Der mittlere Stromverbrauch von 1136 kWh/WE bzw. 1890 kWh/WE liegt damit etwa auf dem Niveau von zwei-Personen Haushalten im bundesdurchschnitt von umgerechnet 1750 kWh/(Person,a) [BDEW10], [ENRW10].

Die Wärmeverbrauchsdaten sind nicht klimabereinigt, stammen aber alle aus den gleichen Bezugsjahren, sodass sich zwar regionale klimatische Unterschiede auswirken, jährliche Schwankungen aber für alle ähnlich gelten.

**Bild 1.2)** Verbrauchsdaten von 25 Wohnheimen. Bezugsgröße ist die Anzahl Wohneinheiten (WE), Mittelwerte aus 2005 bis 2008. Bei den meisten Wohnheimen erfolgen Bereitstellung von Heizwärme und Trinkwassererwärmung gemeinsam, bei anderen dezentral elektrisch. Durch die geringe Anzahl an Wohnheimen mit elektrischer TW Erwärmung sind Aussagen über den Wärmeverbrauch wenig belastbar. Der Stromverbrauch ist im Mittel jedoch um ca. 700 kWh/WE erhöht.

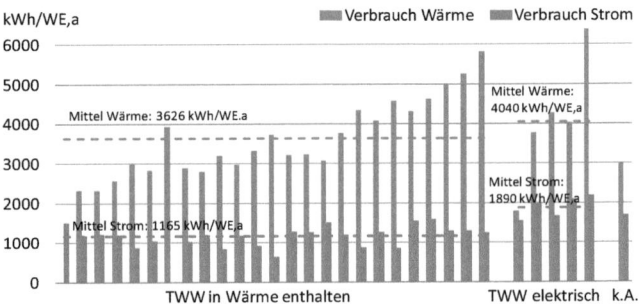

Aus dem angegebenen Endenergieverbrauch wurde unter Angabe des Energieträgers der Wärmeversorgung der Primärenergieverbrauch berechnet. Bei der Angabe von „Fernwärme" als Energieträger konnte nicht immer ermittelt werden, aus welcher Energiequelle (Heizkraftwerk, KWK, Einsatz erneuerbarer Brennstoffe,...) diese stammt. Um die Bewertung einheitlich zu gestalten, wurde bei Fernwärme mit dem PE Faktor 1 gerechnet, die anderen Umrechnungsfaktoren wurden gemäß [DIN18599] eingesetzt. Im Durchschnitt ergibt sich ein Primärenergieverbrauch von 7849 kWh/WE (siehe Bild 1.3).

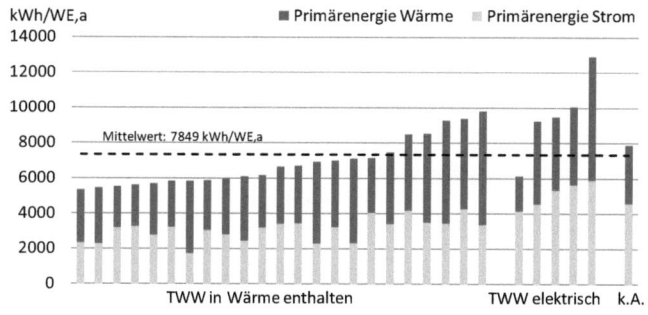

**Bild 1.3)** Aus dem Endenergieverbrauch umgerechneter Primärenergieverbrauch der Wohnheime. Falls die Wärmeversorgung über Fernwärme erfolgt, wurde mit einem PE-Faktor von 1 gerechnet, da der genaue PE Faktor für Fernwärme (d.h. mit oder ohne KWK) nicht für alle ermittelt werden konnte. Strom wurde gemäß [DIN18599] mit 2,7 gerechnet.

Das arithmetische Mittel des Wasserverbrauchs (Bild 1.4) liegt bei 45,6 m³/WE und ist damit identisch mit dem Bundesdurchschnitt von 45,6 m³/Pers [BDEW08][2], zeigt jedoch eine große Streuung. Zwischen dem geringsten und dem höchsten Verbrauch liegen 42 m³/WE bzw. der Verbrauch im Wohnheim mit dem höchsten Verbrauch ist doppelt so hoch wie der im Gebäude mit dem geringsten. Dies ist insofern erstaunlich, als es sich um eine relativ homogene Nutzerschicht handelt und der Wasserverbrauch nicht vom Gebäudestandard abhängt. Die Abweichungen zeigen, dass die Wasserinstallationen (Armaturen, Toilettenspülung) erheblichen Einfluss auf den Verbrauch haben, wie sich z.B. Kapitel 3.2.3 am Beispiel des Wohnheims „Neue Burse" bestätigt.

Um eine Einteilung oder Klassifizierung der Daten vorzunehmen, wurden die Werte zusätzlich in drei Klassen unterteilt: die 25% mit dem geringsten Verbrauch, 50% „Mittelfeld" und 25% der höchsten Werte.

In Bild 1.4 und folgenden Darstellungen sind daher neben dem Mittelwert auch die 0,25 und 0,75 Quantile eingetragen.

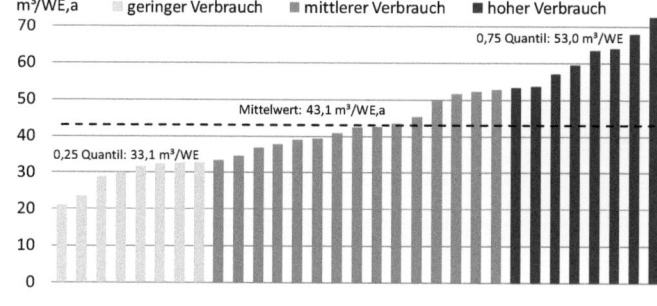

**Bild 1.4)** Wasserverbrauch der Wohnheime. Das arithmetische Mittel liegt bei 43,1 m³/WE – und damit nahe am Bundesdurchschnitt von 45,6 m³/Person [BDEW08]. Interessant ist, dass sich trotz gleicher Nutzungs-Randbedingungen (Studierendenwohnheim) eine Streuung von 30 m³/WE bis 73 m³/WE zeigt.

---

[2] Der Bundesdurchschnitt wird in l/Pers, d angegeben und liegt im Mittel der Jahre 2005 bis 2007 bei 125 l/pers,d – hochgerechnet auf 365 Tage ergeben sich 45,63 m³/Pers,a.

Auf Basis der erfassten Daten lassen sich weitere Zusammenhänge untersuchen, die in den folgenden Tabellen dargestellt sind.

**Tabelle 1.1)** Abhängigkeit der Verbrauchskennwerte von der Wohnform. Bei der Bildung der Mittelwerte wurden nur Wohnheime berücksichtigt, in denen das Wasser zentral erwärmt wird. Eine Korrelation gibt es nur beim Stromverbrauch. Dies ist plausibel, da in Einzelapartments elektrische Geräte, die sonst gemeinschaftlich genutzt werden, in jedem Apartment einzeln vorhanden sind. Wärme- und Wasserverbrauch zeigen keine eindeutigen Tendenzen, sie sind unabhängiger von der Wohnform.

|  | Anzahl | Strom kWh/WE | Wärme kWh/WE | Wasser m³/WE |
|---|---|---|---|---|
| Einzelapartments | 4 | 1386,0 | 3033,2 | 53,6 |
| Zweier WG | 2 | 1280,5 | 4116,4 | 50,4 |
| Dreier WG und mehr | 3 | 1066,2 | 3998,7 | 50,4 |
| gemischt | 12 | 1056,8 | 3458,6 | 40,2 |

Erwartungsgemäß ist der Stromverbrauch bei Einzelapartments am größten. Wie man an der Häufigkeit der Nennungen sieht, ist eine klare Eingrenzung der Wohnform jedoch schwierig – die meisten Wohnheime sind Mischformen unterschiedlicher Wohnungsgrößen.

**Tabelle 1.2)** Bei der Aufteilung nach Altersklassen zeigt sich erwartungsgemäß, dass der Wärmeverbrauch neuerer Gebäude abnimmt. Interessant ist, dass der höchste Verbrauchswert bei Gebäuden, die zwischen 1980 und 1995 errichtet wurden liegt – wobei diese Gebäude aber auch am häufigsten vertreten sind. Deutlich wird auch, dass der Wasserverbrauch in moderneren Gebäuden abnimmt.

|  | Anzahl | Strom kWh/WE | Wärme kWh/WE | Wasser m³/WE |
|---|---|---|---|---|
| vor 1980 | 5 | 1411,7 | 3385,6 | 48,9 |
| 1980-1995 | 14 | 1325,2 | 3907,3 | 46,4 |
| 1995-2002 | 4 | 1241,5 | 3432,0 | 45,5 |
| nach 2002 | 4 | 1139,2 | 2924,0 | 37,0 |

Tabelle 1.3 ist eine Zusammenfassung der Verbrauchskennwerte aufgelistet. Um sie mit geläufigeren flächenbezogenen Kennwerten vergleichen zu können, wurden die WE- bezogenen Werte mit Hilfe eines ebenfalls aus der Befragung ermittelten WE zu m² Verhältnisses umgerechnet. Beim Vergleich mit Verbrauchskennwerten aus anderen Quellen ist zu beachten, dass sich die übermittelten Flächenangaben i.d.R. auf die reine (vermietbare) Wohnfläche beziehen.

**Tabelle 1.3)** Auflistung der ermittelten Verbrauchsdaten. Die flächenbezogenen Werte wurden mit einem durchschnittlichen Wohneinheit – Flächen Verhältnis von 22,9 m²/WE umgerechnet.

incl, TW Erwärmung        TW Erwärmung elektr,

|  |  | kWh/WE,a | kWh/m²a | kWh/WE,a | kWh/m²a |
|---|---|---|---|---|---|
| Wärme | min | 2314,9 | 101,3 | 1790,6 | 78,4 |
|  | max | 5807,3 | 254,1 | 6372,1 | 278,9 |
|  | Mittelwert | 3717,8 | 162,7 | 4040,3 | 176,8 |
| Strom | min | 640,1 | 28,0 | 1536,2 | 67,2 |
|  | max | 1590,3 | 69,6 | 2179,5 | 95,4 |
|  | Mittelwert | 1135,9 | 49,7 | 1890,2 | 82,7 |
|  |  | m³/WE,a | m³/m²a |  |  |
| Wasser | min | 28,8 | 1,26 | wie links |  |
|  | max | 72,7 | 3,18 | wie links |  |
|  | Mittelwert | 43,1 | 2,00 | wie links |  |

Werden Angaben zu den Gebäuden wie Alter, Wohnform oder Art der Trinkwassererwärmung nicht berücksichtigt, stehen Verbrauchsdaten aus insgesamt 43 Wohnheimen zur Verfügung, aus denen über vier Jahre gemittelte Verbrauchskennwerte für Wärme und Strom pro Wohnheimplatz bestimmt wurden. Ebenso unbekannt ist die Auslastung im Betrachtungszeitraum, sodass geringe Verbrauchswerte einzelner Jahre auch durch geringe Belegung begründet sein können.

In der folgenden Auswertung sind die Verbrauchsdaten für Wärme und Strom grafisch dargestellt, auch hier erfolgt die eine Unterteilung in die Klassen „gering – mittel – hoch".

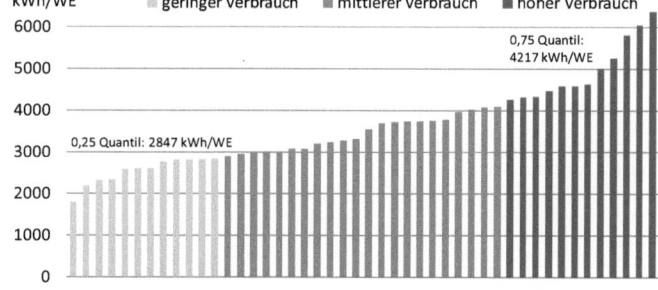

**Bild 1.5)** Wärmeverbrauch von insgesamt 43 Studierendenwohnheimen.
Hier liegen jedoch nicht für alle Gebäude Informationen zu Alter, Art der Trinkwassererwärmung oder der Belegungsdichte vor.

Die Verbrauchsdaten sind in Bild 1.5 und Bild 1.6 einzeln der Größe nach sortiert. Es wurde auch überprüft, inwiefern Wärmeverbrauch und Stromverbauch korrelieren – ein geringer Wärmeverbrauch könnte durch einen hohen Stromverbrauch substituiert werden. Dabei zeigte sich jedoch kein belastbarer Zusammenhang.

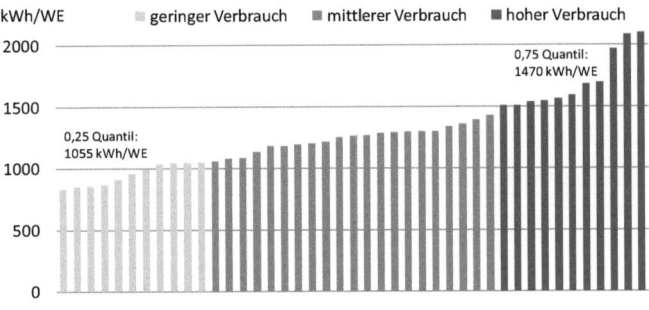

**Bild 1.6)** Stromverbrauch aus 43 Wohnheimen. Auch hier die Einteilung nach 0,25 und 0,75 Quantilen.
Der in Bild 1.2 ermittelte Mittelwert von 1890 kWh/WE für Wohnheime mit elektrischer TW Erwärmung liegt entsprechend im Bereich „hoher Verbrauch", der Mittelwert der Wohnheime mit zentraler Warmwasserbereitung (1136 kWh/WE) liegt hier im Mittel des „mittleren Verbrauchs"

Speziell in der Gruppe des „geringen Verbrauchs" sind häufig keine näheren Angaben zu Belegung verfügbar. Ob die Werte aus sparsamen Nutzerverhalten, besonderen technischen Maßnahmen oder schlicht aus geringer Auslastung resultieren, ist unklar.

Die Stichproben wurden auch auf eine Korrelation von Strom- und Wärmeverbrauch hin untersucht – Hintergrund der Fragestellung: zieht ein hoher Stromverbrauch eher einen geringeren Wärmeverbrauch nach sich, oder gibt es positive Korrelationen? Dabei ergibt sich jedoch kein Zusammenhang – siehe Bild 1.7.

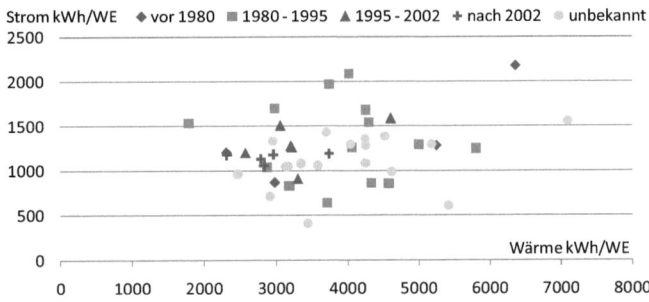

**Bild 1.7)** Korrelation aus Wärme- und Stromverbrauch, sortiert nach Bau/Sanierungsjahr der Wohnheime.
Ein Zusammenhang zwischen den Verbrauchswerten zeigt sich nicht, bei moderneren Gebäuden liegt das Feld aber tendenziell bei geringeren Verbrauchswerten und zudem „dichter zusammen".

### 1.1.2. Ökonomische Randbedingungen – Kosten für Energie und Wasser

Für die Betreiber der Wohnheime sind vor allem die mit dem Verbrauch verbundenen Kosten wichtig, da bis auf wenige Ausnahmen die Mieten der Zimmer als Komplettmieten kalkuliert werden, d.h. die Verbrauchskosten mit eingehen.

In der Befragung ging es um die kompletten Kosten für Wärme, Strom und Wasser. Daraus ergeben sich einerseits die Kosten pro WE, aber auch spezifische Kosten pro Einheit. Dabei ist zu beachten, dass nicht in Arbeits- und Grundpreise unterteilt wird. Es handelt sich um Brutto- oder Vollkosten, die Erhöhung der Umsatzsteuer zum 01.01.2007 ist ebenfalls enthalten.

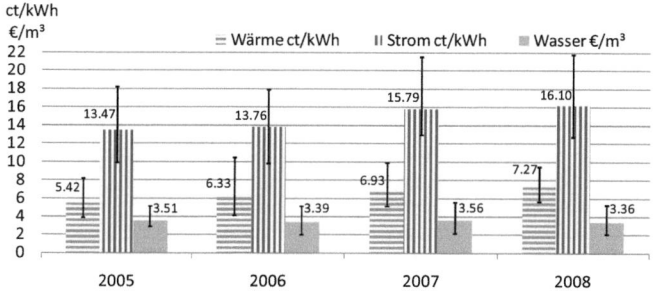

**Bild 1.8)** Spezifische mittlere Kosten für Energie und Wasser und ihre Entwicklung von 2005 bis 2008. Als Fehlerbalken ist die Bandbreite zwischen geringsten und höchsten Kosten eingezeichnet. Im Mittel hat der Preis für Wärme seit 2005 um 31% zugenommen, der Strompreis um 19%, der Preis für Frischwasser blieb stabil.

Die ermittelten Preissteigerungen für Strom entsprechen bis zum Jahr 2007 dem Bundesdurchschnitt für Privathaushalte, die Statistik weist jedoch für 2008 geringere statt höhere Preise aus (12,99 ct/kWh statt 16,08 ct/kWh) [EUST08]. Interessant ist, dass die Spannweite der Kosten (Vergleich minimale und maximale Kosten) im Wärmebereich deutlich zurückgegangen ist - Kosten für Wärme sind also nicht nur insgesamt gestiegen, das Preisniveau ist auch einheitlicher geworden.

Bei der Ermittlung der Kosten in Bild 1.8 wurden für Wasser nur Angaben berücksichtigt, die Wasser und Abwasser beinhalten. In Bild 1.9 sind die Ausgaben für alle Wohnheime summarisch dargestellt, die Kosten für Wasser sind in den Fällen, in denen nur Preise für Frischwasser vorlagen anders eingefärbt (beim Mittelwert sind wieder nur die Kosten für Wasser enthalten, die auch Abwassergebühren enthalten).

**Bild 1.9)** Kosten pro Wohnheimplatz in Summe aus Kosten für Wärme, Strom und Wasser (Wasser – diagonal schraffierte Markierung: nur Frischwasserkosten)
Bei den Wohnheimen mit elektrischer Trinkwassererwärmung wirken sich die höheren spezifischen Kosten für Strom deutlich auf die Verbrauchskosten einer Wohneinheit aus.

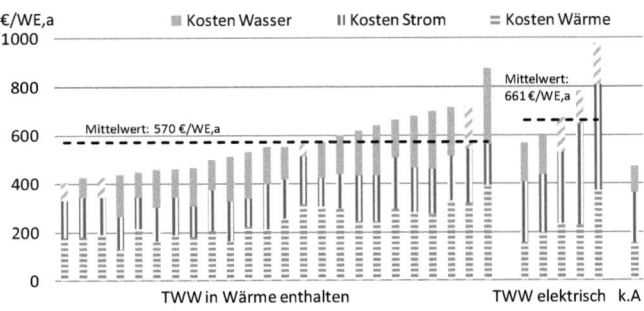

**Tabelle 1.4)** Durchschnittliche Kosten für Energie und Wasser, Mittelwerte von 2005 bis 2008, getrennt nach Art der Trinkwassererwärmung. Während sich die Kosten für Wärme kaum unterscheiden (wie schon beim Verbrauch), tritt der Unterschied beim Strom, bedingt durch die höheren spezifischen Kosten, stärker hervor.

|        |        | Incl, TW Erwärmung €/WE | TW Erwärmung elektr, €/WE |
|--------|--------|-------------------------|---------------------------|
| Wärme  | min    | 130,80                  | 158,30                    |
|        | max    | 394,45                  | 372,90                    |
|        | Mittel | 243,80                  | 239,35                    |
| Strom  | min    | 114,83                  | 240,90                    |
|        | max    | 223,52                  | 435,22                    |
|        | Mittel | 160,40                  | 326,47                    |
| Wasser | min    | 81,99                   |                           |
|        | max    | 312,36                  |                           |
|        | Mittel | 164,61                  |                           |

In Bild 1.10 sind die reinen Energiekosten aus 43 Wohnheimen aufgetragen. Wie schon bei den Verbrauchswerten gibt es besonders im Bereich „niedrige Kosten" Unsicherheiten bezüglich der Auslastung. Auch die „Ausreißer" nach oben sind ohne genauere Kenntnis der Gebäude und Haustechnik schwer zu beurteilen.

Insgesamt bewegen sich die Energiekosten (Wärme und Strom) pro Monat und Wohneinheit zwischen ca. 28 € und 40 €. In Bezug auf Wärme entspricht auch dies etwa dem Bundesdurchschnitt – für Heizung und warmes Trinkwasser wurden in Deutschland 2007 in Summe 99ct/m² pro Monat gezahlt [MIET09]. Umgerechnet auf das in Tabelle 1.3 angegebene WE-Flächen-Verhältnis von 22,9 m²/WE hieße das 22,77 €/WE. Aus den vorhandenen Daten ergibt sich ein Mittelwert von 19,87 €/WE - wobei hierbei die Kosten der Trinkwassererwärmung nicht immer enthalten sind.

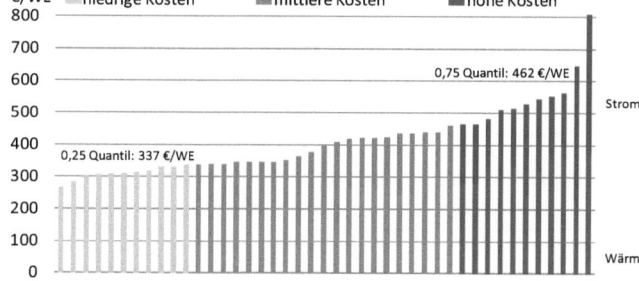

**Bild 1.10)** Reine Energiekosten (Wärme und Strom) für 42 Wohnheime, für die entsprechende Kostendaten vorlagen.

## 1.2. Benchmark Wohnheime – Studentisches Wohnen in Zahlen

Im vorangegangenen Abschnitt wurden mit Hilfe von Daten mehrerer Wohnheime typische Kennwerte für den Nutzungstyp „Studierendenwohnheim" ermittelt. Eine wichtige Erkenntnis aus der Datenerhebung ist, dass die auf den Wohnheimplatz bezogenen Verbrauchsdaten für Strom und Wasser im Mittel dem Bundesdurchschnitt entsprechen – die Nutzergruppe „Studierende" weicht im gesamten gesehen in ihrem typischen Verbrauch nicht signifikant vom Bundesdurchschnitt ab (wenn auch in einzelnen Wohnheimen das Verbrauchsniveau signifikant höher ist). Der Wärmeverbrauch ist im Gegensatz zu Strom und Wasser zwar auch Nutzungs- aber in erster Linie gebäudeabhängig. Hier zeigen die Verbrauchsdaten erwartungsgemäß eine Bandbreite an spezifischen Verbrauchswerten, wie sie auch im „normalen" Gebäudebestand zu finden ist. Eine generelle Aussage, ob der Heizwärmeverbrauch eines Studierendenwohnheims tendenziell höher oder geringer ist, als bei einem Wohngebäude gleicher Größe und Konstruktion, lässt sich aus den Daten nicht ableiten.

Was nicht abgefragt wurde, aber einen entscheidenden Einfluss auf die Verbrauchsdaten haben kann, ist die Nutzung der Wohnheime an Wochenenden und Feiertagen. Bei Wohnheimen, bei denen ein Großteil der Nutzer aus dem Umland stammt, geht der Anteil an Bewohnern am Wochenende i.d.R. auf unter 50% zurück. Auch die Belegung in den Semesterferien hat entscheidenden Einfluss auf den Verbrauch von Wasser, Strom und Wärme. Die in der Befragung angegebenen Daten zur Belegung beziehen sich nur auf die Vermietungsquote – sie sagen nichts über die tatsächliche durchschnittliche Belegung aus.

Ein wesentlicher Unterschied zu verfügbaren Kennwerten aus dem Wohnungsbau liegt in erster Linie bei flächenbezogenen Größen: Wohnheime haben eine sehr hohe Nutzungsdichte, sodass sich bei flächengewichteter Verbrauchsdatenermittlung höhere spezifische Kennwerte ergeben. Zu Bewertung und Vergleich dieser Nutzungsform untereinander erweist sich der Bezug auf die Wohneinheit als sinnvolle Bezugsgröße.

# Die Objekte

Beschreibung der Wohnheime Neue Burse, Wuppertal;
Bildungsherberge, Hagen; Molkereistraße, Wien

Vergleichsobjekte:
Solarcampus Jülich; Umweltcampus Birkenfeld

## 2. Die Objekte

Als Passivhaus ausgeführte Studierendenwohnheime hatten lange Zeit eher Seltenheitswert. Teile einer Wohnsiedlung auf dem Solarcampus Jülich, 1998, ein Wohnheim auf dem Umweltcampus Birkenfeld im Jahr 2000 und die Bildungsherberge in Hagen, 2002 fertiggestellt, können als erste Versuche gelten, das Passivhauskonzept auf Wohnheime anzuwenden. Bei der Sanierung der Neuen Burse wurde mit der Fertigstellung des zweiten Bauabschnitts 2002 ein aus den 70ern stammendes und 323 Wohneinheiten fassendes Wohnheim mit Passivhauskomponenten saniert.

In der Molkereistraße in Wien entstand 2005 ein weiteres großvolumiges Wohnheim, mit 278 Wohnplätzen ähnlich groß wie die Burse. Es folgten Projekte in Salzburg (Wohnheim „Matador", 2008) und Frankfurt (Riedberg, 2007).

Für eine detaillierte Auswertung realisierter Projekte liegen aus drei Wohnheimen Messdaten vor, die selbst erfasst (Wuppertal und Hagen) oder vom dortigen Begleitforschungsteam zur Verfügung gestellt wurden (Wien). Bei zwei weiteren, als Passivhaus ausgeführten Studierendenwohnheimen konnte auf Publikationen entsprechender Forschungsberichte zurückgegriffen werden – Wohnheime auf dem Solarcampus Jülich wurden in [SCJ05]analysiert, ein weiteres Gebäude steht auf dem Umweltcampus Birkenfeld ( [PHBIR], [UCB05]).

Im Rahmen der Begleitforschungen wurden bei drei Wohnheimen auch Nicht-Passivhäuser in die Untersuchungen einbezogen: bei der Neuen Burse, auf dem Solarcampus Jülich und auf dem Umweltcampus Birkenfeld. Der Fokus der Untersuchungen dieser Arbeit bezieht sich auf die Passivhäuser, die i.d.R. als Niedrigenergiehäuser ausgeführten Gebäude werden im Bedarfsfall als „konventionelle" Wohnheime zum Vergleich herangezogen.

### 2.1. Die Neue Burse in Wuppertal

Das Studentenwohnheim Burse entstand 1977 am Fuß der wenige Jahre zuvor gegründeten „Gesamthochschule Wuppertal". Für rasch steigende Studentenzahlen sollte schnell kostengünstiger Wohnraum entstehen. Mit rund 600 Wohnplätzen, aufgeteilt auf zwei Gebäude, errichtete das Hochschul- Sozialwerk Wuppertal (HSW) eines der größten Studentenwohnheime in Deutschland.

Das Wohnheim gliedert sich in zwei voneinander getrennte, nahezu gleich große Baukörper, die in einer ausgeprägten Hanglage stehen.

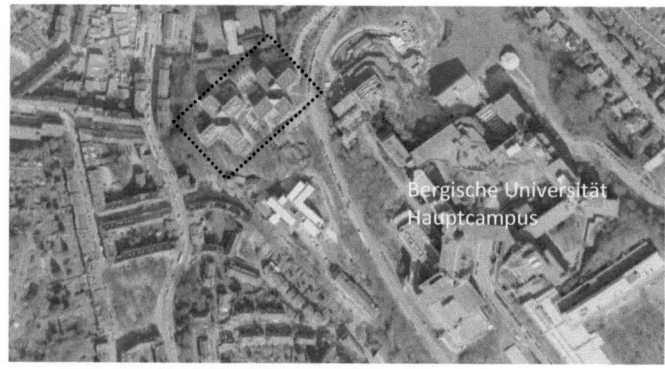

**Bild 2.1)** Luftaufnahme der beiden sanierten Gebäude. Auf dem Bild ist der Kreuztypus der beiden Gebäude, sowie die Lage unmittelbar am Fuß des Hauptcampus der Bergischen Universität Wuppertal zu erkennen.
Bild: Google Earth

Die Gebäude weisen eine Höhe von sechs bis acht Geschossen auf, die Baumasse ist als Kreuztypus mit jeweils vier Schenkeln organisiert.

Vor der Sanierung war die Unterbringung der Studierenden in Wohngruppen organisiert, die sich mit 16 Personen einen Küchen- und Aufenthaltsraum und mit bis zu 32 Personen sanitäre Einrichtungen teilten. In der Sanierung wurden die Wohngruppen hauptsächlich in Einzelapartments umgewandelt, an den Giebelseiten sind jeweils zwei Zimmer zu einer Zweier- WG zusammengefasst [ACMS04]. Die architektonische Qualität des Umbaus erhielt mehrere Auszeichnungen.

**Bild 2.2)** Bilder der sanierten Gebäude. Die Sanierung wurde mit mehreren Architekturpreisen ausgezeichnet, darunter der „Bauherrenpreis 2001", sowie der „Architekturpreis Zukunft Wohnen 2004".
Bilder: Tomas Rhiele

**Bild 2.3)** Grundriss eines Gebäudes (hier des ersten Bauabschnitts (BA), das im Unterschied zum zweiten BA einen verkürzten Flügel hat). Durch eine Erweiterung des bestehenden Baukörpers über eine vorgestellte Ortbeton- Wabenstruktur wurden die Zimmer um etwa 2m² erweitert, sodass Raum für ein Duschbad und eine Küchenzeile entstand. Den alten Erschließungskern, in dem neben Treppenhaus und Fahrstuhlschacht auch gemeinschaftliche Küchen und Sanitärbereiche untergebracht waren, entfernte man. Das neue Treppenhaus steht außerhalb der thermischen Hülle, jeweils vor zwei Gebäudeflügeln.
Aus den ehemals 16 Zimmer umfassenden Wohngruppen eines Flures entstanden größtenteils Einzelapartments, giebelseitig sind zwei Zimmer zu einer WG zusammengefasst.
Grafik: acms

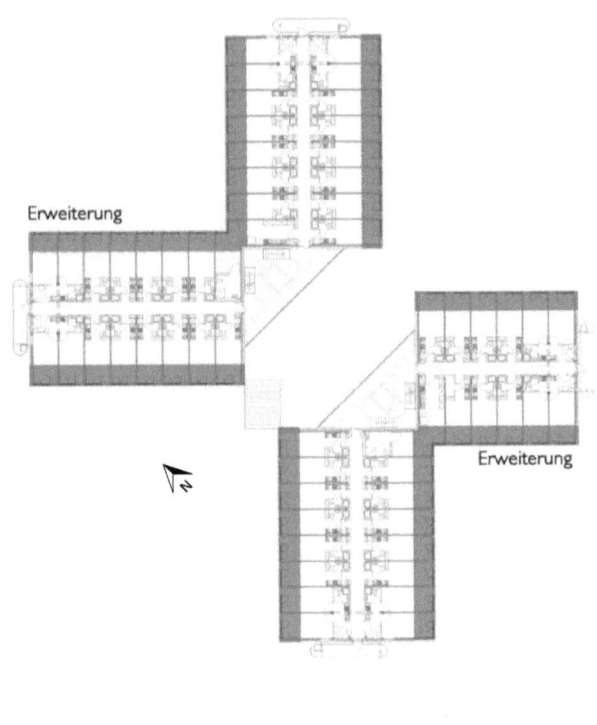

### 2.1.1. Bauabschnitt Niedrigenergiehaus

Nach der Entscheidung, das Wohnheim zu sanieren, sollte die Ausführung des ersten Gebäudes nach Niedrigenergiestandard (NEH) realisiert werden. Bild 2.4 zeigt den Grundriss eines Einzelapartments. Daran ist das Versorgungskonzept von Heizwärme und Lüftung verdeutlicht. Die Sanierungsmaßnahmen liefen von September 1998 bis September 2000, zum Wintersemester 200/2001 war das Gebäude bezugsfertig.

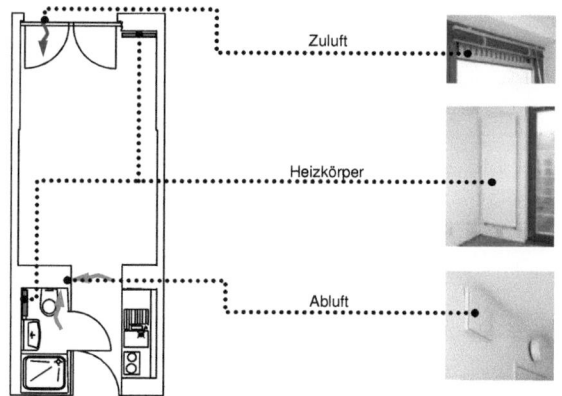

**Bild 2.4)** Grundriss eines Einzelapartments im NEH. Hervorgehoben sind die Heizkörper in Bad und Zimmer, sowie die Luftwege. Bad und Zimmer verfügen über bedarfsgesteuerte Abluftventilatoren, Außenluft strömt über ein Überströmelement in einem Fensterflügel nach.
Bilder: P. Engelmann

Bild 2.5 zeigt die mit dem Passivhaus- Projektierungspaket PHPP (Programmversion 1997) berechnete Jahresbilanz der Heizwärme. Zum Zeitpunkt der Sanierung galten noch die gesetzlichen Anforderungen der Wärmeschutzverordnung (WärmeschutzV 1994). Mit dem als Niedrigenergiehaus ausgelegten Gebäude konnten die damals gültigen Grenzwerte deutlich unterschritten werden.

Für die Lüftungswärmeverluste ist ein Luftwechsel von 0,5 $h^{-1}$ angesetzt, interne Gewinne mit 2,45 W/m² kalkuliert.

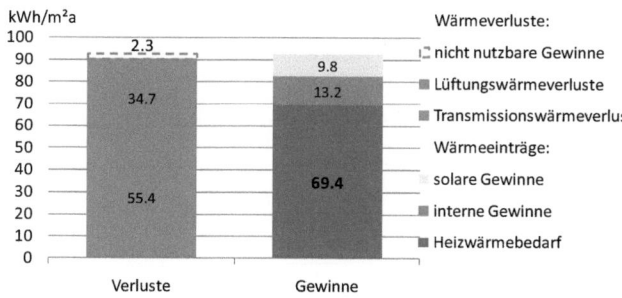

**Bild 2.5)** Mit dem PHPP berechnete Energiebilanz für das NEH der Neuen Burse. Das Gebäude wird über Fenster gelüftet, d.h. es gibt keine geregelte Lüftung. Für die Berechnung der Lüftungswärmeverluste wurde ein Luftwechsel von n=0,5 $h^{-1}$ angesetzt. Interne Gewinne wurden bei beiden Gebäuden mit 2,45 W/m² angesetzt.

**Tabelle 2.5)** Gebäudedaten des ersten, als Niedrigenergiehaus ausgeführten Bauabschnitts der Neuen Burse

| | |
|---|---|
| Fertigstellung | Baujahr 1977, Sanierung 2000 |
| Architektur | Architektur Contor Müller Schlüter, Wuppertal[3] |
| TGA Planung | Feihlhauer GmbH, Hamm |
| Außenwände | Holztafelbau, Dämmstärke 18 cm, U-Wert: 0,37 W/m²K |
| Fenster | $U_g$=1,1 W/m²K<br>$U_f$= 1,6 W/m²K Holz, Standardrahmen<br>$U_w$: 1,56 W/m²K |
| A/V Verhältnis | 0,40 m²/m³ |
| Fensterflächen % Fassadenanteil | 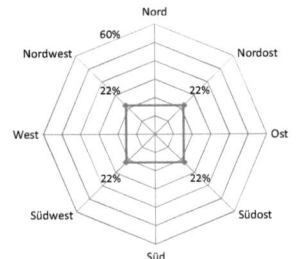 |
| Transmissionsverlust $H_T$ | 0,57 W/m²K (HT' gemäß EnEV)<br>0,62 W/m²$_{NGF}$K |
| Lüftungswärmeverlust $H_V$ | 0,35 W/m²$_{NGF}$K (bei n=0,5 h$^{-1}$) |
| Lüftung | Fensterlüftung, dezentrale, bedarfsgesteuerte Abluft |
| Wärmeversorgung | Fernwärmenetz Wuppertaler Stadtwerke |
| Wärmeübergabe | Radiatoren in Bad und Zimmer |
| Installierte Heizleistung | 45 W/m² |
| Trinkwassererwärmung | zentral, über Fernwärme |
| Flächen | BGF: 9.890 m²<br>NGF (beheizt): 8.420 m²<br>$A_N$: 6.849 m² |
| Anzahl Wohneinheiten | 303 |
| Heizwärmebedarf | 68 kWh/m²$_{NGF}$a (Berechnung nach PHPP) |

---

[3] Urheberschaft des Konzepts: Petzinka Pink Düsseldorf, Prof. Karl-Heinz Petzinka, Thomas Pink in Zusammenarbeit mit Architektur Contor Müller Schlüter, Wuppertal, Michael Müller, Prof. Christian Schlüter, Architekten BDA

## 2.1.2. Bauabschnitt Passivhaus

Nach Fertigstellung des ersten Gebäudes wurde zunächst erneut der Bedarf für den Umbau des zweiten Gebäudes ermittelt. Ergebnis war, dass auch das zweite Gebäude entsprechend modernisiert werden sollte [DIED99]. Aus den ersten Betriebserfahrungen im NEH hatte man aus eher subjektiver Wahrnehmung erkannt, dass eine moderne, dichte Gebäudehülle in Kombination mit der hohen Belegungsdichte im Wohnheim zu raumlufthygienischen Problemen führt. Man beschloss, bei ansonsten gleicher Struktur des Sanierungskonzepts, im zweiten Gebäude eine ventilatorgestützte Lüftungsanlage als Zu- und Abluftanlage zu integrieren.

Ausgehend von einer geplanten Wärmerückgewinnung wurde anschließend untersucht, unter welchen Bedingungen eine Sanierung auf Passivhausstandard realisierbar wäre. In einer Vorprojektierung führte die Passivhaus- Dienstleistungs- GmbH Berechnungen durch, welche die notwenigen Parameter (Wärmeschutz, Dimensionierung und Qualität der Lüftung) festlegte [PHD01].

In der Ausführung wurden die meisten dieser Parameter umgesetzt (verbesserter Dämmstandard, passivhaustaugliche Fenster), bei der Lüftung konnte die Qualität der Vorplanung aus konstruktiven- und aus Kostengründen nicht eingehalten werden. In einer Neuberechnung, bei der vor allem die ausgeführte Qualität der Lüftung eingeht, ergibt sich für das Gebäude ein Heizwärmebedarf von 26 kWh/m²a.

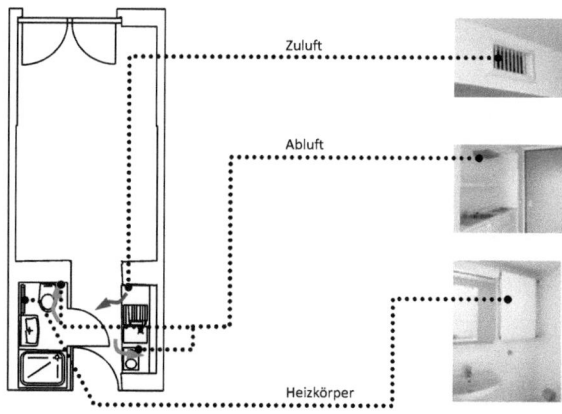

**Bild 2.6)** Grundriss Konzept der Heizung und Lüftung eines Einzelapartments im PH.
Lediglich das Bad verfügt über einen Heizkörper. Im Zimmer wird benötigte Heizwärme über die zentrale Lüftungsanlage eingebracht. Durch die Lüftungsanlage wird Luft aus dem Bad und über der Küchenzeile abgesaugt, die zum zentralen Lüftungsgerät und der Wärmerückgewinnung auf dem Dach des Gebäudes gelangt. Hier wird die Zuluft vorgewärmt und im Bedarfsfall nacherhitzt und anschließend in die Zimmer verteilt. Ein nutzerabhängiger Eingriff auf Zulufttemperatur und/oder Lüftungsvolumenstrom ist nicht möglich.
Bilder: P. Engelmann

Im PH unterscheiden sich die Einzelapartments von den giebelseitigen Doppelapartments dadurch, dass bei diesen auch die Zimmer mit Heizkörpern ausgerüstet sind.

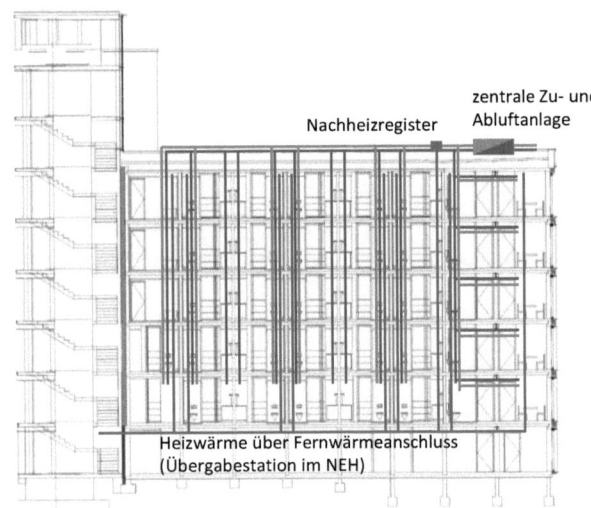

**Bild 2.7)** Schematischer Aufbau von Heizung und Lüftung anhand eines Schnitts durch einen Gebäudeflügel.
Eine zentrale Lüftungsanlage auf dem Dach versorgt jeweils einen Gebäudeflügel, die Zuluft kann nach der Wärmerückgewinnung zentral nachgeheizt werden.
Abluft wird in Bad und Kochnische abgesaugt, Zuluft in den Zimmern eingeblasen. In den Bädern, sowie den giebelseitigen Zimmern befinden sich Heizkörper.
Grafik: acms (Schnitt), P. Engelmann (Schema)

Bild 2.8 zeigt die PHPP Bilanz für das ausgeführte Gebäude im zweiten Bauabschnitt der Burse. Durch verbesserten Wärmeschutz (erhöhte Dämmung und reduzierter Holzanteil in der Fassade) sowie Lüftung mit Wärmerückgewinnung reduzieren sich die Wärmeverluste im Vergleich zum ersten Gebäude noch einmal deutlich.

Durch Außenaufstellung der Lüftungsanlage und weniger effektive Wärmerückgewinnung konnte in der Ausführung nicht das in der Vorplanung anvisierte Verbrauchsniveau von 15 kWh/m²a erreicht werden.

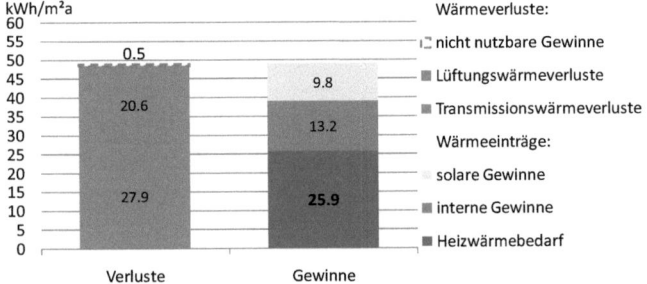

**Bild 2.8)** Bilanz des mit Passivhauskomponenten sanierten Bauabschnitts der Neuen Burse. Im Vergleich zur Vorprojektierung, in der die Parameter zum Erreichen eines Heizwärmebedarfs von 15 kWh/m²a ermittelt wurden, ist in erster Linie die Lüftungsanlage nicht in der erforderlichen Qualität ausgeführt.
Die erneute Bilanzierung berücksichtigt den geringeren Wärmebereitstellungsgrad der Lüftung sowie die Außenaufstellung der Anlage.

**Tabelle 2.6)** Gebäudedaten des zweiten, mit Passivhauskomponenten sanierten Bauabschnitts der Neuen Burse

| | |
|---|---|
| Fertigstellung | Baujahr 1977, Sanierung 2002 |
| Architektur | Architektur Contor Müller Schlüter, Wuppertal |
| TGA Planung | IB Landwehr, Dortmund |
| Außenwände | Holztafelbau, Dämmstärke 28 cm<br>U-Wert: 0,15 W/m²K |
| Fenster | $U_g$= 0,70 W/m²K<br>$U_f$= 0,75 W/m²K kerngedämmter Massivholzrahmen<br>$U_W$: 0,82 W/m²K |
| A/V Verhältnis | 0,32 m²/m³ |
| Fensterflächen % Fassadenanteil | Nord 60%, Nordost 22%, Ost, Südost 22%, Süd, Südwest 22%, West, Nordwest 22% |
| Transmissionsverlust $H_T$ | 0,28 W/m²K ($H_T'$ gemäß EnEV)<br>0,30 W/m²$_{NGF}$K |
| Lüftungswärmeverlust $H_V$ | 0,19 W/m²$_{NGF}$K (bei n=0,6 h$^{-1}$) |
| Lüftung | Zentrale Zu- und Abluftanlage mit Wärmerückgewinnung,<br>$n_{Lüftungsanlage}$=0,6 h$^{-1}$ |
| Wärmeversorgung | Fernwärme der Wuppertaler Stadtwerke |
| Wärmeübergabe | Heizkörper in den Bädern<br>Heizkörper in Giebelapartments<br>Zentrale Zuluftheizung |
| Installierte Heizleistung | 30 W/m² (Heizkörper: 20W/m², RLT: 10W/m²) |
| Trinkwassererwärmung | zentral, über Fernwärme |
| Flächen | BGF: 10.025 m²<br>NGF (beheizt): 8.597 m²<br>$A_N$: 8.352 m² |
| Anzahl Wohneinheiten | 323 |
| Heizwärmebedarf | 26 kWh/m²a (nach PHPP) |

## 2.1.3. Art und Umfang der Messdatenerfassung, Neue Burse

Nutzung und Betrieb der Neuen Burse wurden von Mai 2004 bis Februar 2008 im Rahmen des Forschungsprogramms „Energieoptimiertes Bauen (EnOB)" im Unterprogramm „Energetische Verbesserung der Gebäudesubstanz (EnSan)" untersucht.

Die fest installierte Sensorik erfasst den Endenergieverbrauch der Wärmeversorgung, sowie den elektrische Energieverbrauch der installierten Haustechnik (Pumpen, Lüftungsventilatoren) (siehe Bild 2.9 und Bild 2.10).

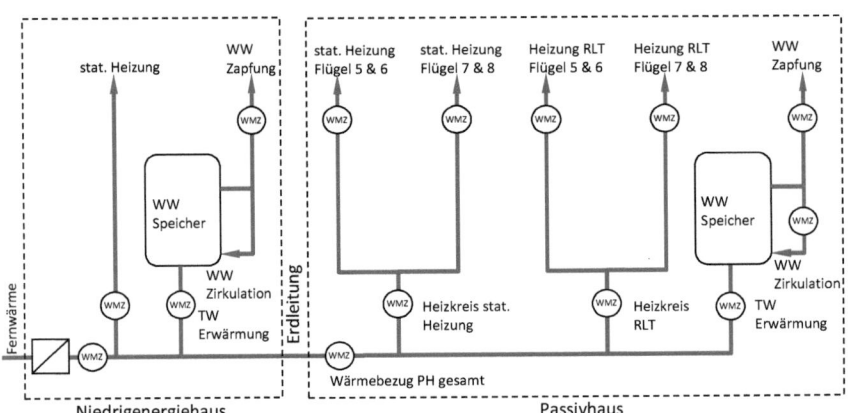

**Bild 2.9)** Schematischer Aufbau der Wärmeversorgung des Wohnheims und Lage der Wärmemengenzähler. Die Gebäude werden über einen Fernwärmeanschluss der Wuppertaler Stadtwerke (WSW) mit Fernwärme versorgt. Die Fernwärmeübergabestation steht im Technikraum des NEHs. Ein Verteiler versorgt den Heizkreis der statischen Heizung im NEH und die dortige Trinkwassererwärmung, das gesamte PH ist über eine Erdleitung angeschlossen. Im PH verteilt sich die Wärme auf den Heizkreis der statischen Heizflächen in den Bädern, den Heizregistern in den Lüftungsanlagen sowie die Trinkwassererwärmung. Neben der primärseitigen Endenergie zur Trinkwassererwärmung wurde auch die Wärmemenge der Warmwasserzapfung gemessen, durch Installation eines Wärmemengenzähler in der Kaltwasser- Zuleitung, der die entnommene Wärme aus Zapfmenge, Warmwasser- und Frischwassertemperatur ermittelt. Die Erfassung der Zirkulationsverluste konnte nur im PH realisiert werden, da es nach Montage eines WMZ in der Zirkulationsleitung des NEH zu massiven Störungen in der Netzhydraulik kam.

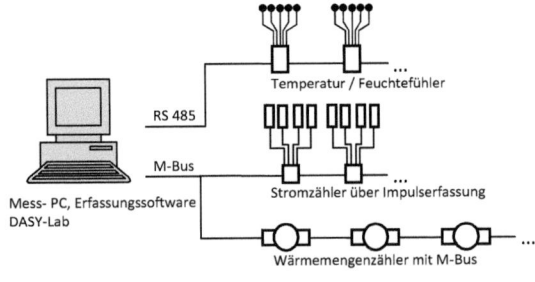

**Bild 2.10)** Prinzipskizze des Aufbaus der stationären Messtechnik in der Neuen Burse.
Ein PC erfasst über zwei Busleitungen (RS485 sowie M-Bus) Sensoren bzw. Geräte. Die Erfassungssoftware (DASY-Lab 8.0) rechnet Messdaten teilweise um und speichert die Daten in 5min Intervallen als Tagesdatensätze ab.

Wärmemengenzähler wurden bei bestehenden Zählern mit einem MBus Modul nachgerüstet bzw. neu beschafft. Stromzähler (Pumpen, Lüftungsventilatoren) sind über einen Impulsausgang und MBus-fähige Impulszähler eingebunden.
Fest installierte Temperatursensoren – in erster Linie in den Lüftungsanlagen des PH – liefern Werte über RS485 vernetzte Wandler-Module.

Messungen in den Zimmern (Temperatur, relative Luftfeuchte, $CO_2$ Konzentration, Fensteröffnung, Lüfterlaufzeiten) wurde mit Hilfe dezentraler Geräte durchgeführt. Hier kamen größtenteils Geräte von Onset zum Einsatz, so genannte „Hobo" Logger, die Temperaturen und relative Luftfeuchte messen und speichern (Serie Hobo H08 und U10), aber auch Ereignisse (Fensterkontakte, Hobo H06, Scanntronik Eventfox mini) oder Motorlaufzeiten (Magnetfeld- Detektion, Hobo U9).

## 2.2. Die Bildungsherberge in Hagen

Das Gebäude entstand auf Initiative des AStA der Fernuniversität Hagen, um Studierenden und Gastdozenten der Fernuniversität eine kostengünstige Unterkunft bieten zu können. Das Gebäude besteht aus 13 Einzelapartments, drei (behindertengerechten) Doppelzimmern sowie einer Küche mit Aufenthaltsraum.

**Bild 2.11)** Luftaufnahme und Vogelperspektive aus Süden der Bildungsherberge in Hagen.
Bilder: links: Google Earth, rechts: bing live maps

Wichtig für den Betreiber waren dauerhaft geringe Betriebskosten, was zu der Entscheidung führte, das Haus nach Passivhausstandard zu errichten, das als Anbau an ein bestehendes Verwaltungsgebäude entstehen sollte. Die Bildungsherberge wurde 2002 fertiggestellt und in Betrieb genommen [PHT03c].

Das Gebäude ist nach Südwesten großzügig verglast und mit einem außenliegenden Sonnenschutz versehen, im Nordosten sind die Fensterflächen deutlich reduziert. Lediglich das Treppenhaus verfügt über eine vollverglaste Pfosten-Riegel Konstruktion.

**Bild 2.12)** West (links) und Ostfassade (rechts) der Bildungsherberge. Auf der Südwestseite liegen 13 Einzelapartments, auf der Nordostseite sind drei behindertengerechte Doppelzimmer untergebracht.
Im Erdgeschoss befindet sich ein Gemeinschaftsraum mit Küchenzeile.
Bilder: P. Engelmann

**Bild 2.13)** Grundriss des EG der Bildungsherberge. Die einzelnen Zimmer verfügen über eine Nasszelle; eine Küche bzw. ein Gemeinschaftsraum befindet sich im Erdgeschoss. Die Ost- ausgerichteten Zimmer sind behindertengerecht ausgeführt und können als Doppelzimmer genutzt werden.
Bildquelle: Wortmann & Scheerer.

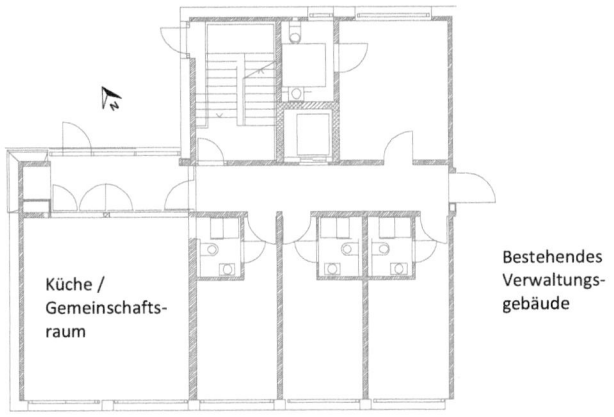

Die Zimmer erhalten über eine Zu- und Abluftanlage mit Wärmerückgewinnung Frischluft, die Beheizung erfolgt ebenfalls über die Zuluft, wobei die Luftheizung in vier Stränge mit eigenen Heizregistern aufgeteilt wurde, um so eine Zonierung übereinander liegender Zimmer zu erreichen (Giebelseite, innenliegende Zimmer, Nordzimmer). Die Regelung der Luftheizregister erfolgt über Thermostatventile, deren Temperaturfühler im jeweiligen Abluftstrang hängt. Der Wärmerückgewinnung vorgeschaltet ist eine Luftvorwärmung über ein solegeführtes Vorheizregister, das sich aus einer 90 m tiefen Erdsonde speist. Zusätzlich zur Luftheizung sind dezentrale elektrische Heizlüfter in den Zimmern installiert, um die Möglichkeit einer individuellen Anhebung der Zimmertemperatur des Apartments zu ermöglichen. Die Bäder verfügen aus Komfortgründen über eine elektrische Fußbodentemperierung.

**Bild 2.14)** Haustechnik Konzept der Bildungsherberge. Aufgrund des geringen Leistungsbedarfs konnte das Gebäude an den vorhandenen Gaskessel des benachbarten Verwaltungsgebäudes angeschlossen werden. Dieser versorgt die Heizregister der Luftheizung sowie die Trinkwassererwärmung, die von einer 30 m² großen Flachkollektoranlage unterstützt wird.
Eine Luftvorwärmung erfolgt über einen Solekreis und eine Erdsonde.

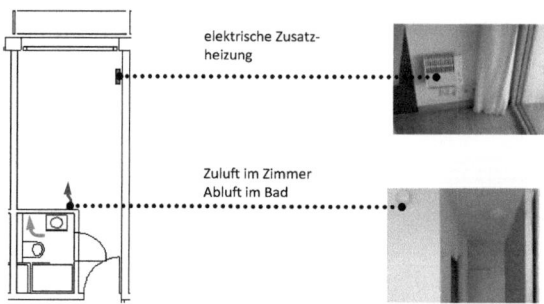

**Bild 2.15)** Exemplarisch das Heizungs- und Lüftungskonzept am Grundriss eines Zimmers.
Aus Komfortgründen ist im Bad zusätzlich eine elektrische Fußbodentemperierung installiert.

Die Warmwasserversorgung wird durch eine 30 m² große solarthermische Kollektoranlage unterstützt. Der restliche Wärmebedarf konnte aufgrund der geringen zusätzlichen Wärmelasten durch Anschluss an eine vorhandene Kesselanlage in einem benachbarten Verwaltungsgebäude gedeckt werden.
Eine weitere Besonderheit ist die Nutzung von Regenwasser: eine 6 m³ großen Regenwasserzisterne versorgt die Toilettenspülungen.

**Bild 2.16)** Bilanz der Bildungsherberge. Durch den hohen Glasanteil der Südwestfassade sind die Transmissionsverluste recht hoch – dem gegenüber stehen hohe solare Gewinne. Das Wohnheim ist damit vom Konzept das „solarste" Gebäude der untersuchten Objekte.

Die internen Gewinne wurden in der Planung aufgrund der erwarteten geringen Belegung mit 1,6 W/m² angesetzt.

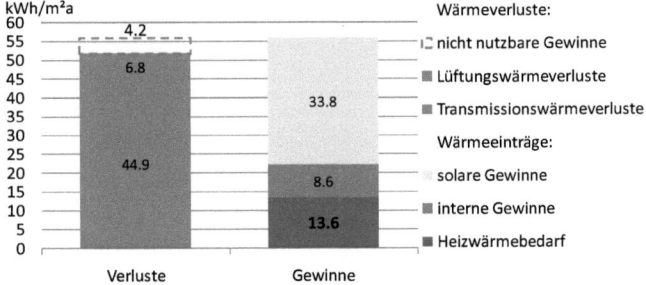

**Tabelle 2.7)** Gebäudekenndaten der Bildungsherberge.

| | |
|---|---|
| Fertigstellung | 2002 |
| Architektur | Arbeitsgemeinschaft Kuhn-Buhlke-Kuboth, Bochum |
| TGA Planung | Wortmann & Scheerer, Dortmund |
| Außenwände | Ziegelmauerwerk, WDVS, Dämmstärke 30 cm, U-Wert: 0,12 W/m²K |
| Fenster | $U_g$= 0,70 W/m²K, 3 Scheiben<br>$U_f$= 0,80 W/m²K<br>$U_W$: 0,81 W/m²K |
| A/V Verhältnis | 0,44 m²/m³ |
| Fensterflächen % Fassadenanteil | Nord 25%, Nordost, Ost, Südost, Süd 0%, Südwest 57%, West 6%, Nordwest 60% |
| Transmissionsverlust $H_T$ | 0,26 W/m²K ($H_T'$ gemäß EnEV)<br>0,53 W/m²$_{NGF}$K |
| Lüftungswärmeverlust $H_V$ | 0,08 W/m²$_{NGF}$K (bei $n_{Anlage}$=0,55 h⁻¹) |
| Lüftung | Zentrale Zu- und Abluftanlage, $n_{Anlage}$=0,55 h⁻¹, Vorwärmung über solegeführte Erdsonden |
| Wärmeversorgung | Gas- Brennwertkessel (Nachbargebäude) |
| Wärmeübergabe | semizentrale Zuluftheizung,<br>bei Bedarf elektr. Kleinradiator im Zimmer<br>elektr. Fußbodentemperierung im Bad |
| Installierte Heizleistung | RLT: 12 W/m², dez. elektr.: 30 W/m² |
| Trinkwassererwärmung | 30 m² Solar-Flachkollektor, Gas- Brennwertkessel |
| Flächen | BGF: 551 m²<br>NGF (beheizt): 417 m²<br>$A_N$: 470 m² |
| Anzahl Wohneinheiten | 16 |
| Heizwärmebedarf | 13,6 kWh/m²a (nach PHPP) |

## 2.2.1. Art und Umfang Messdatenerfassung, Bildungsherberge

Die Verbrauchsdatenerfassung in der Bildungsherberge umfasst einen Wärmemengenzähler für Heizwärme sowie einen WMZ für den Anteil nicht erneuerbarer Energie der Trinkwassererwärmung. Den Stromverbrauch der elektrischen Fußbodentemperierung erfassen geschossweise installierte MBus- fähige Elektrozähler, die ein MBus Datenlogger zusammen mit den Wärmemengenzählern in einem 15 minütigen Raster ausliest.

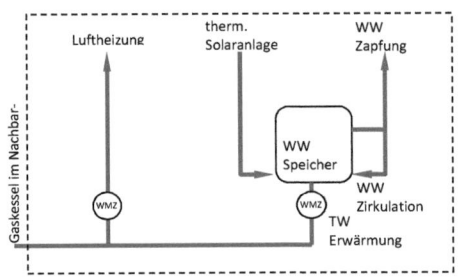

**Bild 2.17)** Schematische Wärmeversorgung der Bildungsherberge.
Zur Verbrauchserfassung konnten nur MBus fähige Wärmemengenzähler im Heizungsstrang, sowie in der nicht- regenerativen Trinkwassererwärmung installiert werden. Die tatsächlich gezapften Warmwassermengen, die Zirkulationsverluste, sowie der Beitrag der Solarthermie ließen sich nicht getrennt erfassen.

Die Nutzung der elektrischen Zusatzheizungen in den Zimmern sowie der Stromverbrauch der Lüftungsanlage wurde temporär über dezentrale Stecker- Stromzähler mit integriertem Datenlogger erfasst (NZR SEMLog 16). Weitere Messungen in den Apartments (Temperaturen, relative Luftfeuchte) erfolgten wie in der Burse über dezentrale Messgeräte- und Logger (Onset Hobo H08 und U10). Die Temperaturen der Luftströme in der Lüftungsanlage wurden temporär über Kanalfühler gemessen.

## 2.3. Wohnheim Molkereistraße in Wien

Das vom gemeinnützigen Bau- und Siedlungsgesellschaft MIGRA GmbH errichtete Studierendenwohnheim in der Wiener Molkereistraße wird vom Österreichischen Austauschdienst (ÖAD) als „Gästehaus der Wiener Universitäten" für Austauschstudenten betrieben. Das vom Architekturbüro Baumschlager Eberle geplante Gebäude wurde 2005 als Passivhaus fertiggestellt.

**Bild 2.18)** Aufnahme aus der Vogelperspektive in Ost-West (links), sowie Nord-Süd (rechts) Ausrichtung des Wohnheims in der Molkereistraße in Wien.
Bilder: bing live maps

Betrieb und Nutzerzufriedenheit werden über ein durch die Wiener Wohnbauforschung und Fernwärme Wien gefördertes Monitoring von der Universität für Bodenkultur Wien (BOKU), Arbeitsgruppe Ressourcenorientiertes Bauen untersucht.

**Bild 2.19)** Studierendenwohnheim im zweiten Wiener Gemeindebezirk in der Wiener Molkereistraße.
Das Gebäude wurde 2005 als Neubau auf dem ehemaligen Gelände einer Molkerei errichtet und ist das erste Studierendenwohnheim in Passivhausbauweise in Österreich.
Mit 278 Wohneinheiten bzw. 8842 m² NGF entspricht es der Größe des PH- Bauabschnitts der Neuen Burse.
Bilder: Eduard Hueber

Die Hauptachse orientiert sich nach Osten und Westen, der Zugang liegt an der Molkereistraße. Die Trakttiefe des Haupt- Baukörpers ist mit 19m ungewöhnlich tief. Eine architektonische Herausforderung war daher die natürliche Belichtung der innenliegenden Erschließung, was durch durchgehende Lichtschächte gelöst wurde, die auch die an den Erschließungsgang angrenzenden Küchen mit Tageslicht versorgen.

**Bild 2.20** Grundriss des zweiten OG. Der zentrale Erschließungsgang wird durch Lichtschächte mit Tageslicht versorgt. Entlang der Hauptachse befinden sich in der Regel Zweier- Apartments. An den Stirnseiten gibt es auch Einzel-, Dreier- oder Vierzimmer Wohnungen. In neun Versorgungsschächten befinden sich neben Wasser- und Heizungsrohren auch die gemeinsamen Zu- und Abluft-stränge der dezentralen Lüftungsgeräte. Grundriss: Baumschlager Eberle

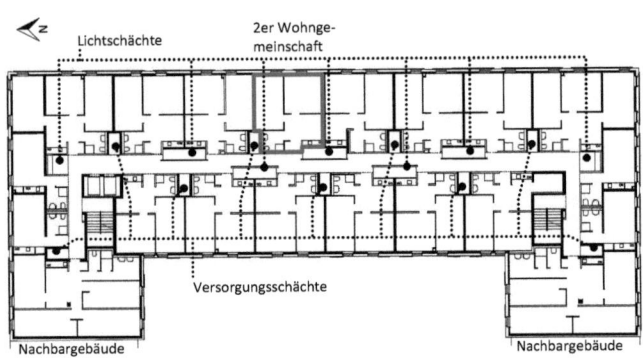

Die Wohnungen bestehen zum größten Teil aus Zweier- Wohngemeinschaften, an den Stirnseiten auch Dreier- und Vierer- WGs. Speziell für Kurzzeit- Vermietungen gibt es auch Einzelapartments bzw. Zwei- Zimmer-Wohnungen.

**Bild 2.21)** Schematischer Aufbau der Haustechnik für Lüftung und Heizung in Wien.
Heizwärme und Trinkwassererwärmung erfolgen über einen Fernwärmeanschluss. Die Lüftung ist über 56 dezentrale Lüftungsgeräte realisiert, die vertikal über neun Versorgungsschächte zusammengeschlossen sind. Luftvorwärmung (bzw. Vorkühlung) erfolgt jeweils am Eintritt in die Versorgungsschächte, gespeist über einen solegeführten Fundamentabsorber.
Grafik: teamgmi

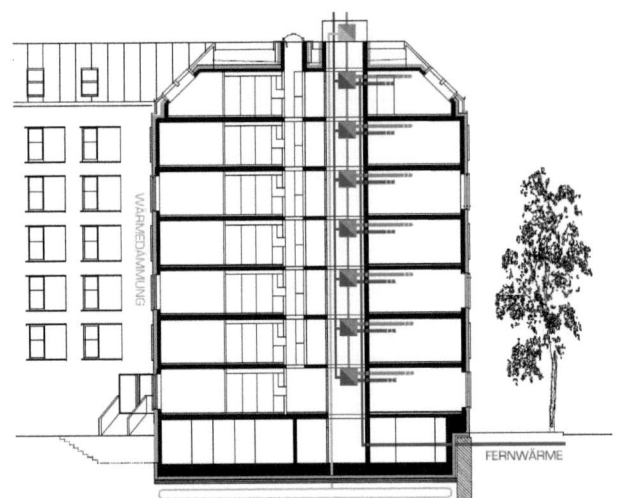

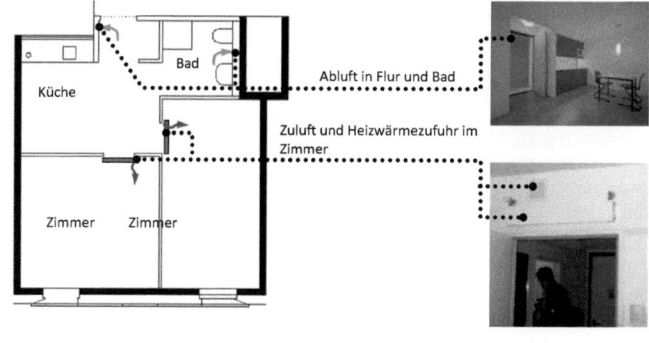

**Bild 2.22)** Grundriss einer typischen Zweier- WG. Ein Lüftungsgerät versorgt i.d.R. zwei entsprechende Wohnungen.
Die Heizwärmezufuhr ist über einen Mini- Heizkörper unmittelbar an der Zuluft- Einbringung über der Zimmertür realisiert. Neben der Tür befindet sich auch ein Thermostat, mit dem die Nutzer individuell die Heizwärmezufuhr regeln können. Das Thermostat ist mit einem Fensterkontakt verbunden, bei geöffnetem Fenster schaltet es auf die kleinste Stufe.
Bilder: (o.r.) Eduard Huber, (u.r.) P. Engelmann

Eine Besonderheit betrifft den Nachweis der energetischen Qualität des Gebäudes: um bei der Erstellung Mittel der Wiener Wohnbauförderung für Passivhäuser zu erhalten, ist der Passivhausstandard nicht nur für das ganze Gebäude einzuhalten, sondern auch für einzelne Wohneinheiten. Also auch (im Sinne von solarer Einstrahlung) ungünstig gelegene Wohnungen mit erhöhtem Anteil von Außenwänden müssen einzeln den Kriterien (im Wesentlichen einem Heizwärmeverbrauch unter 15 kWh/m²a) entsprechen.

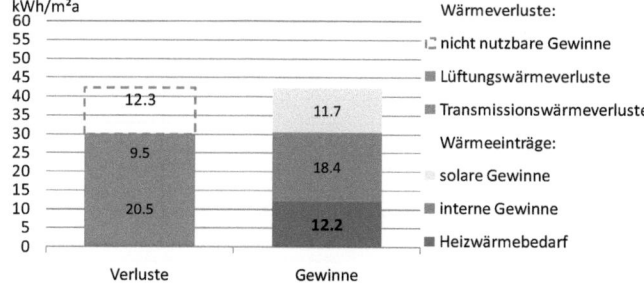

**Bild 2.23)** PHPP Jahresbilanz des ÖAD Wohnheims in der Molkereistraße in Wien.
Für die Wiener Wohnbauförderung musste der Passivhausstandard nicht nur für das gesamte Wohnheim, sondern auch für einzelne bzw. die am ungünstigsten gelegenen Apartments nachgewiesen werden. Der Anteil nicht nutzbarer interner Gewinne wurde bei der Bilanz des Gesamtgebäudes manuell auf 59% festgelegt.
Quelle: [PHMOL]

**Tabelle 2.8)** Daten des Wohnheims in der Molkereistraße, Wien.

| | |
|---|---|
| Fertigstellung | 2005 |
| Architektur | Baumschlager Eberle, Wien |
| TGA Planung | team gmi, Wien |
| Außenwände | Betonfertigteil, WDVS, Dämmstärke 26 cm, U-Wert: 0,146 W/m²K |
| Fenster | $U_g$= 0,70 W/m²K $U_f$= 0,73 W/m²K $U_W$: 0,86 W/m²K, Mittel aller transparenten Flächen: $U_w$=0,92 W/m²K |
| A/V Verhältnis | 0,2 m²/m³ |
| Fensterflächen % Fassadenanteil | Nord 14%, Nordost 15%, Ost 15%, Südost 14%, Süd, Südwest 15%, West 15%, Nordwest (60%) |
| Transmissionsverlust $H_T$ | 0,23 W/m²K ($H_T'$ gemäß EnEV) 0,18 W/m²$_{NGF}$K |
| Lüftungswärmeverlust $H_V$ | 0,08 W/m²$_{NGF}$K (bei $n_{Anlage}$=0,53 h⁻¹) |
| Lüftung | Dezentrale Zu- und Abluftanlagen, Vorwärmung /-kühlung über zentralen Fundamentabsorber, $n_{Gebäude}$=0,53 h⁻¹ |
| Wärmeversorgung | Anschluss ans Fernwärmenetz der Wiener Stadtwerke |
| Wärmeübergabe | Mini- Radiatoren im Zimmer, Heizkörper im Bad |
| Installierte Heizleistung | 28 W/m² |
| Trinkwassererwärmung | zentral, Fernwärme |
| Flächen | BGF: 10.527 m² NGF (beheizt): 8.842 m² $A_N$: 9.264 m² |
| Anzahl Wohneinheiten | 278 |
| Heizwärmebedarf | 12,2 kWh/m²a (nach PHPP) |

## 2.3.1. Art und Umfang der Messdatenerfassung, Molkereistraße

Mit Hilfe der Wiener Fernwärme wurden zentrale Wärme- und Stromzähler installiert, die Wärme zur Raumheizung und Trinkwassererwärmung sowie den Stromverbrauch der Haustechnik erfassen. Die Daten werden in 15-minütigem Raster gespeichert und für die vorliegende Arbeit über die BOKU Wien zur Verfügung gestellt.

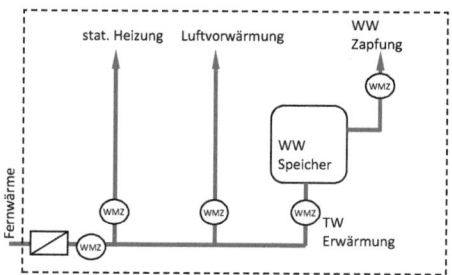

**Bild 2.24)** Schematische Wärmeversorgung der Molkereistraße und Lage der Wärmemengenzähler. Statt einer Trinkwasserzirkulation wurde eine elektrische Bandbegleitheizung eingerichtet. Die Luftvorwärmung dient zur Einhaltung einer Mindest- Zulufttemperatur, die Zuluft- Heizregister befinden sich zentral an den Versorgungsschächten.

Zum WMZ im Heizkreis der statischen Heizkörper ist zu beachten, dass dieser sich vor dem Mischventil befindet, also nur Volumenstrom und Temperaturen im Fernwärme- Kreis misst, nicht im eigentlichen Heizkreis. Die Wärmemengen werden dadurch zwar erfasst, zu tatsächlichen Vor- und Rücklauftemperaturen und Volumenströmen im Heizkreis sind jedoch keine Aussagen möglich. Messungen in den Apartments (Temperatur, Feuchte, Fensterkontakte) erfolgten über dezentrale Datenlogger.

## 2.4. Andere Referenz- und Vergleichsobjekte

Es gibt eine Vielzahl weiterer Wohnheime, bei denen die Energieeffizienz einen besonderen Fokus hatte. Eine Begleitforschung, in der das Betriebsverhalten überwacht und Planungswerte kontrolliert wurden, gab es aber nur in wenigen Fällen. Ein frühes Demonstrationsprojekt ist beispielsweise ein Wohnheim in Stuttgart Hohenheim, bei dem 1984 sechs Gebäude als Niedrigenergiehäuser entstanden [HOH89]. Aktuelle Verbrauchsdaten von dort liegen jedoch nicht vor.

**Bild 2.25)** Erdhügelhäuser in Stuttgart Hohenheim. Die 1984 errichteten Gebäude wurden als Niedrigenergiehäuser ausgeführt. Durch eine Begleitforschung durch das Fraunhofer Institut für Solare Energiesysteme wurden 2 Jahre Betrieb und Nutzerakzeptanz überwacht. Bild: Maps.Live

Als Passivhaus ausgeführte Wohnheime gibt es noch sehr wenige, wobei in den Jahren 2008 und 2009 einige Objekte neu errichtet wurden, von denen aber ebenfalls keine detaillierten (Mess-) Daten vorliegen (als Beispiel siehe Bild 2.26).

**Bild 2.26)** Passivhaus Wohnheim am Campus Frankfurt Riedberg. Das Ost- West ausgerichtete Gebäude umfasst 114 Wohneinheiten, die überwiegend als Einzelapartments ausgeführt sind. Das Wohnheim wurde 2007 als erstes von insgesamt drei geplanten Bauabschnitten fertiggestellt. Detaillierte Daten aus Planung und Betrieb liegen jedoch nicht vor. Bild oben: Peter Engelmann Grundriss: Baufrösche, Kassel

Zwei Wohnheime, ebenfalls (teilweise) als Passivhäuser ausgeführt, fanden in Planung und Betrieb Unterstützung durch eine Begleitforschung, hier kann auf bereits abgeschlossene Forschungsberichte zurückgegriffen werden. Dabei handelt es sich zum Einen um zwei Gebäude auf dem Umweltcampus Birkenfeld, einer Außenstelle der FH Trier. Hier wurden 1999 zwei baugleiche Gebäude errichtet, eins als Niedrigenergiehaus, ein zweites als Passivhaus.

Eine weitere Vergleichsmöglichkeit besteht mit einem Wohnheimkomplex auf dem Solarcampus Jülich, einer Außenstelle der FH Aachen. 1998 entstand die erste Zeile einer Studierendenwohnanlage. Planung und Betrieb wurden im Rahmen des Förderprogramms „Landesinitiative Zukunftsenergien NRW" durch das Solar-Institut Jülich begleitet.

### 2.4.1. Niedrigenergie- und Passivhaus Umweltcampus Birkenfeld

Die Umweltcampus Birkenfeld (UCB) Entwicklungs- und Management GmbH errichtete im Jahr 2000 auf dem Campus Birkenfeld, einem ehemaligen US- Stützpunkt, der seit 1996 als Außenstelle der FH Trier genutzt wird, zwei Wohnheime für Studierende mit jeweils 36 Wohneinheiten, ein Gebäude als Niedrigenergiehaus, ein zweites (ansonsten baugleiches) als Passivhaus.

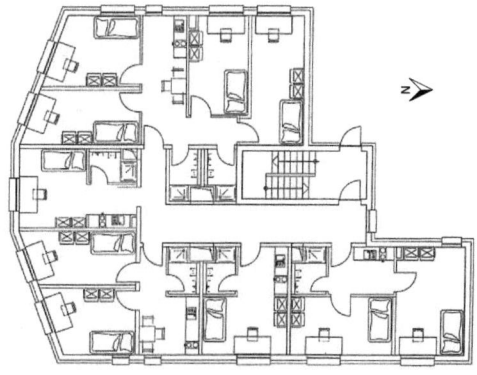

**Bild 2.27)** Grundriss des 1. OG des PH Wohnheims auf dem Umweltcampus Birkenfeld.
In dem viergeschossigen Gebäude sind Unterkünfte von Einzelapartments bis vierer- WGs untergebracht.

Planung und Bau unterstützte das Passivhaus- Institut aus Darmstadt, das auch Maßnahmen zur Qualitätskontrolle (Bauüberwachung, BlowerDoor Messung) durchführte [PHBIR]. Der Betreiber des Wohnheims führte von April 2002 bis September 2005 eine wissenschaftliche Begleitforschung durch [UCB05].

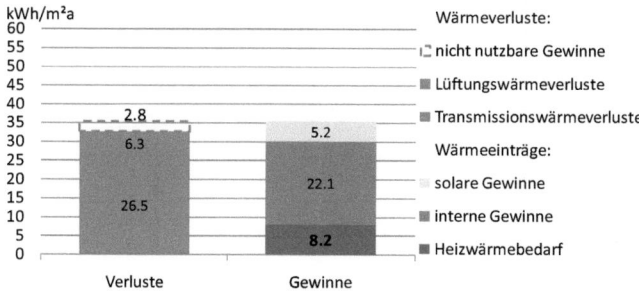

**Bild 2.28)** Darstellung der Energiebilanz aus der PHPP Berechnung für das PH Wohnheim in Birkenfeld. Für innere Quellen wurden 4,1 W/m² angesetzt, daher der im Vergleich zu den anderen Objekten hohe Anteil interner Gewinne.
Quelle: [PHBIR]

**Tabelle 2.9)** Kennwerte des Passivhaus- Wohnheims auf dem Umweltcampus Birkenfeld.

| | |
|---|---|
| Fertigstellung | 2000 |
| Architektur | Architekturbüro Werner Brand, Birkenfeld |
| TGA Planung | S.I.G. Schroll-Consult GmbH, Saarbrücken |
| Außenwände | Kalk-Sandstein, WDVS<br>Dämmstärke 20 cm,<br>U-Wert: 0,166 W/m²K |
| Fenster | $U_g$= 0,70 W/m²K<br>$U_f$= 0,66 W/m²K<br>$U_W$: 0,76 W/m²K |
| A/V Verhältnis | 0,37 m²/m³ |
| Glasflächen % Fassadenanteil | 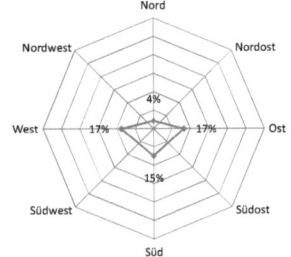 |
| Transmissionsverluste $H_T$ | 0,18 W/m²K ($H_T'$ gemäß EnEV)<br>0,32 W/m²$_{NGF}$K |
| Lüftungswärmeverluste $H_V$ | 0,07 W/m²$_{NGF}$K (bei $n_{Anlage}$=0,47 h$^{-1}$) |
| Lüftung | Zentrale Zu- und Abluftanlage,<br>$n_{Anlage}$=0,47 h$^{-1}$ |
| Wärmeversorgung | Anschluss ans Fernwärmenetz am Campus |
| Wärmeübergabe | Radiatoren im Zimmer,<br>Heizkörper im Bad |
| Installierte Heizleistung | k.A. |
| Flächen | BGF: 1096 m²<br>NGF (beheizt): 804,4 m²<br>$A_N$: 947,8 m² |
| Anzahl Wohneinheiten | 36 |
| Heizwärmebedarf | 8,2 kWh/m²a (nach PHPP) |

## 2.4.2. Wohnheim auf dem Solarcampus Jülich

Beginnend 1997 entstand als Ausbau der FH Aachen am Standort Jülich der „Solar-Campus" Jülich. Neben zwei Gebäuden der Fachhochschule wurde auch Wohnraum für insgesamt 136 Studierende geschaffen.

Das Wohnheim ist in fünf Reihenhäusern organisiert, die vom äußeren Erscheinungsbild gleich gehalten sind. Bei den Baukonstruktionen und der Energieversorgung gibt es jedoch deutliche Unterschiede. In den fünf Zeilen entstanden insgesamt sechs verschiedene Haustypen in verschiedenen Energiestandards – vom „konventionellen" Gebäude, das den gesetzlichen Anforderungen zum Zeitpunkt der Errichtung entsprach, bis zum Passivhaus. Darüber hinaus wurden verschiedene Lüftungs-, Heizungs-, und Wärmeversorgungskonzepte realisiert und teilweise unterschiedlich miteinander kombiniert.

Das Ministerium für Wissenschaft und Forschung des Landes Nordrhein-Westfalen förderte das Projekt „Solar-Campus Jülich" im Rahmen der Arbeitsgemeinschaft Solar NRW. Im Rahmen einer wissenschaftlichen Begleitforschung erhielten die Gebäude umfangreiche Messtechnik [SCJ05].

**Bild 2.29)** Ansicht des Wohnheimkomplexes auf dem Solarcampus Jülich.

**Bild 2.30)** Grundriss des Erdgeschosses eines typischen Reihenhauses. Die Wohnungen sind als Wohngemeinschaften mit drei bis fünf Personen organisiert.

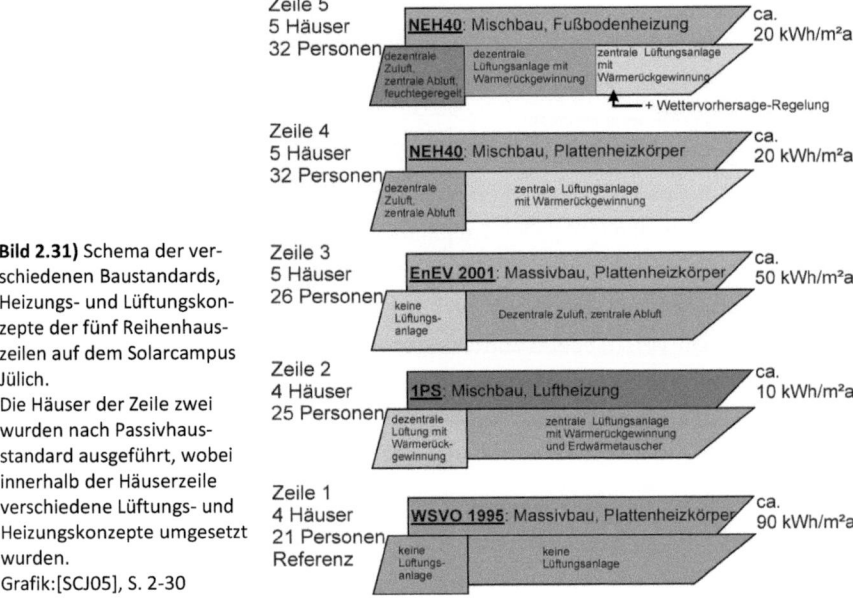

**Bild 2.31)** Schema der verschiedenen Baustandards, Heizungs- und Lüftungskonzepte der fünf Reihenhauszeilen auf dem Solarcampus Jülich.
Die Häuser der Zeile zwei wurden nach Passivhausstandard ausgeführt, wobei innerhalb der Häuserzeile verschiedene Lüftungs- und Heizungskonzepte umgesetzt wurden.
Grafik:[SCJ05], S. 2-30

Aufgrund der verschiedenen, teilweise kombinierten Konzepte sowie fehlender Daten zu einzelnen Details kann für das Wohnheim auf dem Solarcampus keine Kenndaten-Tabelle entsprechend der anderen Vergleichsobjekte erstellt werden.

# Technischer Betrieb

Jahresbilanzen Primärenergie- und Endenergieverbrauch sowie $CO_2$ Emissionen

Vergleich technischer Konzepte
Betriebsanalysen Verbrauch Wärme
Betriebsanalysen Verbrauch Strom

## 3. Technischer Betrieb

Ziel dieses Kapitels ist, den charakteristischen Betrieb der untersuchten Studierendenwohnheime unter den gegebenen klimatischen und nutzungsbedingten Randbedingungen zu analysieren. Dabei soll der Einsatz der Passivhaustechnik (hochwertiger Wärmeschutz / Verglasung, Lüftungsanlagen mit Wärmerückgewinnung) vor dem Hintergrund dieser speziellen Nutzungsform überprüft werden. Die verschiedenen, in den Wohnheimen realisierten technischen Konzepte werden vergleichend gegenübergestellt.

Der in der Grafik 3.1 schematisch dargestellte Energiefluss von der Primär- bis zur Nutzenergie, skizziert die in den folgenden Kapiteln untersuchten Bereiche.

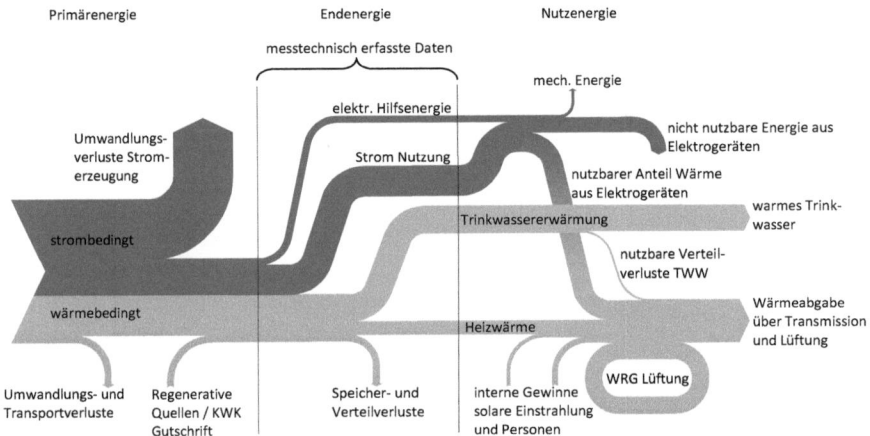

**Bild 3.1)** Schematischer Energiefluss eines Gebäudes. Der Endenergieverbrauch wird mit Umrechnungsfaktoren, die Umwandlungs- und Transportverluste im Bereich Strom und Wärme berücksichtigen, auf den Primärenergieeinsatz umgerechnet. Bei der Wärmeerzeugung kann die nötige Primärenergie größer oder kleiner als der Endenergieverbrauch sein – je nach zugrundeliegendem Energieträger sind neben Umwandlungs- und Verteilverlusten auch Gutschriften für den Einsatz regenerativer Energien oder der Nutzung von Kraft- Wärme- Kopplung (KWK) berücksichtigt.
Durch Messung verfügbare Daten sind die Energieströme vom Bezug der Endenergie bis zur Aufteilung in verschiedene Bereiche der Nutzenergie. Energieflüsse innerhalb des Gebäudes (oder der Zimmer) wie interne oder solare Gewinne können meist nur abgeschätzt oder anhand anderer gegebener Größen hoch- oder umgerechnet werden.

Kapitel 3.1 stellt, nach kurzer Betrachtung der meteorologischen Randbedingungen an den einzelnen Standorten, für alle Wohnheime Verbrauchsbilanzen eines Kalenderjahres dar. Damit können die untersuchten Objekte den Planungsdaten aus Kapitel 2 gegenübergestellt sowie in die im Kapitel 1.1 ermittelten Durchschnittswerte eingeordnet werden. Anders als im Verlauf der Grafik in Bild 3.1 erfolgt zuerst die Darstellung der Jahreskenndaten des Endenergieverbrauchs. Anschließend findet die primärenergetische Bewertung der Verbrauchsdaten, sowie eine Umrechnung auf klimaschutzrelevante Emissionswerte statt. Kapitel 3.1.4 nimmt für den Bereich des Wärmeverbrauchs die Aufteilung der Jahresdaten in Arten der Nutzenergie (Heizung, Trinkwassererwärmung, Systemverluste) vor, für den Stromverbrauch erfolgt diese Darstellung in Kapitel 3.3.1.

Nach der zusammenfassenden Darstellung der Jahresdaten findet eine zeitlich höher aufgelöste detaillierte Untersuchung der einzelnen Verbrauchsgrößen „Wärme" (Kapitel 3.2) und „Strom" (Kapitel 3.3) statt. Beim Wasserverbrauch steht die Trinkwassererwärmung im Vordergrund, die Analyse wird daher im Kapitel 3.2 unter „Betriebsanalyse Endenergie Wärme" subsummiert.

Am Ende der Kapitel erfolgt eine abschließende Zusammenfassung, in der die jeweiligen zentralen Ergebnisse der Untersuchungsschwerpunkte zusammengestellt sind. Diese bilden die Grundlage für das Zwischenfazit „Energieverbrauch Passivhaus- Studierendenwohnheim", als Querschnittsanalyse realisierter Objekte.

## 3.1. Jahresbilanzen Energiebezug

Ein erster Vergleich erfolgt auf Basis von Verbrauchsdaten eines Kalenderjahres. Die gemessenen Verbrauchsdaten können so mit den berechneten Bedarfswerten aus dem Planungsprozess verglichen, aber auch den in Kapitel 1.1 ermittelten Durchschnittsdaten aus anderen Wohnheimen gegenübergestellt werden.

### 3.1.1. Klimatische Randbedingungen im Betrachtungszeitraum

Gemessene Energieverbrauchsdaten, insbesondere den Heizwärmeverbrauch betreffend, sind stark vom lokalen Klima anhängig. Zur Messung der klimatischen Randbedingungen stand bei der Neuen Burse eine Wettermessstation am Standtort Wuppertal zur Verfügung, Daten zur Lufttemperatur wurden direkt am Objekt gemessen.
In Hagen war keine durchgehende Klimadatenerfassung möglich. Aufgrund der geografischen Nähe (Entfernung Luftlinie: 30km) wurde bei Einstrahlungsdaten auf die Messwerte der Messstation in Wuppertal zurückgegriffen. Bei einem Vergleich von temporär gemessenen Außenlufttemperaturen in Hagen und Daten der Wetterstation in Wuppertal waren diese (bei der Bildung von Stunden- Mittelwerten) nahezu deckungsgleich, sodass auch bei

der Temperatur auf Messwerte aus Wuppertal (am Standort „Campus Haspel") zurückgegriffen kann.

In Bild 3.2 sind die maßgeblichen meteorologische Randbedingungen, Temperatur und Globalstrahlung für die hauptsächlich untersuchten Jahre 2005 bis 2008 grafisch als Monatsmittelwerte bzw. –summen für den Standort Wuppertal aufgetragen.

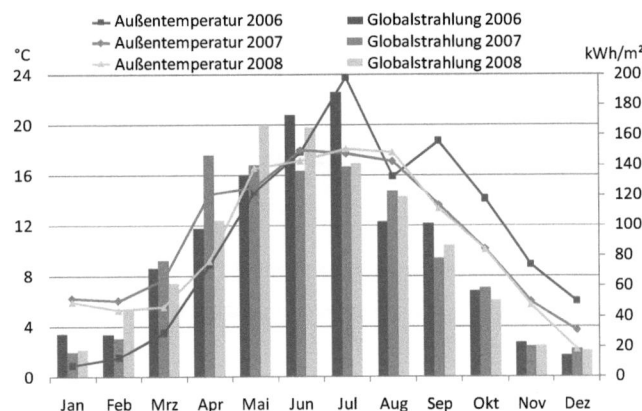

**Bild 3.2)** Grafische Darstellung von Temperatur und Einstrahlung am Campus Haspel in Wuppertal für die Jahre 2006 – 2008.
Die Jahre 2007 und 2008 zeichnen sich durch eher milde Winter und wenig ausgeprägte Sommer aus.

Die Randbedingungen von Wuppertal im Vergleich zu Wien zeigt Bild 3.3. Wetterdaten aus Wien stellte die Zentralanstalt für Meteorologie und Geodynamik aus Österreich zur Verfügung [ZAMG].

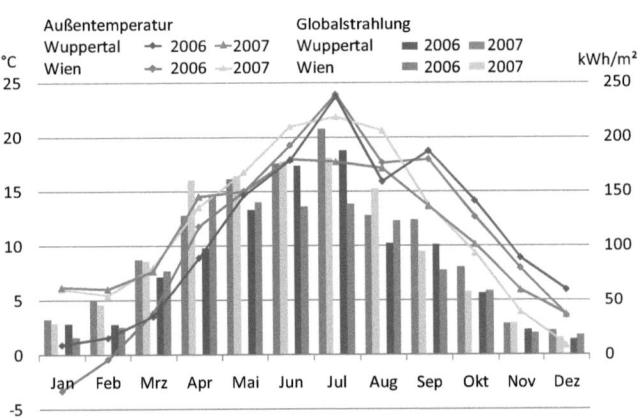

**Bild 3.3)** Vergleich der Wetterdaten aus Wuppertal und Wien (Standort Wetterstation Wien: „Hohe Warte" des ZAMG) für die Jahre 2006 und 2007.
Insgesamt zeigen sich in Wien höhere Einstrahlungswerte und im Sommer 2007 auch deutlich höhere Temperaturen.

In Tabelle 3.1 sind geographische Lage sowie einige zentralen Messwerte der meteorologischen Randbedingungen aufgelistet. Für „Wuppertal" wurde auf Temperaturmessungen am Wohnheim „Neue Burse" selbst zurückgegriffen, die im Winter teilweise deutlich unter den Daten am Campus Haspel lagen – dies ist durch die Topographie plausibel: die Burse liegt ca. 80 Höhenmeter höher und nahezu freistehend in einer Hanglage.

**Tabelle 3.1)** Geographische Lage und Jahreskenndaten der Standorte Wuppertal, Hagen und Wien in den Jahren 2006 und 2007. Abweichungen zwischen Wien und Wuppertal gab es vor allem im Sommer 2007, bei dem in Wien deutlich höhere Temperaturen herrschten. Das Jahr 2007 war an allen Standorten relativ mild, d.h. es gab weder einen ausgeprägt warmen Sommer noch besonders tiefe Temperaturen im Winter.

|  | Wuppertal (Burse) | Hagen | Wien |
|---|---|---|---|
| Geograph. Lage: Breite / Länge | 51° 14' / 7° 8' | 51° 21' / 7° 30' | 48° 13' / 16° 24' |
| Heizgradtage [Kd][4] | 2006: 1551 | 2006: 1322 | 2006: 1552 |
|  | 2007: 1263 | 2007: 1026 | 2007: 1215 |
|  | 2008: 1509 | 2008: 1276 | 2008: 1235 |
| Globalstrahlung [kWh/m²a] | 2006: 1014 | 2006: 1014 | 2006: 1223 |
|  | 2007: 975 | 2007: 975 | 2007: 1190 |
|  | 2008: 992 | 2008: 992 | 2008: 1146 |

Für die Objekte in Birkenfeld und Jülich sind nur teilweise Wetterdaten verfügbar, bzw. die Vergleichsdaten beziehen sich auf andere Zeiträume. Erfolgt eine Klimabereinigung der Daten, wird dies mit Angabe des Bezugszeitraums in den jeweiligen Kapiteln angegeben.

### 3.1.2. Endenergieverbrauch der untersuchten Objekte

Bei den in Tabelle 3.2 angegebenen Werten handelt es sich um den gemessenen Verbrauch an zentralen Wärmemengenzählern. Im Heizwärmeverbrauch sind also Verteilverluste enthalten, was beim Vergleich mit dem im Kapitel 2 angegebenen rechnerisch ermittelten Nutzwärmebedarf zu beachten ist. Die zugrunde liegenden Bilanzgrenzen sind zu Beginn des Kapitels 3.1.4 noch einmal detailliert dargestellt.

Die Verbrauchsdaten beziehen sich auf die Fläche (Nettogeschossfläche NGF nach DIN 277) sowie auf die Anzahl Wohneinheiten (WE). Alle Daten (soweit nicht anders angegeben) stammen aus dem Kalenderjahr 2007, die Werte für den Heizwärmeverbrauch sind nicht klimabereinigt.

---

[4] Nach VDI 3807, Heizgrenze 12°C

**Tabelle 3.2)** Verbrauchsdaten der untersuchten Wohnheime in Bezug auf Wohneinheiten (WE), sowie auf m² Nettogeschossfläche (NGF). Bei der Bildungsherberge ist der durch eine elektrische Fußbodentemperierung verbrauchte Strom abgezogen (siehe Kapitel 3.3.1.3), in Klammern ist der Verbrauch inkl. Badheizung angegeben.

|  | Heizung | | TW Erwärmung | | Strom TGA | | Strom Nutzung | |
| --- | --- | --- | --- | --- | --- | --- | --- | --- |
|  | kWh WE | kWh m²a | kWh WE | kWh m²a | kWh WE | kWh m²a | kWh WE | kWh m²a |
| Burse NEH | 1310 | 47,1 | 1344 | 48,4 | 53 | 1,9 | 1075 | 38,7 |
| Solarcampus NEH[4] | 1953 | 71,3 | 1068 | 39,0 | 106 | 3,9 | 1073 | 39,2 |
| Birkenfeld NEH | 624 | 35,1 | 797 | 44,8 | k.A. | k.A. | 928 | 52,2 |
| Burse PH | 965 | 36,3 | 1158 | 43,5 | 161 | 6,1 | 1075 | 40,4 |
| Bildungsherberge (incl. Badheizung) | 854 | 32,8 | 363 | 13,9 | 134 | 5,2 | 442 (1596) | 17,0 (61,3) |
| Birkenfeld PH | 1085 | 61,0 | 714 | 40,2 | k.A. | k.A. | 906 | 51,0 |
| Solarcampus PH[5] | 782 | 30,5 | 784 | 30,5 | 273 | 10,6 | 1079 | 42,0 |
| Molkereistraße | 819 | 25,8 | 1299 | 40,8 | 359 | 11,3 | 930 | 29,2 |

Aus den in Tabelle 3.2 dargestellten Jahresdaten zeigt sich, dass die Passivhäuser die in Kapitel 2 angegebenen Bedarfswerte teilweise deutlich übersteigen, wohingegen die Niedrigenergiehäuser meist unter dem berechneten Bedarf liegen. Auch der Stromverbrauch für elektrische Hilfsenergie variiert deutlich. Die Abweichungen des Verbrauchs vom berechneten Bedarf werden in den Kapiteln 3.2 und 3.3 eingehend untersucht.

Es stellt sich heraus, dass bei zunehmender Reduktion des Heizwärmeverbrauchs der Wärmeverbrauch der Trinkwassererwärmung mehr und mehr dominiert. Die flächenbezogene Darstellung des Wärmeverbrauchs der Trinkwassererwärmung zeigt erneut die hohe Belegungsdichte der Wohnheime: wie in Kapitel 1.1 festgestellt, weicht der Pro-Kopf-Verbrauch in Studierendenwohnheimen nicht wesentlich vom Durchschnitt im „normalen" Wohnungsbau ab, die flächengewichteten Kennwerte sind jedoch vergleichsweise hoch.

Der Stromverbrauch liegt wie in Kapitel 1.1.1 festgestellt im Niveau zwischen Ein- und Zweipersonenhaushalten in Deutschland. Vergleicht man die Jahresverbrauchswerte mit denen anderer Passivhäuser, liegen diese im Verbrauch i.d.R. niedriger. Der Mittelwert der im Rahmen von CEPHEUS untersuchten Projekte beträgt 28,8 kWh/m²a ( [CEPH01], S. 190f) für den Haushaltsstromverbrauch. Da es sich dort jedoch größtenteils um Mehrpersonenhaushalte handelt, sind die Werte schwer zu vergleichen.

---

[5] Jülich: Daten aus dem Jahr 2002 [SCJ05]

Bild 3.4 stellt die Verbrauchsdaten wie im Kapitel 1.1 bezogen auf die Anzahl der Wohneinheiten dar, um so einen Vergleich mit den aus dem Wohnheim- Bestand ermittelten Durchschnittswerten zu ermöglichen.

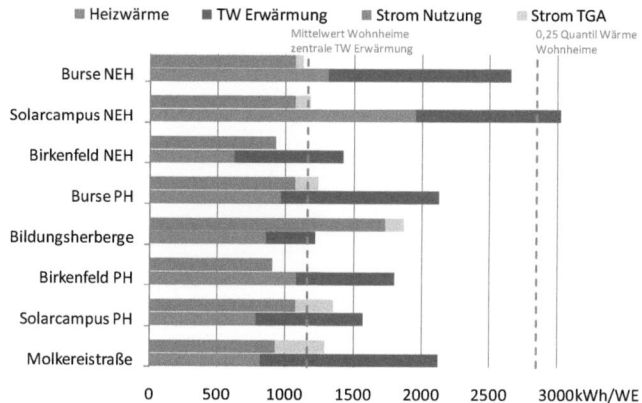

**Bild 3.4)** Verbrauchsdaten für Strom und Wärme der untersuchten Wohnheime. Zum Vergleich wurden die jeweiligen 0,25 Quantile aus den im Kapitel 1.1.1 ermittelten Werten eingetragen. Während der Wärmeverbrauch erwartungsgemäß größtenteils deutlich unter dem anderer „sparsamer" Wohnheime liegt, entspricht der Stromverbrauch weitestgehend dem Mittelwert des Querschnitts.

Beim Vergleich der auf die WE bezogenen Verbrauchswerte mit dem Verbrauchsprofil anderer Wohnheime (siehe Kapitel 1.1) zeigt sich, dass vor allem die als Passivhaus ausgeführten Wohnheime deutlich weniger Wärme verbrauchen – und hier der Anteil Wärme zur Trinkwassererwärmung i.d.R. den Verbrauch dominiert.

Der Stromverbrauch liegt nahe bei dem Durchschnittswert „normaler" Wohnheime (Mittelwert: 1138 kWh/WE bei Wohnheimen mit zentraler TW-Erwärmung). Der zusätzliche Leistungsbedarf für technische Anlagen (in erste Linie Lüftung) führt also nicht zwangsläufig zu einem höheren Gesamtstromverbrauch – wenn auch der Anteil des Stromverbrauchs der TGA beträchtlich sein kann (im Fall der Molkereistraße 28% des gesamten Strombezugs für elektrische Hilfsenergie – siehe auch Kapitel 3.3.1)

### 3.1.3. Primärenergieverbrauch und Klimagasemissionen

In einem zweiten Schritt wird der Endenergieverbrauch für Strom und Wärme primärenergetisch bewertet. Um eine möglichst gute Vergleichbarkeit der Daten zu gewährleisten, sind die Umrechnungsfaktoren für Primärenergie (PE) einheitlich in Anlehnung an derzeit gültige Regelwerke [DIN18599] gewählt. Die Bewertung der $CO_2$ Emissionen erfolgt nach [GEMIS].

**Tabelle 3.3)** Primärenergie- und $CO_2$ Faktoren der jeweiligen Standorte. Wenn nicht anders angegeben sind die Primärenergiefaktoren aus [DIN18599], die $CO_2$ Faktoren aus [GEMIS]. Beim Einsatz erneuerbarer Brennstoffe ist in Klammern der PE- Faktor für den gesamten Energiebezug angeben, also incl. erneuerbarem Anteil. Während bei der Wärmeerzeugung durch unterschiedliche Energieträger die entsprechenden Faktoren eingesetzt sind, wird elektrische Energie einheitlich umgerechnet.

|  | Wärmeträger | PE Faktoren [-] Wärme | Strom | $CO_2$ Faktoren [g/kWh] Wärme | Strom |
|---|---|---|---|---|---|
| Neue Burse (NEH + PH) | Fernwärme aus KWK | 0,7 | 2,7 | 286[6] | 647 |
| Solarcampus (NEH + PH) | Nahwärme, Erdgas | 1,3 | 2,7 | 249 | 647 |
| Birkenfeld (NEH + PH) | Nahwärme, Holzhackschnitzel (incl. regen. Anteil) | 0,1 (1,3) | 2,7 | 6 | 647 |
| Bildungsherberge | Erdgas | 1,1 | 2,7 | 249 | 647 |
| Molkereistraße | Fernwärme, teilw. Holzfeuerung (incl. regen. Anteil) | 0,3[7] (1,3) | 2,7 | 135[7] | 647 |

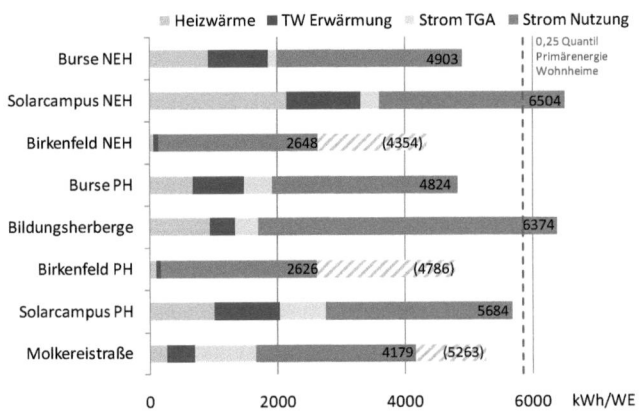

**Bild 3.5)** Primärenergetisch bewerteter Verbrauch der Wohnheime. Der Zahlenwert in den Balken bezieht sich auf die jeweilige Gesamtsumme.
Durch die höheren Umrechnungsfaktoren dominiert der Stromverbrauch den Primärenergiebezug, während Gutschriften wie Fernwärme aus KWK oder Einsatz nachwachsender Rohstoffe den Primärenergieanteil des Wärmeverbrauchs reduzieren. Werden auf der Wärmeseite keine reduzierten Faktoren eingesetzt, ergeben sich in Summe die mit grauer Schraffur verlängerten Balken.

---

[6] Quelle: Wuppertaler Stadtwerke, Angaben zum Emissionshandel
[7] Quelle: Wien Energie Fernwärme, Nachhaltigkeitsbericht 2007

Bei der primärenergetischen Bewertung des Energieverbrauchs tritt erwartungsgemäß der Stromverbrauch sehr viel deutlicher in den Vordergrund. Vor allem, wenn die PE-Faktoren für Wärme durch Einsatz von KWK (Gas- und Dampfkraftwerk (GuD) im Fernwärmenetz Wuppertal) oder nachwachsenden Rohstoffen (Fernwärmenetz mit hohem Anteil aus Holz-Heizkraftwerken in Wien, Nahwärmenetz mit Holzhackschnitzelfeuerung in Birkenfeld) kleiner als eins sind, verschiebt sich der Fokus der Verbrauchsdaten. Im Vergleich zum Durchschnitt der in Kapitel 1.1 ermittelten Verbrauchswerte schrumpft auch der Abstand zu anderen Wohnheimen im Quartal der sparsamen Wohnheime (0,25 Quantil Primärenergie).

**Tabelle 3.4)** Mit den in

Tabelle 3.3 genannten PE-Faktoren bewerteter Energieverbrauch der untersuchten Wohnheime. Werden erneuerbare Energien genutzt, ist in Klammern die Umrechnung incl. regenerativem Anteil angegeben.

|  | Heizung | | TW Erwärmung | | Strom TGA | | Strom Nutzung | |
| --- | --- | --- | --- | --- | --- | --- | --- | --- |
|  | kWh WE | kWh m²a | kWh WE | kWh m²a | kWh WE | kWh m²a | kWh WE | kWh m²a |
| Burse NEH | 917 | 33,0 | 941 | 33,8 | 142 | 5,1 | 2904 | 104,5 |
| Solarcampus NEH[4] | 2148 | 78,4 | 1175 | 42,9 | 285 | 10,4 | 2896 | 105,8 |
| Birkenfeld NEH (incl. regen. Anteil) | 62 (812) | 3,5 (45,7) | 80 (1036) | 4,5 (58,3) | k.A. | k.A. | 2506 | 141,0 |
| Burse PH | 676 | 25,4 | 810,6 | 30,5 | 434 | 16,3 | 2904 | 109,1 |
| Bildungsherberge | 940 | 36,1 | 400 | 15,3 | 362 | 13,9 | 4673 | 179,3 |
| Birkenfeld PH (incl. regen. Anteil) | 108 (1410) | 6,1 (79,3) | 71 (929) | 4,0 (52,2) | k.A. | k.A. | 2447 | 137,6 |
| Solarcampus PH[8] | 1016 | 39,6 | 1019 | 39,7 | 737 | 28,7 | 2912 | 113,4 |
| Molkereistraße (incl. regen. Anteil) | 270 (1065) | 8,5 (33,5) | 429 (1688) | 13,5 (53,1) | 970 | 30,5 | 2510 | 78,9 |

Durch die unterschiedliche Bewertung der Energie über die PE- Faktoren wird deutlich, dass gerade im Bereich elektrischer Energie große Potentiale durch Effizienzmaßnahmen nutzbar sind.

Neben der primärenergetischen Bewertung erfolgt auch eine Berechnung der durch den Energieverbrauch verursachten $CO_2$ Emissionen (Umrechnungsfaktoren aus

Tabelle 3.3). Ähnlich wie bei der Primärenergie- Bewertung wird für den Einsatz elektrischer Energie ein einheitlicher Umrechnungsfaktor gewählt, in diesem Fall basierend auf dem bundesdeutschen Strommix.

---

[8] Jülich: Daten aus dem Jahr 2002 [SCJ05]

**Bild 3.6)** Spezifische CO2 Emissionen pro Wohneinheit. Insgesamt liegen die Wohnheime deutlich unter der Hälfte des bundesdeutschen Durchschnitts von etwa 3500 kg/a für Wohnen (Heizen, Warmwasserbereitung, Haushaltsgeräte, [EUM06]).
Kommen nachwachsende Rohstoffe als Energieträger zum Einsatz, spielt der Wärmeanteil bei den klimarelevanten Emissionen quasi keine Rolle mehr.

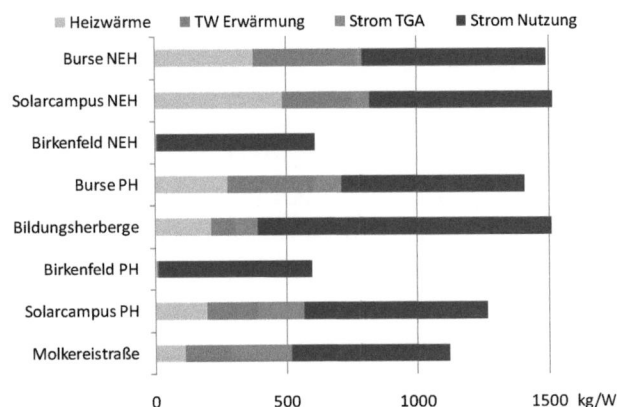

Sowohl bei der Umrechnung des Endenergieverbrauchs auf Primärenergie als auch bei der Bewertung der $CO_2$-äquivalenten Emissionen tritt der Stromverbrauch der Wohnheime deutlich in den Vordergrund. Der Vergleich berücksichtigt bewusst einheitlich die bei der Stromerzeugung vorgelagerte Prozesskette entsprechend des bundesdeutschen Strommix und keine Anrechnung lokaler Sonderverträge (Bezug von Öko-Strom).

Dass hier alleine durch Motivation der Nutzer enorme Einsparungen möglich sind, zeigen mehrfach ausgerufene Wettbewerbe der Deutschen Energieagentur, bei denen sich zeigte, dass in Studierendenwohnheimen im Vergleich zum Vorjahresverbrauch Stromeinsparungen bis zu 24% erreichbar waren [DENA07].

### 3.1.4. Aufteilung Nutzenergie Wärme

In den folgenden Abschnitten werden die gemessenen Energieströme für Heizwärme und Trinkwassererwärmung detaillierter aufgeteilt und dargestellt. Diese Betrachtung ist nur für die Projekte durchführbar, bei denen getrennt erfasste Verbrauchsdaten in ausreichender Tiefe zur Verfügung stehen, d.h. für die Wohnheime in Wuppertal, Hagen und Wien. In Kapitel 2.4 genannte Referenzen wurden größtenteils ebenfalls detailliert messtechnisch erfasst, die nötigen Messdaten stehen aber nur lückenhaft oder gar nicht zur Verfügung.

Eine quantitative Darstellung der in der Regel über Wärmemengenzähler (WMZ) erfassten Wärmeströme erfolgt als Energieflussbild oder Sankey- Diagramm. Der Bilanzraum für die Diagramme ist energetisch wie räumlich (wenn nicht anders angegeben) der Technikraum, d.h. der Raum, in dem die Energiewandlung, bzw. Übergabe der Wärme stattfindet und sich die Wärmeverteilung befindet.

Die folgende Grafik (Bild 3.7) zeigt anhand eines Sankey- Diagramms schematisch darüber hinausgehend auch die Energieflüsse innerhalb eines Gebäudes.

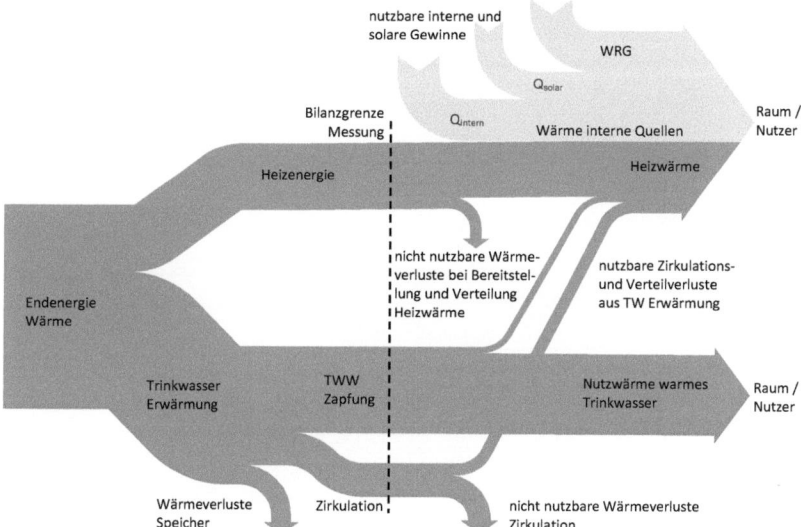

**Bild 3.7)** Darstellung der Wärmeflüsse sowie Bilanzgrenze der im folgenden Abschnitt dargestellten Energieströme. Endenergie Wärme bezeichnet die (per WMZ gemessene) Wärmemenge, die dem Gebäude insgesamt zugeführt wurde. Gemessen wird jeweils hinter der Übergabe oder Wandlung der zentralen Wärmequelle (Fernwärme, Gas/ Ölkessel, o.ä.). Die „Heizenergie" bezieht sich auf die am WMZ an der Hauptverteilung gemessene Wärmemenge – also inkl. Verteil- und Bereitstellungsverlusten. Größenordnung und Nutzung regenerativer Anteile wie interner und solarer Gewinne werden im Kapitel 3.2.2 näher untersucht. Die aus der WRG zurückgewonnene Wärme wurde aus Mess- und Kenndaten der Lüftungsanlagen hochgerechnet - je nach Datenverfügbarkeit mit Unsicherheiten behaftet und daher mehr ein qualitativer Richtwert.
Die (nicht regenerative) Wärme zur Trinkwassererwärmung wird am Eintritt in das System zur Trinkwassererwärmung gemessen, wenn möglich wurden auch die Wärmeverluste der Zirkulation sowie die Warmwasser- Zapfung per WMZ erfasst, sodass Speicherverluste bilanziert werden können. Die gemessene, in der TWW- Zirkulation abgegebene Wärme wird vollständig als Verlust dargestellt.

Die Wärmemengen sind jeweils auf die NGF bezogen, Datengrundlage ist, wenn nicht anders angegeben, das Kalenderjahr 2007. Die Daten entsprechen in der Darstellung den gemessenen Zählerwerten, sind also nicht klima- oder temperaturbereinigt. Die meteorologischen Randbedingungen im Betrachtungszeitraum wurden im vorangegangenen Abschnitt dargestellt.

### 3.1.4.1. Neue Burse, Niedrigenergiehaus

Etwa die Hälfte des Wärmebezugs im NEH fließt in die Trinkwassererwärmung. In Spitzenzeiten (volle Belegung des Wohnheims im Semester) misst der Warmwasserverbrauch bis zu 70 l/p,d (siehe auch Kapitel 3.2.3). In der Jahressumme ergibt sich ein Wärmeverbrauch zur Trinkwassererwärmung, der mit 48 kWh/m²a knapp über dem Heizwärmeverbrauch liegt und damit den Wärmebezug des Gebäudes dominiert.

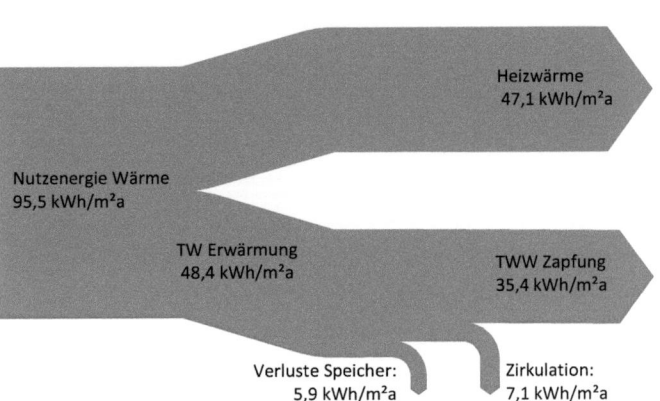

**Bild 3.8)** Energieflussbild des NEH der Neuen Burse. Auffällig ist der hohe spezifische Wärmeverbrauch der Trinkwassererwärmung. Der Wärmeverbrauch zur Warmwasserbereitung ist größer als der Heizwärmeverbrauch. Dieser liegt jedoch deutlich unter den Planungsdaten.
Speicher- und Leitungsverluste der Warmwasserbereitung wurden aus der Bilanzierung der Warmwasserbereitung errechnet.

Der gemessene Heizwärmeverbrauch liegt mit 47,1 kWh/m²a deutlich unter dem mit dem PHPP ermittelten Bedarfswert von 68 kWh/m²a. Gründe für die Unterschreitung liegen in erster Linie an geringeren Lüftungswärmeverlusten, wie weitere Analysen in den folgenden Kapiteln zeigen.

Die Wärmeverluste bei der Trinkwassererwärmung ermitteln sich aus der Bilanzierung des Speichers. Ein WMZ misst primärseitig die dem Speicher zugeführte Wärme, ein weiterer WMZ ist im Frischwasserzufluss installiert. Er bestimmt über Zapfmenge und Frischwasser- sowie Warmwassertemperatur die dem Speicher entnommene Wärme. In der Zirkulationsleitung war ebenfalls ein WMZ installiert, der aber nicht in Betrieb bleiben konnte, da er die Netzhydraulik zu stark störte. Der Volumenstrom der Zirkulation ist jedoch aus dem kurzzeitigen Betrieb des WMZ bekannt und seitdem nahezu konstant, zudem wurden die Temperaturen des Warmwassers und im Zirkulationsrücklauf kontinuierlich gemessen. Aus diesen Daten ergeben sich rechnerisch die Zirkulationsverluste.

### 3.1.4.2. Neue Burse, Passivhaus

Beim PH der Burse teilt sich die Heizwärmezufuhr in einen Anteil über die Lüftungsanlage (RLT) sowie über die Heizkörper in den Bädern und den giebelseitigen Zimmern auf. Zunächst fällt auf, dass bei sinkendem Heizwärmeverbrauch durch verbesserten Wärmeschutz des Gebäudes der Wärmeverbrauch der Trinkwassererwärmung den gesamten Wärmebezug des Gebäudes noch stärker dominiert.

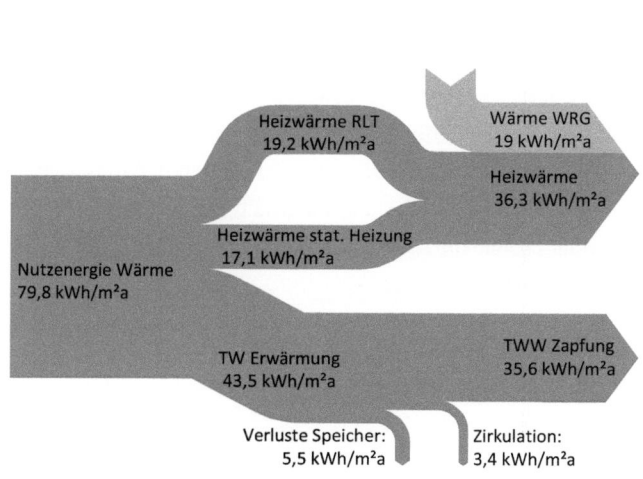

**Bild 3.9)** Energieflussbild des PH. Durch den geringeren Heizwärmeverbrauch dominiert hier der Wärmeverbrauch der Trinkwassererwärmung stärker. Hier liegt der Heizwärmeverbrauch über den Planungsdaten.
Durch den im Vergleich zum NEH deutlich geringeren Volumenstrom der TWW-Zirkulation kommt es hier zu geringeren Zirkulationsverlusten.
Der Beitrag der Wärmerückgewinnung wurde aus den gemessenen Lufttemperaturen und Stichprobenmessungen der Volumenströme in den Lüftungsanlagen rechnerisch ermittelt.

Beim Heizwärmeverbrauch wird der mit dem PHPP ermittelte Heizwärmebedarf von 28 kWh/m²a überschritten, eine Diskussion der Gründe für den Mehrverbrauch findet in den folgenden Kapiteln statt.

Der Wärmeverbrauch der Trinkwassererwärmung entspricht dem des NEH, die Wärmeverluste fallen geringer aus, da im PH der Volumenstrom des Zirkulationskreises im Vergleich zum NEH nur etwa halb so groß ist – bei gleichem Komfort (gemessene Warmwasser- und Zirkulationsrücklauftemperaturen beider Gebäude sind nahezu identisch). Daraus zeigt sich, dass hier im NEH Optimierungspotential liegt, aufgrund der problematischen Netzhydraulik fanden aber keine Anpassungen statt.

Der Anteil der Wärme, den die Wärmerückgewinnung der Lüftungsanlagen beisteuert, basiert auf Hochrechnungen aus durchgehend gemessenen Temperaturen der Lüftungsströme und durch Stichprobenmessungen ermittelten Luftvolumenströmen.

### 3.1.4.3. Bildungsherberge

In der Bildungsherberge in Hagen steht im Vergleich zu den Wohnheimen in Wuppertal und Wien nur eine reduzierte Messdatenerfassung zur Verfügung. Die über die Lüftung abgegebene Heizwärme wird zentral über einen WMZ erfasst, ebenso der der vom Gaskessel gedeckte Anteil der Trinkwassererwärmung.

Eine Bestimmung des Ertrag der 30m² Solarkollektoranlage war nicht möglich, ebenso die Erfassung des mit der Warmwasserzapfung verbundenen Wärmeverbrauchs sowie die Verluste in der Zirkulationsleitung. Aus Handablesungen ist jedoch die jährliche gezapfte Warmwassermenge bekannt.

Die Messung der Temperaturen in der Lüftungsanlage erfolgte nur zeitweise, die Hochrechnung der Energie aus der Wärmerückgewinnung basiert auf einem aus diesen Daten bestimmten Wirkungsgrads der Wärmerückgewinnung. Durch den höheren Wirkungsgrad des Wärmeübertragers im Lüftungsgerät, der Aufstellung innerhalb des Gebäudes (wenn auch außerhalb der thermischen Hülle) sowie die solegestützten Vorwärmung ist der Anteil der zurückgewonnenen Wärme größer als in der Burse.

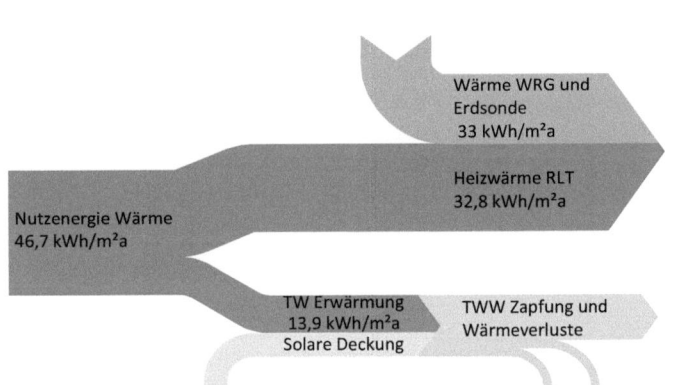

**Bild 3.10)** Energieflussbild der Wärme für die Bildungsherberge in Hagen.
Da nur eine weniger umfangreiche Messtechnik zur Verfügung stand, können bei der Trinkwassererwärmung nur begrenzt Aussagen zu Zapfmengen, Verlusten in der Zirkulation sowie zur solaren Deckung durch die Kollektoranlage gemacht werden.

Der Heizwärmeverbrauch liegt mit 32,8 kWh/m²a deutlich über dem in PHPP ermittelten Bedarf von 13,4 kWh/m²a. In der Bildungsherberge gibt es eine Reihe regelungstechnischer Schwierigkeiten, die sich in den folgenden Abschnitten darstellen.

Inwiefern der im Vergleich zu den anderen Wohnheimen geringe, nicht-regenerative Wärmeverbrauch der Trinkwassererwärmung durch eine hohe solare Deckung oder durch eine geringere Belegung des Wohnheims begründet ist, wird im Kapitel 3.2.3 diskutiert.

### 3.1.4.4. Molkereistraße

In den Apartments in der Molkereistraße versorgen Mini- Heizkörper die Zimmer und Bäder mit Wärme, ein verschwindend geringer Anteil brachten 2007 die Heizregister zur Luftvorwärmung ein, die, falls die Vorwärmung über den Fundamentabsorber nicht ausreicht, mit Fernwärme gespeist werden. Wärme (und im Sommer Kälte) aus dem Fundamentabsorber sind nicht erfasst und daher nicht dargestellt.

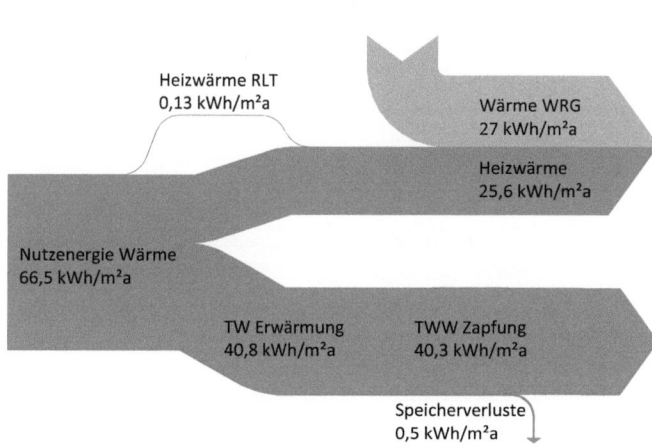

**Bild 3.11)** Wärmeverbrauch im Wohnheim Molkereistraße im Jahr 2007.
Hier zeigt sich wieder die Dominanz des Wärmeverbrauchs der Trinkwassererwärmung. Statt einer Zirkulationsleitung ist die Verteilung des Warmwassers mit einer elektrischen Bandbegleitheizung versehen. Die geringen, aus der Bilanzierung der Speicher errechneten Wärmeverluste sind unplausibel, vermutlich ist die Wärme der Warmwasserzapfung deutlich geringer als durch den WMZ gemessen.

Trotz Überschreitung des planerischen Heizwärmebedarfs von 12 kWh/m²a dominiert auch hier der Wärmeverbrauch der Trinkwassererwärmung deutlich den gesamten Wärmeverbrauch. Die geringen Speicherverluste, die sich aus der Bilanzierung der Warmwasserspeicher und Erfassung der ein- und ausgehenden Wärmeströme ergeben, erscheinen unrealistisch gering. Zwar wurde in der Molkereistraße auf eine Zirkulationsleitung verzichtet und stattdessen eine elektrische Bandbegleitheizung installiert (die sich in der Bilanzierung des Stromverbrauchs der TGA niederschlägt und daher hier nicht dargestellt wird), dennoch ist mit Verlusten bei der Wärmeübergabe von der Fernwärme zum Trinkwasser sowie von den Speichern (zwei 2.200 l Speicher) zu rechnen.

Da die Anlagentechnik zur Trinkwassererwärmung vom Prinzip weitgehend der auch in der Burse realisierten Anlage entspricht, sind Wärmeverluste in entsprechender Größenordnung (ca. 5 kWh/m²a) zu erwarten und damit ein etwas geringerer Wärmeverbrauch durch Warmwasserzapfung (d.h. etwa 45 kWh/m²a), in Bild 3.11 sind dennoch die am Wärmemengenzähler gemessenen Daten angegeben. Aus der Bilanz der vorhandenen WMZ geht hervor, dass die Summe der Verbraucher (Radiatoren, Luftvorwärmung und TWW Erzeugung) dem ebenfalls gemessenen gesamten Bezug entsprechen – der Verbrauch der

Trinkwassererwärmung also in der Bilanz stimmt. Im Umkehrschluss liegt nahe, dass WMZ der TWW- Zapfung zu viel anzeigt. Die genaue Fehlerquelle ist nicht bekannt – denkbar sind jedoch Ungenauigkeiten in der Messung des Volumenstroms.

## 3.2. Betriebsanalyse Endenergie Wärme

Die vorangegangenen Darstellungen der jährlichen Energiebilanzen zeigen einen quantitativen Vergleich der Verbrauchsdaten, die Bilanzen geben i.d.R. jedoch keine Auskunft über zeitliche Verläufe und Abhängigkeiten einzelner Parameter.

Nach Darstellung und Vergleich der jährlichen aufsummierten Verbrauchsdaten im Kapitel 3.1 werden in den folgenden Kapiteln die einzelnen technischen Komponenten einer zeitlich höher aufgelösten Betrachtung unterzogen. *Wann* wird unter welchen *Randbedingungen* Energie in *welchen Systemen* aufgewendet. Diese detailliertere Analyse ist wiederum nur für die Wohnheime Neue Burse, Bildungsherberge und Molkereistraße möglich, da nur von dort entsprechend hoch aufgelöste Daten vorliegen.

Ziel ist, die Abweichungen des gemessenen Verbrauchs von den Planungsdaten zu untersuchen und die Effizienz der technischen Systeme zu überprüfen. Kapitel 3.2.1 stellt die verschiedenen, in den Vergleichsobjekten realisierten Konzepte der Haustechnik dar und vergleicht sie in Bezug auf Funktionalität und Betriebsführung. Im Kapitel 3.2.2 folgt eine Untersuchung basierend auf der Analyse der Heizkennfelder.

Nach dem Schwerpunkt Heizwärme wird in Kapitel 3.2.3 der Wärmeverbrauch der Trinkwassererwärmung untersucht.

### 3.2.1. Konzepte und Betrieb von Heizwärmezufuhr und Lüftung

Bei den untersuchten Wohnheimen finden sich unterschiedliche technischer Konzepte zur Übergabe und Verteilung von Heizwärme und Realisierung der Lüftung.

Im Folgenden werden die einzelnen technischen Komponenten – in erster Linie die Systeme der Lüftung und der Heizwärmezufuhr – beschrieben und ihr Betrieb mit Hilfe von Messdaten analysiert. Damit steht der zeitliche Verlauf von Größen wie Temperaturen und (Heiz-) Leistungen im Vordergrund.

Die Analysen beziehen sich primär auf die *technischen Systeme*. Der Betrieb der Anlagen steht dabei immer in Wechselwirkung mit den Anforderungen der Nutzer, bzw. deren Verhalten. Welche Zustände sich in den Apartments selbst einstellen, wie sich die Nutzer verhalten und wie die entsprechenden Systeme akzeptiert werden, ist Gegenstand von Kapitel 4.

### 3.2.1.1. zentrale Lüftungsanlage, zentrale Zulufterwärmung – Neue Burse PH

Beim PH der Neuen Burse ist die Heizwärmezufuhr im Großteil Apartments als Luftheizung ausgeführt. Lediglich in den Bädern, sowie den giebelseitigen Zimmern der Doppelapartments befinden sich Heizkörper.

*Wärmebereitstellungsgrad und Lüftung*

Um planerisch einen Heizwärmebedarf von 15kWh/m²a erreichen zu können, setzte man in der Vorprojektierung ein *Wärmebereitstellungsgrad* von 85% an [PHD01].
Aus wirtschaftlichen Überlegungen (primär aufgrund der Investitionskosten) setzte man bei der Ausführung ein Gerät mit einem einfachen Kreuzstrom- Wärmetauscher zur Wärmerückgewinnung ein. Der Wirkungsgrad der Wärmerückgewinnung liegt nach Herstellerangaben im Auslegungspunkt bei 70% [WKG].

**Tabelle 3.5)** Kenndaten der Lüftungsanlagen im Wohnheim „Neue Burse"

| Typ | Art WRG | Aufstellung | Vorwärmung | Anzahl Geräte | el. Leistungsaufnahme | $\eta_{WRG}$ |
|---|---|---|---|---|---|---|
| Wolf, KG700 | Kreuzstrom | Außenraum (Dach) | - | 4, eine Anlage pro Flügel | 0,45 W/(m³/h) (Mittelwert aus 4 Geräten) | 0,71[9] |

Neben der im Vergleich zur Vorplanung reduzierten Leistungsfähigkeit der Wärmerückgewinnung kommen zusätzliche Wärmeverluste aufgrund der Außenaufstellung der Anlage hinzu. Konstruktiv konnte die Lüftungsanlage nicht innerhalb der gedämmten Hülle aufgestellt werden, die Aufstockung eines zusätzlichen Technik- Geschosses auf dem Dach schied aus Kostengründen aus. Die Lüftungsanlage selbst, sowie die horizontale Verteilung der Lüftungsstränge für Zu- und Abluft befinden sich auf dem Dach des jeweiligen Gebäudeflügels (siehe Bild 2.7).

Sowohl die Lüftungsanlagen als auch die Rohrleitungen verfügen über eine Wärmedämmung (Anlage: Dämmung Hartpolyurethan, U-Wert 1,95 W/m²K (Herstellerangabe), Leitungen: 20 cm Mineralfaserdämmung, Wärmeleitgruppe 040. Damit reduzieren Wärmeverluste des Abluftstrangs den Wärmebereitstellungsgrad, in der Zuluft erhöhen sich Verteilverluste. Eine Quantifizierung der Verluste in den Lüftungssträngen außerhalb der

---

[9] Messung: Nur Lüftungsgerät, direkt am Wärmeübertrager, incl. Abwärme Abluftventilator, ohne Abwärme Zuluftventilator

thermischen Hülle des Gebäudes ist schwierig. Eine grobe Abschätzung (stationäre Bilanzierung) auf Basis der Dimension der außenliegenden Bauteile und ihrer Dämmung, ergeben Wärmeverluste bis zu 100 W/K pro Anlage bzw. ca. 4 kWh/m²a Wärmeverluste bezogen auf das gesamte Gebäude. Basierend auf Ergebnissen von Simulationsrechnungen und Thermografieaufnahmen der Anlage im Winter wurde zur energetischen Bilanzierung des Gebäudes eine Reduktion des Wärmebereitstellungsgrades, ausgehend von 70% Wirkungsrad der Anlage selbst, auf 62% angesetzt.

Eine weitere Änderung bezüglich der Vorplanung gab es in Bezug auf Luftvolumenströme bzw. Luftwechsel. Die ausgeführte Anlage sollte tagsüber deutlich zu hoch ausgelegte Volumenströme fördern (90 m³/h pro Apartment), nachts lief sie zur Geräuschreduzierung auf einer leistungsverringerten Stufe. Im Rahmen des Monitorings wurden die zu hohen Luftvolumenströme angepasst und die Anlage dauerhaft in den leistungsreduzierten Betrieb versetzt [ENOB08].

Vor Reduktion des Volumenstroms lag der ermittelte Temperaturwirkungsgrad der Wärmerückgewinnung bei 65% (Wirkungsgrad des Wärmeübertragers der Lüftungsanlage selbst - gemessen wurden die Temperaturen der Luftströme unmittelbar am Wärmetauscher, siehe Bild 3.13 sowie Bild 3.14). In der reduzierten Stufe liegt er bei 71%, was als Optimum für einen einfachen Kreuzstromwärmetauscher anzusehen ist.

Regelungstechnische Probleme ergaben sich bei der Ansteuerung vorhandener Bypassklappen. Durch einen ungeklärten Fehler kam es in der Heizperiode öfter zu der Situation, dass die Bypassklappen geöffnet und damit die Wärmerückgewinnung außer Betrieb gesetzt. Die ausreichend dimensionierten Zuluft- Heizregister können die fehlende Heizwärme ausgleichen, daher macht sich der Betrieb im Gebäude kaum bemerkbar. Zudem gibt es keinerlei Fehlermeldung über die ein solcher Betriebszustand feststellbar wäre. Der Fehler war nur durch manuellen Eingriff in die Regelung vermeidbar, indem per „Hand" Einstellung Funktionen außer Kraft gesetzt wurden ( [ENOB08], S.40). Deutlich erkennbar ist der Effekt in der Grafik in Bild 3.12, wo die Erwärmung der Zuluft über der Temperaturreduzierung der Abluft in der Heizperiode aufgetragen ist.

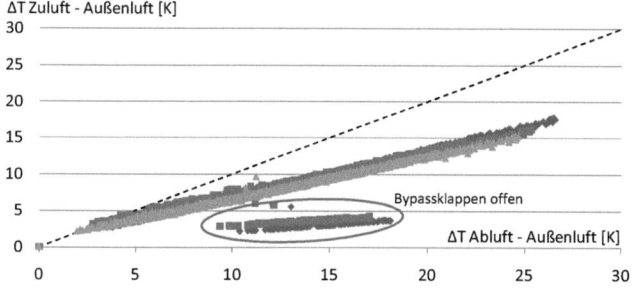

**Bild 3.12)** Auftragung der Temperaturerhöhung der Zuluft über der Temperatur bei den Lüftungsgeräten der Neuen Burse.
Aus der Steigung der Punktepaare ergibt sich ein Wirkungsgrad des Wärmeübertagers (inkl. Abwärme Abluftventilator) von 71%.
Deutlich erkennbar ist der zeitweise Ausfall der WRG durch öffnen der Bypassklappen.

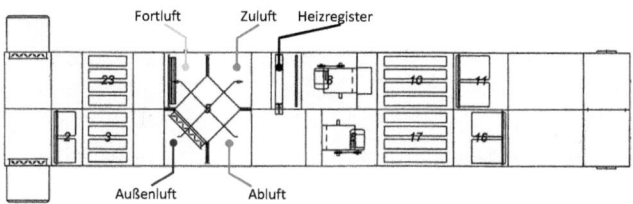

**Bild 3.13)** Skizze der Lüftungsanlage mit Lage der Sensoren der im Folgenden Dargestellten Messung. Im Abluftstrang ist bei der Temperaturmessung demnach die Abwärme des Motors enthalten, im Zuluftstrang nicht.

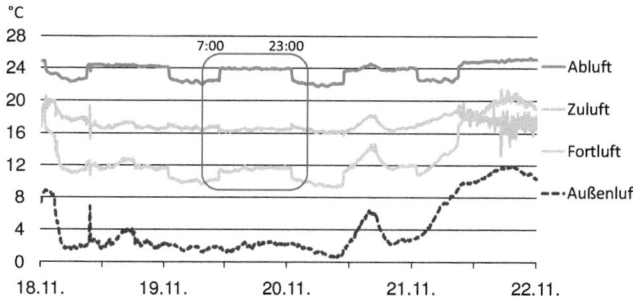

**Bild 3.14)** Temperaturverlauf der Luftströme unmittelbar am Wärmeübertrager der Wärmerückgewinnung bei aktiviertem Tag/ Nachtbetrieb (Flügel 7).
Im Tagbetrieb (Leistungsaufnahme ca. 5,5 kW, bzw. 0,79 W/(m³/h)) von 7:00 bis 23:00 Uhr erwärmt sich die Abluft durch die höhere Leitung der Motoren. Durch den höheren Luftdurchsatz kann die Wärmerückgewinnung diese Wärme aber nicht nutzen – die Zulufttemperatur bleibt gleich, die Fortlufttemperatur steigt und der Wirkungsgrad sinkt auf 65%.

**Bild 3.15)** Temperaturverlauf der Luftströme kurz nach Umstellung der Anlage auf dauerhaft leistungsreduzierten Betrieb (Leistungsaufnahme: ca. 1,4 kW, spezifische Leistung: 0,43 W/(m³/h)).
Der Grundlastbetrieb reicht für einen ausreichenden Luftaustausch. Durch den geringeren Luftumsatz im Wärmeübertrager liegt dessen Wirkungsgrad bei 71-72%.

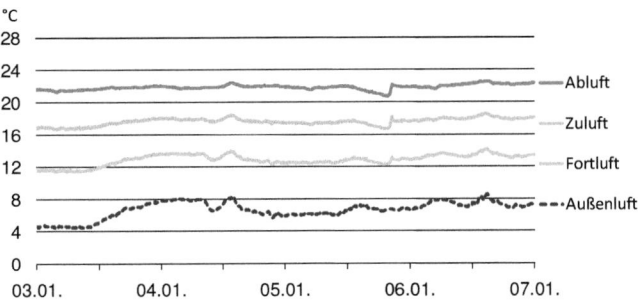

*Heizwärmezufuhr:*

Die Beheizung der Mehrzahl der Zimmer erfolgt primär über die Lüftung, lediglich in den giebelseitigen Zimmern sind zusätzlich Heizkörper in den Zimmern installiert. Die ursprüngliche Heizungsregelung, die eine Mindest- Zulufttemperatur von 18°C vorgesehen hat, wurde durch einen ablufttemperaturgeführten Betrieb ersetzt ( [ENOB08], S. 49ff). Dabei kann die Führungsgröße „Ablufttemperatur - Sollwert" im Technikraum im Keller pro Flügel vorgegeben werden. Die von der Regelungstechnik im Lüftungsgerät erfasste Ablufttemperatur ist eine Mischtemperatur aus (unterschiedlich ausgerichteten) Zimmern, Bädern und Fluren eines ganzen Flügels (siehe Bild 3.16).

**Bild 3.16)** Gemessene Temperaturen in Bad und Zimmer eines Apartments im Flügel 6, sowie die Ablufttemperatur des gesamten Flügels (orange) im Winter 2005/06.
Die Ablufttemperatur, die der Wärmerückgewinnung zur Verfügung steht, ist eine Mischtemperatur aus dem gesamten Flügel. Durch Beimischung kälterer Luftströme, beispielsweise aus den Fluren, und Wärmverlusten im Gebäude und auf dem Dach machen sich hohe Wärmeeinträge in einem Bad, wie hier gezeigt, nicht bemerkbar.

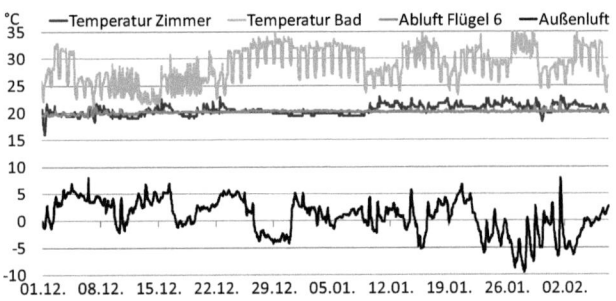

Über- oder Untertemperaturen können nicht lokal aufgelöst werden, ebenso erfolgt eine Heizwärmezufuhr immer pauschal für den ganzen Flügel. Das wird besonders an Tagen mit geringer Belegung deutlich. In Bild 3.17 ist der Verlauf der Zulufttemperatur als Carpet-Plot über die Weihnachtsfeiertage 2007 dargestellt.

Während der Feiertage ist das Wohnheim kaum belegt (siehe auch Kapitel 3.2.2.1), durch die fehlenden inneren Lasten sinken die internen Gewinne und damit die Ablufttemperatur. Die fehlenden internen Gewinne müssen durch Heizwärmezufuhr ausgeglichen werden – deutlich erkennbar an den erhöhten Zulufttemperaturen während dieser Tage.

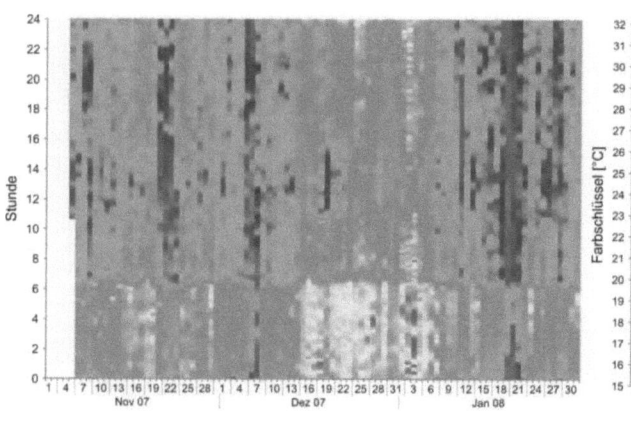

**Bild 3.17)** Carpet- Plot der Zulufttemperatur eines Gebäudeflügels am Jahreswechsel 2007/08. In Zeiten geringer Belegung (Weihnachten 2007) fehlen innere Quellen. Da die über die zentrale Anlage aber das ganze Gebäude temperiert wird, müssen die fehlenden Quellen (und damit geringerer Abluft- Temperaturen) durch Heizwärme ausgeglichen werden. Dies wird an den höheren Zuluft- Temperaturen während der Feiertage deutlich.

*Wärmeverteil- und Bereitstellungsverluste*
Bei der ausgeführten Anlage zeigten sich hohe Verteilverluste im Heizkreis der RLT Anlage. Durch die ursprünglich ungeregelte Zirkulation in den Versorgungssträngen der RLT- Heizregister kam es zu hohen Bereitstellungsverlusten, die durch Kopplung der Regelungseinheiten und Einbau eines elektronisch steuerbaren Absperrventils gemindert werden konnten ( [ENOB08], S. 46ff). Die Regelung erweist sich jedoch bis heute als fehleranfällig, d.h. es kam auch nach der Optimierung immer wieder zu Wärmeeinträgen außerhalb der Heizperiode (siehe auch Kapitel 3.2.2.4).

**Bild 3.18)** Blick in den Abluftkanal einer Lüftungsanlage.
Im linken Bild sind hinten links die Platten des Wärmeüber-tragers der Wärmerückgewinnung zu erkennen, im Vordergrund und auf dem rechten Bild ein Teil der Rohrleitungen und Anschlüsse des Heizregisters (das sich direkt daneben im Zuluftkanal befindet).

Die Verteilverluste (Verluste vom Keller aufs Dach) werden im Sommer (kein Heizwärmebedarf) über den WMZ des RLT Heizkreises deutlich und mit diesen Daten hochgerechnet – sie betragen bei laufender Zirkulationspumpe etwa 1-1,5 W/m²$_{NGF}$ (siehe Bild 3.19). Dieser Wärmeeintrag stellt außerhalb der Heizperiode einen reinen Verlust dar. Auch im Heizfall ist der Verlustanteil hoch, da Teile außerhalb der thermischen Hülle verloren gehen und die ungeregelte Wärmeabgabe im Abluftstrang nur über die Wärmerückgewinnung zur Verfügung steht.

**Bild 3.19)** Verlauf der Tagesmittelwerte der eingebrachten Heizleistung (aufsummierte Linien, Primärachse) und der Außentemperatur (Sekundärachse) über zwei Jahre.
Im Sommer 2005 werden die Verteilverluste im RLT-Heizkreis deutlich, die durch Optimierungen 2006 reduziert werden konnten. Nach einem Defekt der Heizungsregelung kam es auch 2007 wieder vermehrt zu erhöhten Bereitstellungsverlusten.

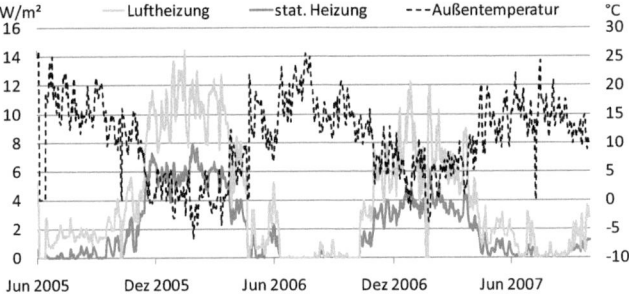

### 3.2.1.2. zentrale Lüftungsanlage, semizentrale Luftheizung - Bildungsherberge

Bei der Bildungsherberge in Hagen wird die Heizwärme für die Zimmer über die Zuluft verteilt. Die Wärmeübergabe ist auf vier Heizregister aufgeteilt. Durch eine Zonierung nach Ausrichtung (nord-süd) bzw. Lage (Giebel, Mitte, angrenzend ans Nachbargebäude, siehe Bild 2.11). war eine semizentrale Zulufterwärmung geplant. Die Heizwärmezufuhr ist ablufttemperaturgeregelt. Die Regelungstechnik ist rein mechanisch ausgeführt – jedes Heizregister verfügt jeweils über ein Thermostatventil mit externem Fühler, dessen Temperaturfühler im Abluftkanal des jeweiligen Lüftungstrangs hängt.

Aus Komfortgründen wurde in den Bädern eine elektrische Fußbodentemperierung installiert (300 W Nennleistung pro Bad), die Zimmer verfügen zudem über einzelne, vom Nutzer zuschaltbare elektrische Heizelemente (500 W Nennleistung) als individuelle Nachheizung (die maximale berechnete Heizlast wird über die Lüftung gedeckt).

*Wärmebereitstellungsgrad Lüftung*

Aussagen über den Betrieb der Lüftungsanlage und die Höhe der Wärmerückgewinnung liefern Messungen der Temperaturen der Luftströme in den Lüftungskanälen des Verteilerstrangs im Kriechkeller.

Erfasst wurden:

- Außenluft: unmittelbar am Eintritt ins Gerät
- Zuluft: Luft nach Vorwärmung durch den Sole-Kreis und nach der Wärmerückgewinnung (die Anbringung eines Temperatursensors zwischen Vorwärmung und WRG war baulich nicht möglich)
- Abluft: Luft am Eingang ins Lüftungsgerät
- Zuluft nach den Heizregistern (siehe Schema Bild 2.14)

Tabelle 3.6) Kenndaten der Lüftungsanlage der Bildungsherberge.

| Fabrikat | Art WRG | Aufstellung | Vorwärmung | Anzahl Geräte | el. Leistungsaufnahme | $\eta_{WRG}$ |
|---|---|---|---|---|---|---|
| Lüfta | Kreuz-Gegenstrom | Kriechkeller, außerhalb therm. Hülle | solegestützt, eine Erdsonde | 1 | 0,38 W/(m³/h) | 0,88[10] |

Aus Messung der Temperaturen der Zuluft, Abluft und Außenluft konnte ein mittlerer Wärmebereitstellungsgrad des Lüftungsgeräts (inkl. Vorwärmung und Abwärme der Lüftungsmotoren) von 88% ermittelt werden (siehe auch Bild 3.22), wobei bei der Bestimmung des Wirkungsrades die Außenluft lediglich zwischen 5°C und 10°C schwankt, der Wert daher nur begrenzt belastbar ist. Der Wert entspricht damit dem im PHPP angesetzten Wert von 0,88 ($\eta_{WRG}$=85%; $\eta_{EWT}$=20%) [PHBIH]. In Bild 3.21 ist der Verlauf der Messdaten grafisch dargestellt.

---

[10] Messung: Direkt am Wärmeübertrager, incl. Vorwärmung, ohne Abwärme der Motoren

**Bild 3.20)** Auftragung der Temperaturdifferenz zwischen Zu- und Außenluft über der Differenz Ab- und Außenluft.
Dabei zeigt sich der hohe Wirkungsgrad des Lüftungsgeräts, der sich aus WRG und Vorwärmung (ohne Abwärme der Motoren) zusammensetzt.

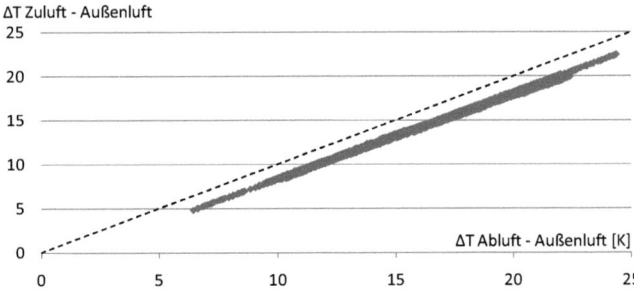

**Bild 3.21)** Temperaturen der Luftströme an Ein- und Ausgang des Lüftungsgeräts. Durch einen Sensorausfall wurde die Zulufttemperatur erst ab dem 11.01.08 gemessen (Messung ab 30.11.2007).
Auffällig ist das hohe Temperaturniveau der Abluft.

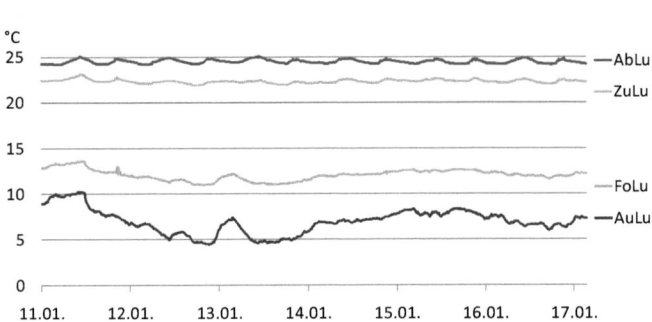

Auffällig ist das hohe Temperaturniveau der Abluft. Auch in Zeiten ohne Belegung (die Herberge ist über die Weihnachtsfeiertage bis zum Jahreswechsel geschlossen) bleibt das Abluft- Temperaturniveau trotz fehlender innerer Quellen gleichmäßig hoch.

*Heizwärmezufuhr Lüftung*

Bild 3.22 zeigt den Temperaturverlauf der Zuluftströme hinter den Heizregistern über den Jahreswechsel 2007/08. Die Zulufttemperaturen sind auffällig hoch, bzw. über alle Lüftungsstränge wird geheizt.

**Bild 3.22)** Temperaturverlauf der Luftströme in den einzelnen Zuluftsträngen.
In allen Strängen wird zugeheizt – wobei die zur Regelung eingesetzten Thermostat-ventile zwischen 4 und 5 standen. Dabei zeigen sie durchaus richtiges Regelverhalten: bei leicht sinkender Ablufttemperatur erhöht sich die Zulufttemperatur weiter, wobei sie mit einer Amplitude von ca. 2K schwingt.

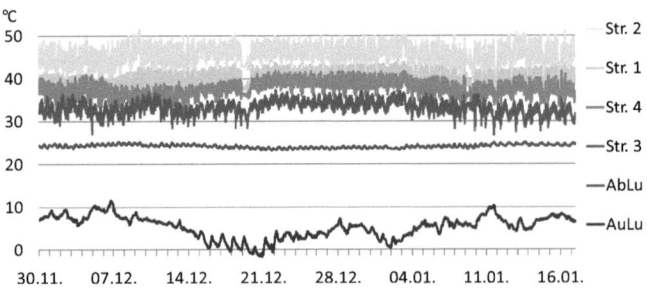

Die Zulufttemperaturen sind – gemessen am nicht ausgeprägt winterlichen Außenklima – sehr hoch, folgen jedoch der Führungsgröße Ablufttemperatur, wobei die Zulufttemperatur mit einer Amplitude von 2-3K schwingt. Die Thermostatventile standen alle auf 4-5, also fast auf Vollausschlag – die hohen Zulufttemperaturen sind damit plausibel. Auf Nachfrage bei der Zimmerverwaltung stellten sich als Ursache Beschwerden über zu geringe Temperaturen in den Zimmern heraus, woraufhin die Thermostatventile der Zuluft- Heizregister weiter aufgedreht wurden. Da sich die Anlage, also auch die Thermostatventile, in einem Kriechkeller befinden, folglich nur begrenzt gut zugänglich sind, wurde die Reglereinstellung bei milderem Wetter auch nicht wieder angepasst.

Ein weiterer Grund für die gleichmäßig hohen Ablufttemperaturen sind die ungeregelten Fußbodenheizungen in den Bädern, die unabhängig von der Belegung Wärme einbringen (im Tagesmittel 5 W/m²$_{NGF}$) und damit das Temperaturniveau der Abluft von der tatsächlichen Belegung entkoppeln. Der Einfluss der Fußbodentemperierung wird in einem späteren Abschnitt genauer untersucht.

Vom 30.11.2008 bis 10.01.2008 fand in den Zimmern an Strang 2 (nordausgerichtete Doppelzimmer) eine parallel Messung der Lufttemperaturen am Austritt im Zimmer sowie die Lufttemperatur im Raum (Bild 3.23) statt. Die Zulufttemperaturen - hinter dem Heizregister im Keller gemessen - verringern sich um 2-3K auf 38°C bis 42°C. Dies ist durch die im Gebäude ungedämmt verlegten Lüftungsrohre plausibel. Bei Zulufttemperaturen von 40°C stellt sich in den Zimmern ein quasi-stationärer Zustand bei etwa 25°C ein, der von den Nutzern offensichtlich nicht als „zu warm" empfunden wurde (es gab keine diesbezüglichen Beschwerden)

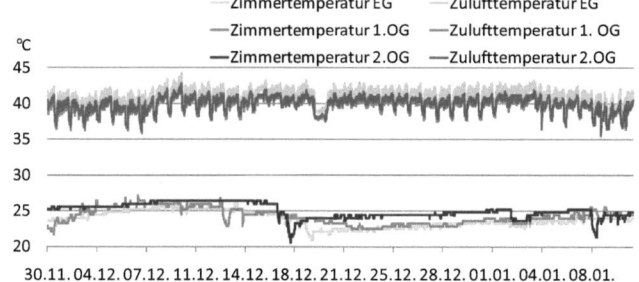

Bild 3.23) Temperaturverlauf von Raumlufttemperaturen in den Doppelzimmern, sowie den zugehörigen Zuluft – temperaturen.
Bei ca. 25°C Raumlufttemperatur stellt sich ein stationärer Zustand ein. Bei Nutzung der Zimmer wird zusätzlich die ungewünschte Wärme über die Fenster weggelüftet.

Messungen der Raumlufttemperaturen in den restlichen Zimmern (siehe Kapitel 4.2.1) ergaben durchgehend (also unabhängig von der Belegung) Temperaturen von 22-24°C.

**Bild 3.24)** Verlauf der Tagesmittelwerte der eingebrachten Heizleistung (Primärachse) und der Außentemperatur (Sekundärachse).
Die Zuluftheizung wird von Hand in Betrieb genommen, sie läuft dann fast konstant auf Volllast. Im Frühjahr 2008 wurde sie aufgrund eines Defekts und daraus entstehender Betriebsgeräusche nur noch auf minimaler Stufe betrieben, durch den geringen Volumenstrom sinkt auch die Heizleistung.

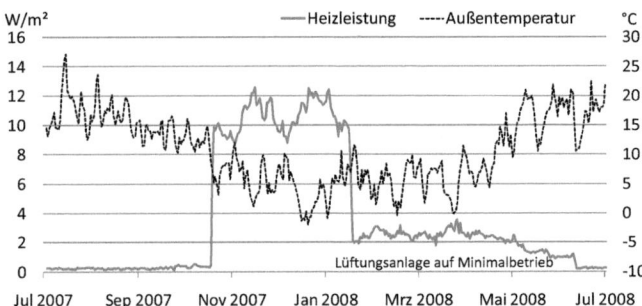

Die maximale Heizleistung der Luftheizung ist zwar passivhaustypisch gering (10 – 12 W/m²), durch die zu hoch eingestellten Thermostat-ventile läuft die Heizung aber durchgehend auf voller Leistung.

*Heizwärme dezentral elektrisch, Zimmer*

Neben der zentralen Einbringung von Heizwärme über die Lüftung haben die Nutzer die Möglichkeit, über eine elektrische Zusatzheizung im Zimmer individuell zusätzlich Heizwärme einzubringen. Diese wurden lediglich aus Komfort- Gründen installiert, um den Nutzern die Möglichkeit der individuellen Nachheizung zu geben – vom Anlagen- bzw. Heizungskonzept her sind sie nicht notwendig.

Um die Nutzung der Zusatzheizung zu untersuchen und eine Abschätzung der darüber eingebrachten Heizwärme zu erhalten, wurde der Einsatz der Heizungen über drei Monate gemessen. In den 84 Tagen der Messung ergab sich ein summierter Verbrauch elektrischer Energie von 168 kWh, bzw. 0,4 kWh/m²$_{NGF}$. Wird dieser gemessene Verbrauch unabhängig von der tatsächlichen Außentemperatur auf 183 Heiztage linear skaliert[11] (Heizperiode: 1.10. – 31.03.), ergibt sich ein Verbrauch von 0,9 kWh/m²a.

Es zeigt sich, dass die Zusatzheizungen vergleichsweise geringe Betriebszeiten aufweisen. Dabei ist zu beachten, dass die Heizungen nur bei Anwesenheit der Nutzer betrieben werden können, da der Strom an den Steckdosen (und damit der Betrieb der Heizungen) erst

---

[11] Im Folgenden zeigt sich, dass sich kein signifikanter Zusammenhang zwischen Außentemperatur und Nutzung der Zusatzheizung ergibt. Der gemessene Verbrauch wird daher linear für einen größeren Zeitraum extrapoliert.

mit einstecken einer Zimmerkarte (ersetzt den Zimmerschlüssel) in einen Kartenleser freigeschaltet werden. Die in Bild 3.25 hinterlegten Buchungsdaten sagen, zumindest tagsüber, nichts über die tatsächliche Anwesenheit der Nutzer aus, sondern nur von wann bis wann das Zimmer gebucht war.

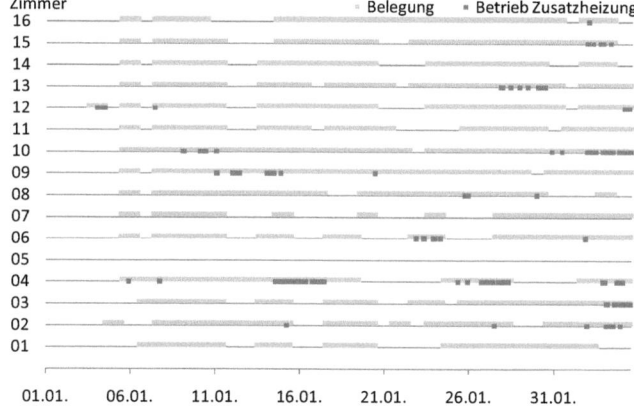

Bild 3.25) Betriebszeiten der elektrischen Zusatzheizung zusammen mit den Belegungszeiten der Zimmer. Die Bildungsherberge war nach Jahreswechsel dicht belegt, die Zusatzheizungen wurden nur wenig genutzt.

Betrachtet man die Zusammenhänge der Nutzung der Zusatzheizung, der Außentemperatur und der Einstrahlung, ergibt sich die Darstellung in Bild 3.26. Die Nutzung der Zusatzheizung scheint also stärker von nutzerabhängigen Vorlieben abzuhängen als von meteorologischen Randbedingungen. Es ist weder ein Zusammenhang mit der Außentemperatur noch mit der tagesmittleren Einstrahlung ablesbar. Der häufigere Einsatz der Zusatzheizung bei Außentemperaturen zwischen 4 und 8°C könnte auch dadurch erklärt werden, dass die Temperatur während der Messung am häufigsten in diesem Bereich lag.

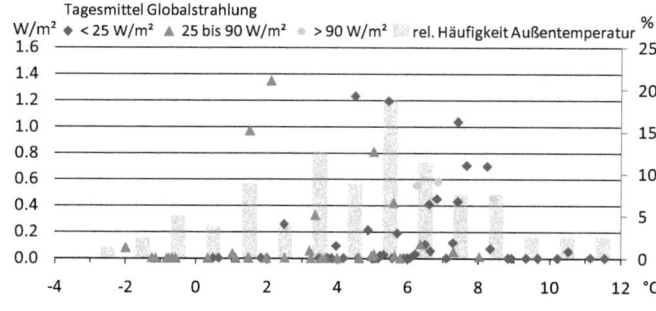

Bild 3.26) Auftragung der im Mittel über alle Zimmerheizungen eingebrachten Heizleistung (Primärachse) über der Außentemperatur. Zusätzlich sind die Messwerte nach Globalstrahlung gruppiert. Die gemessene Heizleistung korreliert weder mit der Außentemperatur, noch mit der solaren Einstrahlung, sondern ist mehr zufällig verteilt.

Die Nutzung der Zusatzheizung zeigt das Bedürfnis vieler Nutzer nach individueller Eingriffsmöglichkeit. Aus Temperaturmessungen in den Zimmern und der Abluft lässt sich kein zusätzlicher Bedarf an Heizwärme ermitteln (eher ein Überangebot). Durch die geringen Betriebszeiten ist der Wärmeeintrag in Summe jedoch gering.

## Fußbodentemperierung im Bad

Die Bäder besitzen aus Komfortgründen eine elektrische Fußbodentemperierung (ca. 300 W Leistungsaufnahme pro Bad). Der Stromverbrauch der Fußbodentemperierung im Bad wird seit 30.11.2007 geschossweise erfasst. Dabei stellte sich heraus, dass die Badheizungen nicht nutzungsabhängig funktionieren, sondern mit einer Zeitschaltuhr zu festgelegten Tageszeiten gleichzeitig in Betrieb gehen.

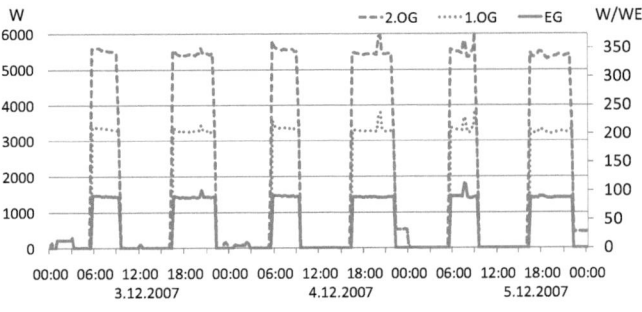

**Bild 3.27)** In den Geschossen abgegebene Leistung für die elektrische Fußbodentemperierung in summierter Darstellung.
Von 6:30 bis 9:30, sowie von 17:00 bis 23:00 werden täglich 5,5 kW elektrische Leistung (ca. 300 W pro Bad) in den Bädern als Wärme abgegeben, pro Tag 50 kWh Strom verbraucht.

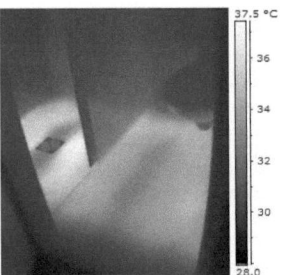 

**Bild 3.28)** Thermografieaufnahme des Bodens in einem Badezimmer um 18:15 Uhr, also nach etwa 1h Einschalten der Fußbodenheizung.
Der Fußboden der Bäder wird fast vollflächig auf 34°C bis 36°C erwärmt.

Umgerechnet auf den Tag und die NGF werden 4,7 W/m² Wärme freigesetzt, die bei den folgenden Betrachtungen als eine interne Quelle gilt. Die Wärme fällt dabei (wie bei den Heizkörpern in der Burse) in der Abluftzone an und kann daher in der Heizperiode nur indirekt (über die Wärmerückgewinnung) zur Beheizung der Zimmer selbst betragen.

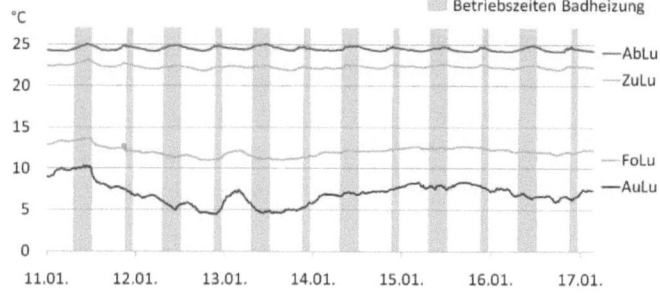

**Bild 3.29)** Der in Bild 3.21 gezeigte Temperaturverlauf der Luftströme im Lüftungsgerät, zusätzlich hinterlegt sind die Betriebszeiten der Badheizungen. Die durch die Heizwärmezufuhr verursachte Erhöhung der Lufttemperatur macht sich bei der Messung der Ablufttemperatur nur noch mit einer Amplitude von ca. 1K bemerkbar. In den Bädern selbst steigen die Temperaturen um 3 bis 4 K.

### 3.2.1.3. Zentrale Lüftungsanlage, Heizkörper – Birkenfeld und Jülich

*Umweltcampus Birkenfeld*

Vom Passivhaus auf dem Umweltcampus Birkenfeld (UCB), das von der Campus Company GmbH betrieben wird, gibt es keine eigenen Messungen – hier wird auf den Endbericht einer durch die Deutsche Bundesstiftung Umwelt (DBU) geförderten Begleitforschung zurückgegriffen [UCB05].

Auf dem Gelände des UCB entstanden zwei baugleiche Wohnheime, eines als Niedrigenergiehaus, eines als Passivhaus. Das Passivhaus verfügt über eine zentrale Lüftungsanlage mit Wärmerückgewinnung (Herstellerangabe $\eta_{WRG}$=83%), die außerhalb der thermischen Zone im Dachboden aufgestellt ist. Die Einbringung von Heizwärme in den Zimmern erfolgt über Heizkörper unter den Fenstern.

**Bild 3.30)** Lüftungsgerät des PH- Wohnheims auf dem Umweltcampus Birkenfeld. Wie bei der Burse ist das Gerät außerhalb der thermischen Hülle aufgestellt, befindet sich allerdings witterungsgeschützt im Dachboden des Gebäudes.
Bild: P. Engelmann

Im Betrieb der Wohnheime kam es durch lange Abwesenheit vieler Bewohner sowie nicht angepasstem Lüftungsverhalten zu Komfort- Problemen, da durch geringe Belegung in der Heizperiode interne Gewinne fehlten. Dies wirkt sich über die zentrale Lüftungsanlage – wie beim Wohnheim „Neue Burse" – auf das ganze Gebäude aus. Da ursprünglich kein Heizregister in der Lüftungsanlage vorgesehen war (außer zum Frostschutz im Außenluftteil), sanken die Zulufttemperaturen unter 15°C, was zu Beschwerden der (verbliebenen) Nutzer führte [UCB05].

Um dem Problem entgegenzuwirken, entschied man sich, im Zuluft-kanal, hinter der WRG, ein zusätzliches Heizregister einzubauen, das die Zuluft auf eine Mindesttemperatur von 17°C sicherstellt.

Zu Ursachen der deutlichen Überschreitung der Planungswerte sind ohne Kenntnis weiterer Daten keine Aussage möglich. Nicht auszuschließen sind auch hier regelungstechnische Fehler, die, ähnlich wie in der Neuen Burse, dazu führen, dass vor allem über die Lüftung nicht nutzbare Heizwärme zu erhöhten Verlusten führt.

*Solarcampus Jülich*

Auch auf dem Solarcampus Jülich gibt es ebenfalls keine eigenen Messungen, hier wird auf den Abschlussbericht zum Bau des Solarcampus zurückgegriffen [SCJ05]. Auf dem Solarcampus entstanden, wie in Kapitel 2.4.2 beschrieben, mehreren Reihenhauszeilen mit verschiedenen Bau- und Lüftungsstandards, wobei man in den einzelnen Häusern verschiedene Formen der Lüftungstechnik mit unterschiedlichen Techniken der Heizwärmezufuhr kombinierte.

Die Gebäude einer Häuserzeile wurden als Passivhaus ausgeführt, der Großteil der Häuser verfügt über eine zentrale Lüftungsanlage mit Erdwärmetauscher und Wärmerückgewinnung, die Heizwärmezufuhr erfolgt größtenteils über Plattenheizkörper, eine Wohnung wird auch über die Lüftungsanlage beheizt.

Die Lüftungsanlagen versorgen jeweils ein Haus, in dem i.d.R. eine Wohngemeinschaft lebt. Der Effekt fehlender interner Gewinne trat daher weniger deutlich auf, bzw. wurde durch entsprechendes Heizen über die zur Verfügung stehenden Heizkörper ausgeglichen.

Die Wohnungen in dieser Zeile verfügen jeweils über sechs Zimmer mit gemeinsamer Küche und Esszimmer. Wie auch in Birkenfeld zeigte sich in den Küchen das Problem, dass aufgrund unterschiedlicher Kochgewohnheiten der Bewohner die Fenster nahezu durchgehend geöffnet, bzw. gekippt waren. In der Begleitforschung zeigten sich vor allem diese zusätzlichen Lüftungswärmeverluste als Hauptgrund für das Überschreiten der geplanten Heizwärmebedarfsberechnungen ( [SCJ05], S. 4-38f). Dabei konnte festgestellt werden, dass Wohngemeinschaften, die „gut" funktionierten, d.h. auch eher gemeinsam kochen und essen, einen geringeren Heizwärmeverbrauch aufwiesen als WGs, in denen sich keine Gemeinschaft entwickelte.

### 3.2.1.4. Dezentrale Lüftungsgeräte, Heizkörper – Wien und Jülich

In der Molkereistraße Wien sind, wie bei der Vorstellung der Projekte beschrieben, jeweils zwei Zweier- Apartments an ein Lüftungsgerät angeschlossen. Die Zuluftansaugung ist dabei jeweils für sieben Geräte in einem vertikalen Verteiler zusammengefasst.Die Frischluftansaugung erfolgt auf dem Dach, wo auch die Vorwärmung über einen Luft- Sole Wärmeübertrager mit Wärme aus dem Fundamentabsorber, bzw. eine Nacherwärmung mit Fernwärme realisiert ist.

**Tabelle 3.7)** Kenndaten der Lüftungsanlagen im Wohnheim Molkereistraße

| Fabrikat | Art WRG | Aufstellung | Vorwärmung | Anzahl Geräte | el. Leistungsaufnahme | $\eta_{WRG}$ |
|---|---|---|---|---|---|---|
| Drexel & Weiss, aerosilent | Kreuz-Gegenstrom | innerhalb therm. Hülle | solegeführt, Fundamentabsorber | 63 | 0,78 W/(m³/h)[12] | >0,85[13] |

Bezüglich der Temperaturen der Luftströme innerhalb der Anlage stehen keine Messdaten zur Verfügung, die Qualität der Wärmerückgewinnung kann nicht überprüft werden. Die Verwendung der Angaben des Herstellers ($\eta_{WRG}$=85% [DRWE], ohne Abwärme der Motoren) ist nur begrenzt belastbar, da wie in Kapitel 3.3.1.4 beschrieben, die spezifische Leistungsaufnahme der Ventilatoren deutlich über den üblichen Betriebsdaten liegt und es damit zwangsläufig zu höheren Wärmeabgaben der Motoren kommt. Für vorgenommene Bilanzierungen werden jedoch weiter die Hersteller- bzw. Planungsangaben übernommen.

**Bild 3.31)** Lüftungsgerät für zwei Doppelapartments (links), sowie Zuluft- Einlass und Mini- Heizkörper über der Zimmertür (rechts). Bilder: P. Engelmann

---

[12] Mittelwert aus Messung an vier Geräten. Herstellerangabe: 0,32 W/(m³/h)
[13] Herstellerangabe, keine Messdaten verfügbar

*Heizwärmezufuhr*

Die Wärmeversorgung der Zimmer und Bäder erfolgt über Heizkörper, die in den Zimmern über ein Raumthermostat regelbar sind. Die Heizkörper befinden sich über der Zimmertür, unmittelbar unter der der Zuluft- Öffnung (siehe Bild 3.31).

Eine Besonderheit ist die Kopplung des Thermostats an einen Fensterkontakt – wird das Fenster geöffnet, schaltet das Thermostat den Heizkörper auf kleinste Stufe. Da die Heizleistung nur an der zentralen Verteilung gemessen werden konnte, ist ein Effekt bzw. die Funktionalität dieser Maßnahme in den Messdaten nicht abzulesen.

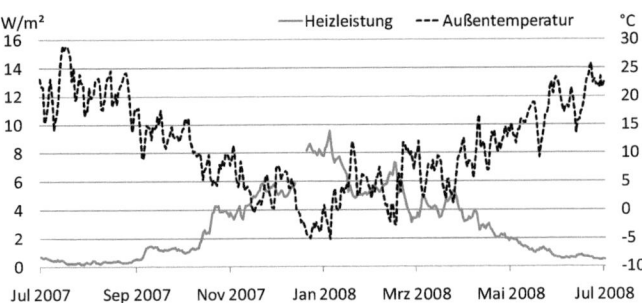

**Bild 3.32)** Tagesmittlere spezifische Heizleistung (Primärachse) und Außentemperatur (Sekundärachse) in der Molkereistraße. Die Heizleistung korreliert deutlich mit der Außentemperatur, sinkt jedoch nie auf null.

Der Verlauf der eingebrachten Heizleistung in Bild 3.32 zeigt eine zu erwartende Korrelation zwischen Außentemperatur und Heizleistung – bei insgesamt niedrigem Niveau der Heizlast. Allerdings sinkt die Leistung bei steigenden Außentemperaturen nie auf null.

Über die Funktionalität und Wirkung des Fundamentabsorbers gibt es keine belastbaren Messdaten, da Betriebsparameter im Absorberkreis bisher nicht messtechnisch erfasst werden.

*Dezentrale Lüftungsgeräte – Solarcampus Jülich*

Auf dem Solarcampus in Jülich wurde in einem Gebäude der Passivhaus- Häuserzeile zimmerweise dezentrale Zu- und Abluftgeräte mit WRG der Fa. Benzing eingesetzt (die restlichen Häuser versorgt eine zentrale Zu- und Abluftanlage mit WRG und Erdregister). Bäder und Küchen verfügten über eine reine bedarfsgeführte Abluftanlage (Im Bad Kopplung an den Lichtschalter). Die Heizwärmeversorgung in den Räumen ist über Plattenheizkörper realisiert.

**Tabelle 3.8)** In Jülich eingesetzte dezentrale Lüftungsgeräte mit Wärmerückgewinnung

| Fabrikat | Art WRG | Aufstellung | Vorwärmung | Anzahl Geräte | el. Leistungsaufnahme | $\eta_{WRG}$ |
|---|---|---|---|---|---|---|
| Benzing, Balzer HRV 5 V | Kreuzstrom | in Außenwand | - | pro Zimmer | 0,25 W/(m³/h) | 0,84[14] |

---

[14]Messung [SCJ05], S. 4-101: Incl. Abwärme Zu- und Abluftventilator

Die Geräte wiesen zwar eine hohe Energieeffizienz auf, d.h. geringe Leistungsaufnahme und hoher Wirkungsgrad der WRG, wurden aber aufgrund ihrer hohen Schallemissionen (45 – 50 dB(A)) nicht akzeptiert ( [SCJ05], S. 4-96ff).

**Bild 3.33)** Außenansicht eines installierten dezentralen Lüftungsgeräts mit WRG (links), Lüftungsgerät selbst (rechts).
Inwiefern es durch die nahe beieinanderliegenden Aussen- und Fortluftauslässe zu Kurzschlussströmungen kommt, wurde messtechnisch nicht ermittelt.
Bilder: links: [SCJ05], rechts: [BENZ04]

Über den Betrieb längerer Zeiträume gibt es keine belastbaren Aussagen, da die Geräte von den Nutzern aufgrund störender Geräuschentwicklung (vor allem nachts) ausgeschaltet wurden.

### 3.2.1.5. Heiz- und Lüftungskonzepte – Vor- und Nachteile der Systeme

Beim Vergleich der Wohnheime zeigen sich unterschiedliche Stärken und Schwächen der realisierten Konzepte.

Zentrale Lüftungsanlagen haben im Betrieb den Vorteil, wartungsrelevante Anlagenteile zentral zugänglich zu machen (Filter, Ventilatoren) und sind in der Investition i.d.R. günstiger. Dynamische Änderungen, wie schwankende Belegungszahlen wirken sich aber systembedingt auf das ganze Gebäude aus. Je ausgeprägter unterschiedliche Anwesenheitszeiten sind, umso stärker tritt der Effekt zu Tage. Bei den realisierten Anlagen mit zentralen Ventilatoren ist eine nutzungsabhängige Regelung der Luftströme im Apartment nicht möglich, beispielsweise eine temporäre Erhöhung des Abluftvolumenstroms beim Kochen oder die eine Senkung des Luftwechsels bei Abwesenheit – gerade diese Betriebsweise zeigt in der Simulation deutliche Vorteile (siehe Kapitel 5.2). Auch die korrekte Einregulierung gleichmäßiger Volumenströme für jede Wohneinheit wird mit steigender die Anzahl angeschlossener Apartments - und damit Größe der Anlagen schwieriger.

Zimmerweise dezentrale Geräte könnten dieses Problem lösen, in Jülich führte der Betrieb aber zu akustischen Problemen. Mit der Anzahl der nötigen Geräte, incl. Anzahl potentieller Verschleißteile und damit verbundenem Wartungsaufwand steigt auch die Anzahl nötiger Außenwanddurchbrüche, was den Wärmeschutz der Hülle schwächt. Von den Nutzern positiv bewertet wurde die Möglichkeit, dass sie selbst direkten Einfluss auf die Leistung der Geräte haben. In der Simulation (Kapitel 5.2) zeigt die Verwendung dezentraler Einzelgeräte aus energetischer Sicht allerdings keine signifikanten Vorteile gegenüber zentralen Anlagen, wohl aber die Reduktion des Volumenstroms bei Abwesenheit der Nutzer.

In Wien realisierte man einen Mittelweg. Die Zusammenfassung kleinerer Wohngruppen mit einem Gerät stellt einen Kompromiss zwischen Wartbarkeit der Anlagen (Geräte vom Flur aus zugänglich) und einfacherer Einregulierung der notwendigen Luftwechsel dar. Allerdings fehlt auch hier eine Eingriffsmöglichkeit der Nutzer auf die Volumenströme. Das umgesetzte Konzept (Zusammenfassung mehrerer Geräte an zentralen Versorgungskanälen, Außenluftansaugung über Dach) reduziert zwar die nötigen Durchdringungen der Hülle, führt aber zu langen Kanalwegen über die Versorgungsschächte, durch die kalte Außenluft innerhalb der thermischen Hülle strömt. Zudem verhindert der hohe Druckverlust in der Luftzuführung einen effizienteren Betrieb der Geräte.

**Tabelle 3.9)** Bewertungsmatrix verschiedener Lüftungssysteme. Die verschiedenen Systeme haben spezifische Vor-und Nachteile. Je kleiner die Bereiche werden, die mit einer Anlage versorgt werden, umso einfacher ist eine individuelle Anpassung an Nutzerwünsche möglich. Durch die steigende Anzahl der Geräte wachsen aber der Aufwand für Wartung und Instandhaltung, sowie die Kosten des Systems.

|  | Zentral | Semizentral | dezentral |
|---|---|---|---|
| Wartung, Filterwechsel | + | o | - |
| Wartung, Verschleißteile | + | (+) | - |
| Durchdringung der Hülle | + | o | - |
| Einregulierbarkeit | - | o | + |
| Indiv. Anpassung im Ap. | - | (+) | + |
| getrennte Heizwärmezufuhr | - | + | + |

Zentrale oder semizentrale Heizwärmezufuhr über die Lüftung wie bei der Burse oder in Hagen erweisen sich als problematisch in der Regelung. Die Nutzer bemängeln, dass sie keinen Einfluss auf die Zimmertemperaturen haben (siehe auch Kapitel 4.3.2). Da zu kalte Zimmer (in der Heizperiode) eher zu Beschwerden führen als zu warme (da man Wärme zur Not über die Fenster abführen kann), ist die „richtige" Einstellung der Anlagen für den Betreiber schwierig, zumal sich eine zentrale Anlage am „schlechtesten Zimmer" orientieren muss und damit zwangsläufig Teile des Gebäudes unnötig mit Heizwärme versorgt werden. Das Bedürfnis der Nutzer nach individuellem Eingriff zeigt sich in der Nutzung der elektrischen Zusatzheizung in Hagen – Temperaturmessungen im Zimmer und in der Abluft zeigen (teilweise mehr als) ausreichend hohe Temperaturen – dennoch werden die Geräte

eingeschaltet. In der Neuen Burse rüsten die Nutzer selbst nach – knapp 9% der Nutzer gaben an, sich einen elektrischen Heizlüfter gekauft zu haben (siehe Kapitel 4.2.2.1).
In Birkenfeld zeigten sich Probleme der zentralen Lüftungsanlagen bei langer Abwesenheit vieler Bewohner – das Fehlen interner Gewinne wirkte sich auf das ganze Gebäude aus und konnte „lokal" im Zimmer nicht ausgeglichen werden – es wurde zu kalt, bzw. es kam zu niedrigen Zulufttemperaturen, die als Zugluft empfunden wurden.

Die Trennung von Heizung und Lüftung, wie in Wien, Birkenfeld sowie Teilbereichen der Neuen Burse (und teilweise auch in Jülich) erhöht die zur Verfügung stehende Heizleistung deutlich und übergibt den Nutzern die Kontrolle über die Temperaturen. Die Installation von Radiatoren macht jedoch umfangreiche zusätzliche Installationsarbeiten nötig, die wiederum Verteilverluste erhöhen. Direkt- Elektrische Heizelemente wie in Hagen sind sehr einfach in der Installation und wären auch als dezentrale Heizelemente für eine zimmerweise geregelte Zuluftheizung denkbar. Der Einsatz von Strom zu Heizzwecken ist aber nicht unproblematisch – wie die Jahresbilanzen in Kapitel 3.1.3 zeigen, überwiegt beim primärenergetisch bewerteten Energieverbrauch schon jetzt der Stromverbrauch den Wärmeverbrauch für Heizung und Trinkwassererwärmung. Vor allem wenn Wärme aus erneuerbaren Quellen zur Verfügung steht, ist die Wandlung von Strom in Wärme kritisch zu beurteilen.

In diesem Vergleich nicht berücksichtigt ist die Wohnform. In Wohnungen mit drei oder mehr Zimmern kann die Nutzung der gemeinschaftlich genutzten Räume wie Küche und Bad auch ausschlaggebend für den Energieverbrauch sein. Schon bei der Untersuchung sehr früher Projekte von energieeffizienten Studierendenwohnheimen hat sich gezeigt, dass der Grad an Gemeinschaft sich massiv auf das „Funktionieren" des Zusammenwohnens und damit auch auf die Verbrauchsdaten auswirken kann [HOH89]. Während in den im Rahmen dieser Arbeit detailliert vermessenen Wohnheimen Einzel- und Zweierapartments vorherrschen, ergeben sich bei größeren Wohngruppen andere Herausforderungen. Sowohl in Jülich als auch in Birkenfeld sind Wohngemeinschaften mit vier und mehr Zimmern zusammengefasst. Es hat sich gezeigt, dass in den Gemeinschaftsräumen wie Küche und Bad oft ganztägig die Fenster offen stehen, was die Wärmerückgewinnung der Lüftungsanlagen quasi außer Betrieb setzt ( [SCJ05], S.6-5).

### 3.2.2. Untersuchung der Heizkennfelder

Schwerpunkt der folgenden Kapitel sind Analysen der sogenannten Heizkennfelder. Anders als im vorangegangenen Kapitel ist nicht die Zeit die relevante Bezugsgröße sondern die Abhängigkeit verschiedener Parameter untereinander – in diesem Fall die gemessene Heizleistung in Abhängigkeit zur Außentemperatur. Dabei werden auch Auswirkungen weiterer Einflüsse wie solare Einstrahlung oder Belegungsdichte eingebunden.

In einem Heizkennfeld wird die gemessene Heizleistung als Tagesmittelwert über der tagesmittleren Außentemperatur aufgetragen (siehe [PHT03b] und [CEPH01], S.202). Dabei kann der real gemessenen Heizleistung im Diagramm der theoretische Bedarf, der sich rechnerisch aus den Planungsdaten ergibt, gegenübergestellt werden. In der hier durchgeführten Untersuchung handelt es sich bei den Angaben zur Heizleistung um die per WMZ am Hauptverteiler gemessene, auf die NGF bezogene Leistung (siehe Bild 3.7). Es handelt sich nicht um die als Nutzwärme im Raum abgegebene Wärme; auftretende Verteil- und Bereitstellungsverluste sind in den Messwerten enthalten und fließen in die Auswertung ein.

Entsprechend der stationären Wärmebilanz für Gebäude ist der Wärmeverlust des Gebäudes abhängig von Lüftungs- und Transmissionsverlusten, reduziert wird um die nutzbaren innere Quellen und solare Gewinne (mit dem Nutzungsgrad η).

$$Q_H = (Q_T + Q_V)\Delta T - \eta(Q_i + Q_s) \qquad \text{Gl. 01}$$

Nicht aufgeführt sind Wärmespeicherungsvorgänge, unter der Annahme, dass sich bei hinreichend langem Betrachtungszeitraum Be- und Entladungsprozesse thermischer Speichermassen ausgleichen.

Werden solare und interne Gewinne nicht mit berücksichtigt, ergibt sich idealisiert eine lineare Abhängigkeit des Wärmeverlusts aus der Differenz von (nahezu konstanter) Innen- und Außentemperatur sowie den Lüftungs- und Transmissionsverlusten als Steigung der Geraden. Dieser aus Planungsdaten rechnerisch hergeleitete Zusammenhang kann als Linie in das Diagramm eingetragen werden, die eine obere Schranke der gemessenen Verbrauchswerte bilden sollte. Lage und Streuung der Messpunkte geben Rückschlüsse auf Minderung der Heizlast, beispielsweise durch interne oder solare Gewinne. Aus der Verteilung der Messpunkte können auch Rückschlüsse auf die tatsächliche Größe des Gesamtwärmeverlusts gezogen werden. In Bild 3.34 ist beispielhaft eine Heizgrenze eingezeichnet und die Abhängigkeit ihrer Lage von verschiedenen Randbedingungen skizziert. Die Heizgrenzen sind erst ab einer Außentemperatur von < 10°C eingezeichnet, da erst unterhalb dieser Außentemperaturen der Nutzungsgrad η aus Gl. 1 als näherungsweise konstant angesehen werden kann. Untersuchungen haben gezeigt, dass speziell bei Passivhäusern der lineare Zusammenhang zwischen Außentemperatur und Heizleistung nur noch begrenzt gegeben ist, da die Gebäude bei tiefen Außentemperaturen (an tendenziell klaren, also sonnigen Tagen) von erhöhten solaren Gewinnen profitieren. Zudem bewirken hohe Zeitkonstanten bei hochgedämmten Häusern ein „Abflachen" der nötigen Heizleistung bei niedrigen Temperaturen.

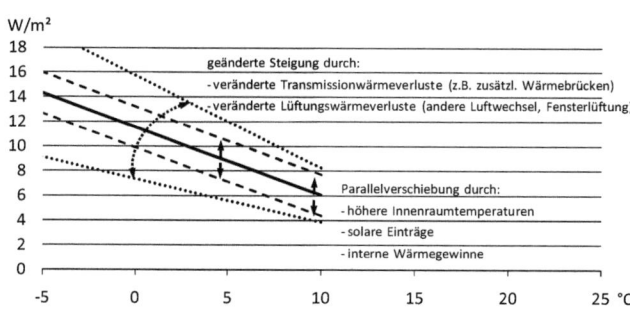

**Bild 3.34)** Schematische Darstellung der theoretischen Heizgrenze. Die Steigung der Geraden ist abhängig von den Wärmeverlustwerten $H_T$ und $H_V$. Geänderte Bezugstemperaturen, bzw. interne und solare Gewinne verschieben die Gerade parallel nach oben oder unten.
Die Lage der Punkte als Wertepaare aus Tagesmitteln der tatsächlich gemessenen Heizleistung und Außentemperatur kann Auskunft über real auftretende Verluste, bzw. Wärmegewinne geben.

Im folgenden Abschnitt werden die Gebäude anhand dieser grafischen Darstellung der Messdaten untersucht und verglichen. Zusätzliche Analysemöglichkeiten ergeben sich durch Sortierung der Messdaten- Paare (Heizleistung und Außentemperatur) nach zusätzlichen Kriterien wie solarer Einstrahlung, Wochentag oder Belegungsgrad.

### 3.2.2.1. Quantifizierung nutzbarer innerer Quellen

Beim Vergleich des theoretischen Heizwärmebedarfs und des tatsächlich gemessenen Verbrauchs spielen interne Gewinne durch Personen, Elektrogeräte o.ä. eine bedeutende Rolle.
Interne Gewinne substituieren im Heizfall einen Teil der nötigen Heizwärme. Bei der Berechnung des Jahresheizwärmebedarfs gibt es je nach Rechenverfahren unterschiedliche Ansätze für die Quantifizierung der internen Lasten, die sich teilweise erheblich unterscheiden.

Bei der Angabe der inneren Quellen für die Projektierung im PHPP wurden im PH und NEH der Neuen Burse 2,45 W/m² angesetzt [PHBUWa], [PHBUWb], bei der Bildungsherberge 1,6 W/m² [PHBIH], bei der Molkereistraße in Wien ebenfalls 1,6 W/m² [PHMOL].

Zur Bewertung und Analyse des gemessenen Heizwärmeverbrauchs wurden die inneren Gewinne mit Hilfe vorliegender Messdaten bilanziert. Grundlage sind gemessene Größen wie Strom- und Wasserverrauch. Der für interne Wärmegewinne nutzbare Anteil basiert auf Untersuchungen zur Ermittlung innerer Gewinne [FEIST94].

Die inneren Lasten aus dem Betrieb elektrischer Geräte bestimmen sich aus dem gesamten Strombezug (abzüglich Strom der Haustechnik). In Anlehnung an [FEIST94] wird angenommen, dass nicht 100% des Strombezugs als Wärme im Zimmer verbleibt (Beispiel Kochen: Abschütten des heißen Wassers), was die die nutzbare Leistung entsprechend reduziert. Unterschiede in den in Tabelle 3.10 angegebenen Werten ergeben sich (trotz ähnlichem Stromverbrauch pro WE) durch die unterschiedlichen Verhältnisse von Fläche pro WE.

Etwas anders ist die Situation in der Bildungsherberge in Hagen. Hier ist zwar in den Zimmern nur mit nahezu vernachlässigbar geringen elektrischen Verbräuchen zu rechnen (keine Küchenzeile, kein TV, PC i.d.R. nur mitgebrachter Laptop), allerdings bringt die elektrische Fußbodentemperierung im Bad große Mengen an Energie ins Gebäude ein (siehe Kapitel 3.2.1.2). Diese Einträge werden den inneren Quellen zugeordnet und nicht als Heizwärme betrachtet.

Weitere Gewinne (in der Heizperiode) kommen aus der Trinkwassererwärmung, speziell aus der Warmwasserzirkulation. Die gemessene Wärmeabgabe aus den Zirkulationsleitungen findet nicht vollständig innerhalb der thermischen Hülle statt, der Anteil an den inneren Quellen wurde entsprechend reduziert. Auch über die direkte Nutzung von Warmwasser kommt es zu Wärmeeinträgen. Diese werden aber nur zum Teil im Raum wirksam, der größte Teile der Wärme fließt als Abwasser wieder ab.

Eine maßgebliche Wärmequelle sind die Bewohner selbst mit einer angenommenen mittleren, fühlbaren Wärmeleistung von 70 W/Person [EN7730]. Diese Wärmeleistung ist jedoch nur bei Anwesenheit der Nutzer wirksam. Diese ist nicht direkt erfassbar und schwer abschätzbar, bzw. in den Objekten stark unterschiedlich (Wochenendpendler, Anwesenheit in Semesterferien). Als Indikator für die Belegung der Wohnheime dienen gemessene Daten der Warmwasserzapfung (siehe auch Kapitel 3.2.3)[15].

---

[15] Wie in Kapitel 3.3.2 zu sehen, bildet der gemessen Stromverbrauch die Anwesenheitszeiten auch sehr gut ab. Er ist jedoch, vor allem durch den Anteil Beleuchtung, im Gegensatz zur Warmwasserzapfung stärker witterungsabhängig.

Im Zeitraum der Heizperiode (Ansatz: 1.09. bis 30.04.) wurde die mittlere tägliche Zapfleistung mit den Maxima der Zapfleistung (Annahme: max. Zapfleitung = volle Belegung) ins Verhältnis gesetzt. Durch den hohen Anteil Wochenendpendler, die geringe Belegung über die Weihnachtsfeiertage und die Wintersemesterferien ergibt sich in der Burse eine durchschnittliche Belegungsrate von etwa 70% (siehe Bild 3.35). In Wien sind die Studenten i.d.R. auch am Wochenende anwesend, die mittlere Anwesenheit liegt demnach höher (Bild 3.36). Geringeren Zapfleistungen an Wochenenden sind nicht darauf zurückzuführen, dass viele Nutzer ihr Dusch-, bzw. Hygienebedürfnis am Wochenende herabsetzen - Indikatoren wie leeren Parkplätze am Wohnheim und Angaben in den durchgeführten Nutzerbefragungen belegen dies. Auch der Stromverbrauch (siehe Kapitel 3.3.2) zeigt entsprechende Verbrauchsschwankungen durch unterschiedliche Belegung.

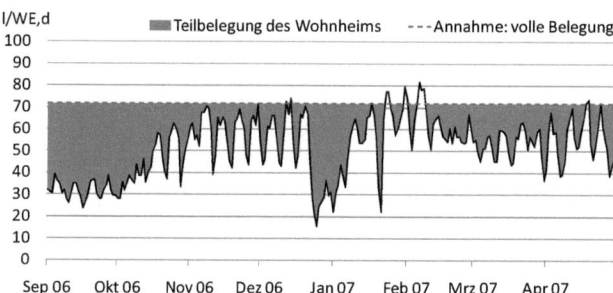

**Bild 3.35)** Grafische Darstellung der Belegung des Wohnheims anhand der Daten der gezapften Warmwassermengen am Beispiel des PH.
Deutlich erkennbar sind die Wochenenden, sowie die geringe Belegung über den Jahreswechsel. Über den gesamten Zeitraum betrachtet ergibt sich ein Belegungsanteil von 70% der maximalen Auslastung.

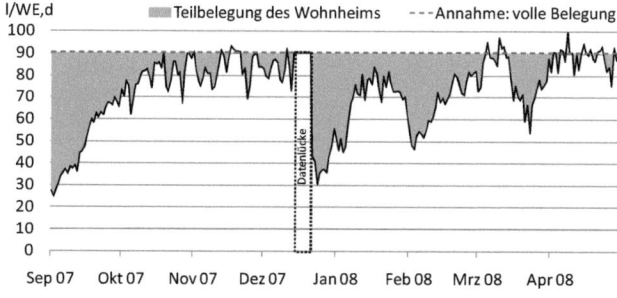

**Bild 3.36)** Grafische Darstellung der Belegung der Molkereistraße basierend auf dem Profil der Warmwasserzapfung. Schwankungen an Wochenenden sind hier weit weniger ausgeprägt.

In Hagen konnte der Warmwasserverbrauch nicht zeitlich hoch aufgelöst erfasst werden, hier gaben auf Belegungsdaten der Verwaltung Auskunft.

Schließlich wird dem Raum über weitere Wärmetranssportvorgänge Energie entzogen, z.B. über Wasser (Kaltwasserabfluss (Toilette)), bzw. latente Wärme über Verdunstung (Handtücher, Pflanzen).

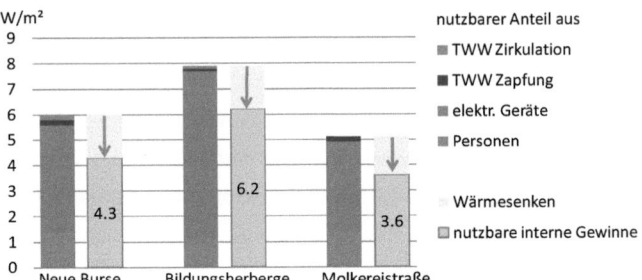

**Bild 3.37)** Grafische Darstellung interner Gewinne und deren nutzbare Anteile. In der Bildungsherberge wird die Badheizung den internen Gewinnen zugerechnet, die Gewinne aus elektrischen Geräten ist entsprechen hoch.

**Tabelle 3.10)** Abschätzung interner Lasten bei den untersuchten Wohnheimen. In der ersten Zeile sind die in der Planung (PHPP) angesetzten Werte angegeben. Darunter die aus gemessenen Verbrauchsdaten hergeleiteten Werte, die bei der weiteren Untersuchung der Heizleistung angesetzt wurden.

|  |  | Neue Burse | Bildungs- herberge | Molkereistraße |
|---|---|---|---|---|
| $Q_i$, PHPP Planung | W/m² | 2,45 | 1,6 | 1,6 |
| Fläche pro WE | m²/WE | 26,6 | 26,1 | 31,8 |
| Belegung in Heizperiode[16] | % | 69 | 55 | 80 |
| $P_{Personen, nutzbar}$ | W/m² | 1.4 | 1,1 | 1.4 |
| $P_{el, nutzbar}$ | W/m² | 4.2 | 6,6 | 3.5 |
| $P_{WW-Zapfung}$ | W/m² | 0.2 | 0,1 | 0.2 |
| $P_{Zirkulation, nutzbar}$ | W/m² | 0.2 | 0,1[17] | 0,01[18] |
| $P_{Wärmesenken}$ | W/m² | -1,7 | -1,7 | -1,5 |
| Σ innere Lasten | W/m² | **4,3** | **6,2** | **3,6** |

Die Summe aus den inneren Gewinnen (elektrische Energie, Personenbelegung) und innere Senken ergeben im Mittel innere Lasten von 3,6 bis 6,2 W/m². Die aus Verbrauchsdaten ermittelten internen Gewinne sind also deutlich höher als in der Planung angenommen. Dabei muss beachtet werden, dass es sich hierbei um Werte aus zeitlichen Mittelungen handelt. In Gebäuden wie Passivhäusern, haben die internen Gewinne einen maßgeblichen Anteil an der Berechnung des Heizwärmebedarfs und damit der Auslegung des Heizsystems. Wie die Darstellungen des Warmwasserverbrauchs deutlich zeigen, unterliegen diese aber starken Schwankungen, d.h. es gibt Zeiten mit sehr hohen internen Lasten, bei niedriger Belegung fehlen diese jedoch. Überschneiden sich Zeiten von hohem Heizwär-

---

[16] Anwesenheit ermittelt aus der Warmwasserzapfung (Burse, Wien), bzw. aus Buchungsdaten (Hagen)
[17] Zirkulationsverluste nicht getrennt erfasst, aus Vergleichswerten hochgerechnet.
[18] Umgerechneter Anteil des Stromverbrauchs der elektrischen Bandbegleitheizung

mebedarf (niedrige Außentemperaturen) mit geringer Belegung (Wochenende, Weihnachten), muss eine ausreichende Heizwärmeversorgung sichergestellt sein.

Die Dynamik der schwankenden internen Gewinne wird auch im Kapitel 5 mit Hilfe einer thermischen Gebäudesimulation untersucht.

### 3.2.2.2. Einfluss passiv solarer Gewinne

Während interne Gewinne nicht witterungs- sondern eher belegungsabhängig sind, spielt bei der Nutzung passiv solarer Gewinne das Klima die entscheidende Rolle. Um die Sensitivität der Gebäude auf die Nutzung solarer Einstrahlung zur Reduktion des Heizwärmeverbrauchs zu untersuchen, werden die Heizkennfelder um eine zusätzliche Dimension erweitert: neben der Abhängigkeit der Heizleistung von der Außentemperatur unterteilen sich die Messwerte in verschiedene Klassen, die sich in der Höhe des solaren Strahlungsangebots unterscheiden.

Dazu erfolgt zunächst eine Untersuchung der Einstrahlung in der Heizperiode. In Bild 3.38 ist die kumulierte Häufigkeit der solaren Globalstrahlung am Standort Wuppertal, Campus Haspel in dieser Zeit aufgetragen. Datengrundlage sind Tagesmittelwerte der Globalstrahlung von Oktober bis April aus den Jahren 2004 bis 2008. In der Auswertung sind nur Tage berücksichtigt, an denen gleichzeitig das Tagesmittel der Außentemperatur unter 12°C lag, um einen hohen potentiellen Nutzungsgrad der Einstrahlung zu gewährleiten.

Die Klassifizierung nutzt bewusst die (richtungsunabhängige) Globalstrahlung, nicht die Einstrahlung auf eine geneigt Fläche (Fassade), da durch die Einteilung nicht die solaren Gewinne quantifiziert werden sollen, sondern lediglich eine qualitative Trennung der Tage nach sonnig / nicht sonnig.

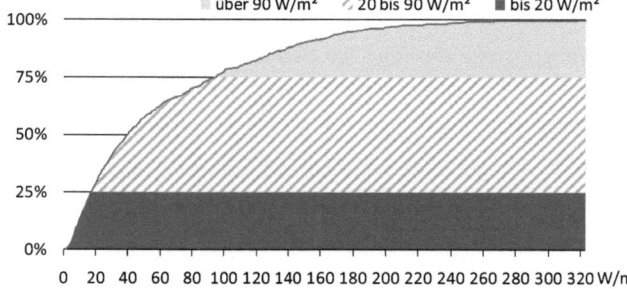

**Bild 3.38)** Untersuchung der Einstrahlungshäufigkeiten und daraus folgende Unterteilung der Werte in drei Klassen.
Grundlage bilden gemessene Einstrahlungsdaten von 2005 bis Frühjahr 2009.
Die Einstrahlungsdaten sind Tagesmittelwerte, es wurden außerdem nur Werte von Tagen berücksichtigt, an denen die Außentemperatur unter 12 °C lag.

Die Einteilung in Klassen wurde so vorgenommen, dass jeweils 25% der Tage entweder sehr einstrahlungsarm (entspricht in Wuppertal <20 W/m²) oder besonders einstrahlungsreich (in Wuppertal >90 W/m²) sind, die restlichen 50% liegen zwischen diesen Schwellen.

Grundlage für die Bewertung der solaren Einstrahlung in Wien sind Daten der Zentralanstalt für Meteorologie und Geodynamik am Standort „Hohe Warte" [ZAMG]. Die Auswertung basiert auf Messwerten von September 2005 bis März 2008, auch hier gehen nur Tage der Heizperiode mit Außentemperatur < 12°C ein.

Der leicht „flachere" Anstieg der kumulierten Häufigkeit in Wien spiegelt die höhere Einstrahlung dort wider. Die Auswertung zeigt, dass die 25% Schwelle erst bei 25 W/m² unterschritten wird, wobei das obere Viertel wie in Wuppertal bei 90 W/m² liegt. Für die weiteren Untersuchungen wird jedoch einheitlich für alle Objekte die Einteilung kleiner 20 W/m², zwischen 20 und 90 W/m² und größer 90 W/m² genutzt.

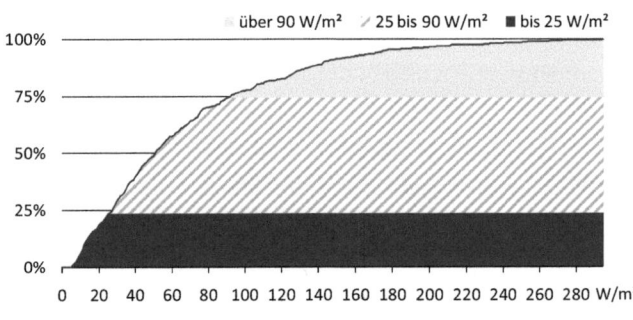

**Bild 3.39)** Kumulierte Häufigkeiten der Globalstrahlung an kälteren Tagen am Standort Wien (Daten von 09.2005 bis 03.2008). Der leicht „flachere" Anstieg der Kurve zeigt, dass in Wien hohe Einstrahlungen etwas häufiger auftreten als im nördlicheren Wuppertal. Für die folgenden Auswertungen wurden jedoch einheitliche Bezugsgrenzen gewählt.

Bei ausgeprägt „solaren" Gebäuden sollte sich mit zunehmender Einstrahlung der Heizwärmebedarf reduzieren. Im Heizkennfeld wird dies deutlich durch eine breite Streuung der Messwerte, bzw. geringe Heizwärmeeinträge an kalten, aber einstrahlungsreichen Tagen. Hintergrund ist der Zusammenhang, dass die Tage mit den tiefsten Außentemperaturen (und demnach theoretisch größtem Heizwärmebedarf) oft klar, also einstrahlungsreich sind. Kann das Gebäude das solare Strahlungsangebot nutzen, so liegt der höchste Heizwärmeverbrauch eher an Tagen mit weniger tiefen Außentemperaturen, aber geringen Einstrahlungswerten. Zudem muss das Gebäude die (tagsüber) eingebrachte Wärme speichern können, da an klaren Tagen bei tiefen Außentemperaturen auch die Heizlast steigt. Bei allen hier betrachteten Wohnheimen handelt es sich um Gebäude „schwerer" Bauart, die Speicherung solarer Einträge ermöglichen.

### 3.2.2.3. Neue Burse, Niedrigenergiehaus

Das Niedrigenergiehaus der „Neuen Burse" stellt einen Vertreter „konventioneller" Bauart dar. Das Gebäude entspricht mit Fensterlüftung und Beheizung über Plattenheizkörper etwa einem „guten" Neubaustandard.

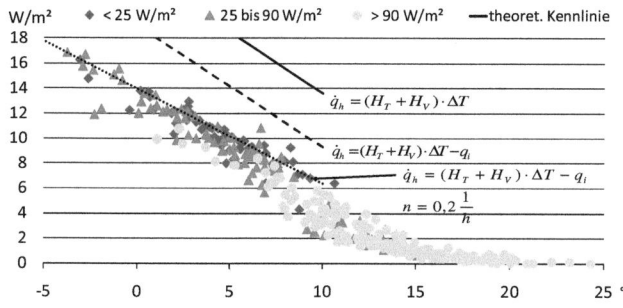

**Bild 3.40)** Heizkennlinie des NEH der Neuen Burse 2007. Zusätzlich eingezeichnet sind theoretische Heizgrenzen, die sich aus Planungsdaten ($H_T$, $H_V$), bzw. aus gemessenen Randbedingungen ergeben.
Die Messwerte liegen deutlich unter den sich aus der Planung ergebenden Verlust-Geraden. Berücksichtigt man bei diesen jedoch geringere Luftwechsel, korreliert die sich ergebende Gerade gut mit den gemessenen Heizleistungen.

In der Streuung der Messwerte zeigt sich kaum ein Einfluss der solaren Einstrahlung auf die gemessene Heizleistung. Das Gebäude verfügt zwar über große Fensterflächen, durch den sternförmigen Grundriss ist aber immer nur ein Teil der Gebäudeflügel besonnt, für das gesamte Gebäude macht sich dieser Anteil nicht bemerkbar (siehe Bild 3.41 ).

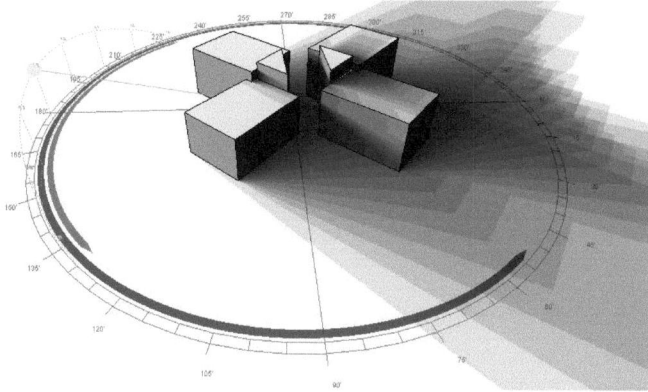

**Bild 3.41)** Sonnenverlauf und Verschattung an einem einfachen 3D Modell eines Gebäudes der Burse für den 15.12..
Vom gesamten Gebäude kann von zwei Flügeln nur jeweils eine Seite von nennenswerten solaren Gewinnen profitieren.
Grafik: Ecotect, Vers. 5.5

Zusätzlich zu den Messwerten ist die theoretische Heizgrenze eingezeichnet. Diese berücksichtigt bereits die höhere gemessene mittlere Raumlufttemperatur von 23,6°C (siehe auch Kapitel 4.2), bei der zweiten, gestrichelten Linie sind die in Abschnitt 3.2.2.1 ermittelten internen Gewinne als konstante Reduktion eingetragen. Der Abstand zwischen der gestrichelten Linie und den gemessenen Werten der Heizleistung kann nicht allein durch solare Gewinne erklärt werden – die, wie die Bild 3.40 zeigt, offensichtlich keinen entscheidenden Einfluss auf die Höhe der eingebrachten Heizleistung haben. Vielmehr handelt es sich um geringere Wärmeverluste durch reduzierte Luftwechsel. Zum Vergleich ist zusätzlich die Heizgrenze eingezeichnet, die sich bei einem Luftwechsel von 0,2 $h^{-1}$ und damit deutlich verringerten Lüftungswärmeverlusten ergibt. Diese Gerade korreliert deutlich besser mit den gemessenen Werten.

Anhand der Methodik der Heizkennfelder erfolgt die Untersuchung weiterer Parameter. In der folgenden Grafik sind die Messwerte dahingehend gefiltert, dass nur Heizleistung an Tagen eingezeichnet sind, deren tagesmittlere Einstrahlung unter 25 W/m² lag und bei denen auch am Vortag das Tagesmittel 30 W/m² nicht überschritten wurde, um solare Gewinne (auch durch Speicherung vom Vortag) weitgehend ausblenden zu können. Dritte Bedingung ist eine tagesmittlere Außentemperatur unter 10°C, um einen hohen Nutzungsgrad von vorhandenen internen Gewinnen sicherzustellen. Die Berücksichtigung von zwei Tagen ohne nennenswerte solare Einträge liegt zwar im Bereich der Zeitkonstanten gut wärmegedämmter Gebäude, der Einfluss von Speichervorgängen aus solaren Einträgen wird jedoch klein gegenüber Einflüssen aus internen Lasten oder Außentemperaturen.

Durch die sich ergebende Punktwolke wird eine lineare Regressionsgerade gelegt und deren Steigung mit dem Wärmeverlust aus den Planungsdaten ($H_T$ + $H_V$) – bezogen auf die NGF – verglichen.

**Bild 3.42)** Heizkennfeld bei weitestgehender Ausblendung solarer Gewinne. Eine lineare Regression durch die verbleibenden Messwerte kann mit den Wärmeverlustfaktoren aus den Planungsdaten verglichen werden. Die Steigung der Ausgleichsgeraden ist deutlich flacher, als die Planungsdaten es vorgeben. Die geringeren Verluste können durch geringe Luftwechsel erklärt werden.
Die Aufteilung in Wochentage und Wochenende zeigt tendenziell leicht geringere Heizleistungen bei geringerer Belegung.

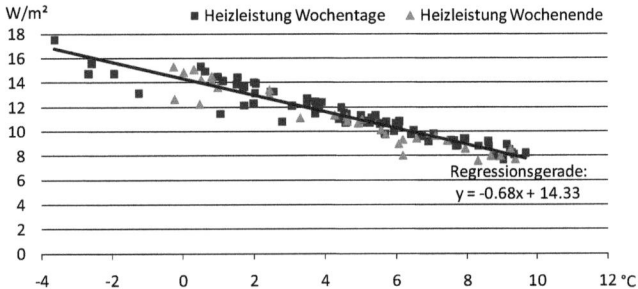

Um eine Streuung der Messwerte durch reduzierte Anwesenheit zu untersuchen, sind die Messwerte zusätzlich nach Wochentag und Wochenende unterschiedlich markiert. Es zeigt sich tatsächlich eine leichte Tendenz zu geringeren Heizleistungen an Wochenenden (d.h. bei geringerer Belegung), ausschlaggebend ist die Abweichung jedoch nicht.

Die Regressionsgerade bestätigt den deutlich flacheren Verlauf der Heizgrenze (Planung: $H_T$= 0,62 W/m²$_{NGF}$K; $H_V$= 0,35 W7m²$_{NGF}$K, $\sum H_{ges}$= 0,97 W/m²$_{NGF}$K). Rechnerisch würde sich ein Verlustwert von 0,68 W/m²$_{NGF}$K (Steigung der Regressionsgeraden) bei einem Luftwechsel von 0,1 h$^{-1}$ ergeben, unter der Annahme, dass der Transmissionswärmeverlust den Planungswerten entspricht. Die geringen Luftwechsel konnten durch Messung der Fensteröffnungszeiten, Betrieb der Abluftventilatoren sowie durch Messungen der $CO_2$ Konzentration bestätigt werden – mehr dazu im Kapitel 4.1.1.

Um den Einfluss des Belegungsgrades auf den Heizwärmeverbrauch genauer zu analysieren, werden die Messpunkte nicht wie in Bild 3.40 nach Einstrahlung gruppiert, sondern, wie in Kapitel 3.2.2.2 beschrieben, die Warmwasserzapfung als Indikator für die Belegungsdichte herangezogen. Die Angaben zum Belegungsgrad sind dabei nur als Richtwert zu verstehen, da die Anwesenheit nur mit einer gewissen Unschärfe aus der Warmwasserzapfung ablesbar ist.

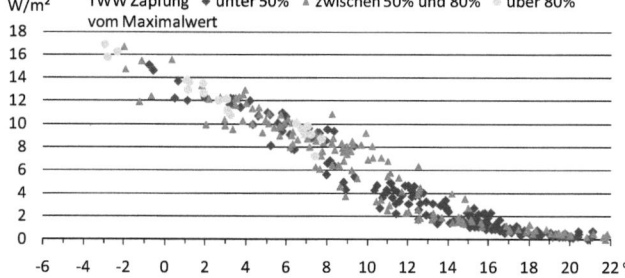

**Bild 3.43)** Heizkennlinie des NEH der Burse mit Klassifizierung der Messwerte nach einem aus der Warmwasser-Zapfung ermittelten Belegungsgrad.
Man erkennt in der Tendenz, dass die höchsten Heizleistungen dann auftreten, wenn das Gebäude voll belegt ist.

Die Betrachtung der Messpunkte zeigt, dass die größeren Heizleistungen tendenziell an Tagen mit der höherer Belegung auftreten, was plausibel ist, da viele Nutzer angeben, bei längerem Verlassen der Zimmer die Heizung abzudrehen, bzw. auch nur bei Anwesenheit über die Fenster gelüftet wird. Mit geringerer Nutzung sinkt auch die Heizleistung.

### 3.2.2.4. Neue Burse, Passivhaus

Im PH der Burse wurden während eines dreijährigen Monitorings eine Reihe von Betriebsoptimierungen durchgeführt [ENOB08].

Auch in der Heizkennlinie des PH lassen sich aufgrund der geringen Streuung der Messwerte keine deutlichen Reduktionen der Heizleistung durch Einfluss der Einstrahlung erkennen, wobei eine leichte Tendenz zu geringeren Heizwärmeeinträgen bei höheren Einstrahlungen auszumachen ist. Dies wäre insofern zu erwarten, da die zentrale Lüftungsanlage solare Gewinne einer Seite eines Gebäudeflügels auch für die sonnenabgewandte Seite verfügbar macht.

Deutlich ablesbar sind die Bereitstellungsverluste im Heizkreis – als witterungsunabhängige Verbrauchssockel (siehe Bild 3.44). Auch im Jahr 2007 kam es durch Ausfälle, bzw. Fehler in der Regelung zu Heizwärmeeinträgen bei hohen Außentemperaturen.

**Bild 3.44)** Heizkennfeld des PH- Bauabschnitts der Burse. Es fällt auf, dass es auch bei hohen Außentemperaturen zu Heizwärmeeinträgen kommt. Dies wird in erster Linie durch Zirkulationsverluste im RLT Heizkreis verursacht und sollte regelungstechnisch verhindert werden, was im Jahr 2007 nicht zuverlässig funktionierte. Zusätzlich zu der aus den Planungsdaten basierenden Heizgrenze wurde eine angepasste Gerade eingezeichnet, die festgestellte zusätzliche Wärmeverluste, sowie Verteilverluste berücksichtigt.

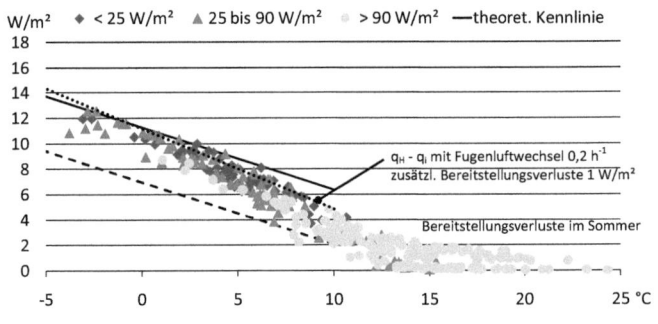

Beim Vergleich der Messwerte mit der theoretischen Kennlinie fällt auf, dass die Messwerte zwar unter der theoretischen Heizgrenze liegen (bei Annahme einer mittleren Raumlufttemperatur von 22,6°C – siehe Kapitel 4.2), die Heizlast sich aber nicht um die in Kapitel 3.2.2.1 ermittelten internen Gewinne, die in der Grafik mit gestrichelter Linie angedeutet sind, reduziert. Es müssen im Gebäude also zusätzliche Wärmeverluste auftreten.

Auch für das PH findet daher die im vorangegangenen Abschnitt beschriebene Methode Anwendung, nur einstrahlungsarme, kalte Tage zu untersuchen, bei zusätzlicher Sortierung der Messwerte nach Wochentag / Wochenende. Die Grafik zeigt, dass die Steigung der

Regressionsgeraden steiler ist, als die Verlustwerte aus den Planungsdaten ($H_{ges,Planung}$=0,49 W/m²$_{NGF}$K). Zudem ist keine geringere Heizleistung am Wochenende erkennbar, wie dies tendenziell beim NEH zu beobachten ist. Dieser Effekt kann sich aus den fehlenden internen Gewinnen durch die geringere Belegung des Wohnheims am Wochenende erklären (siehe Kapitel 3.2.1.1).

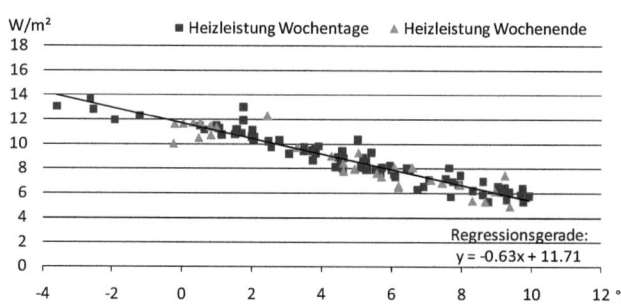

**Bild 3.45)** Der aus der Betrachtung einstrahlungsarmer Tage abgeleitete Wärmeverlust deutet darauf hin, dass die Wärmeverluste, höher sind, als in den Planungsdaten angenommen. Die zusätzlichen Verluste (= steilere Gerade) lassen sich auf Lüftungswärmeverluste durch Fensterlüftung und offen stehende Flurtüren zurückführen. Eine Tendenz zu geringeren Heizwärmeeinträgen an Wochenenden (wie im NEH) lässt sich nicht feststellen.

Für die erhöhten Wärmeverluste sind in erster Linie zusätzliche Lüftungswärmeverluste anzunehmen. Untersuchungen der Fensteröffnungszeiten haben gezeigt, dass die Nutzer im PH kaum weniger stark über die Fenster lüften wie im NEH (siehe Kapitel 4.1). Hinzu kommen häufig offen stehende Flurtüren zu den giebelseitigen Fluchtbalkonen. Da die Flure be- und entlüftet werden, erhöhen sich auch hier die Wärmeverluste (im NEH prinzipiell auch, da die Flure mit Heizkörper ausgestattet sind. Da diese aber vom Hausmeister abgedreht wurden, wirken sich offen stehende Türen weniger stark auf die Wärmebilanz aus). Um den Effekt zu überprüfen, wird bei der Berechnung der Lüftungswärmeverluste der im NEH für die Fensterlüftung festgestellte Luftwechsel von 0,2 h$^{-1}$ als „Fugenluftwechsel" angesetzt (was ja zusätzlicher Fensterlüftung entspricht), dabei erhöht sich der Lüftungswärmeverlust von $H_V$=0,20 W/m²$_{NGF}$K auf $H_V$=0,31 W/m²$_{NGF}$K und der gesamte Wärmeverlustfaktor auf $H_{ges}$=0,61 W/m²$_{NGF}$K – was der linearen Regression durch die Messpunkte nahe kommt. In der Grafik in Bild 3.44 ist daher eine angepasste Heizgrenze eingezeichnet (gepunktete Linie), die zusätzliche Lüftungswärmeverluste berücksichtigt, zudem sind Verteilverluste im RLT Heizkreis mit 1 W/m² als nicht nutzbare Verluste einbezogen (siehe Kapitel 3.2.1.1), was die Gerade zusätzlich nach oben „schiebt". Die angepasste Gerade korreliert durch diese Anpassungen sehr gut mit den gemessenen Werten.

Bei der Untersuchung der Abhängigkeit der Heizleistung von der Anwesenheit auf Grundlage der Warmwasserzapfung ergibt sich die Grafik in Bild 3.46. Im Gegensatz zu Bild 3.43 liegen hier die Tage mit vermeintlich hoher Belegung nicht beim höchsten Verbrauch, das Verhältnis ist eher umgekehrt – die Tage mit geringer Belegung bedingen tendenziell häufiger höhere Heizleistungen. Dies bestätigt die bei der Untersuchung der Konzepte in Kapitel 3.2.1 beschriebene Erkenntnis, dass bei zentralen Anlagen bei geringer Belegung der Wegfall innerer Quellen durch zusätzliche Heizleistung ausgeglichen werden muss.

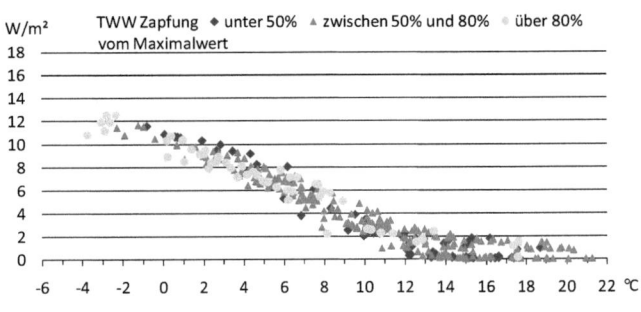

**Bild 3.46)** Die Abhängigkeit der Heizleistung von der Belegung, basierend auf den Daten der Warmwasserzapfung, zeigt, dass oft eher an Tagen mit geringer Belegung die höheren Heizlasten auftreten. Dies erklärt sich aus der zentralen Lüftungsanlage und fehlenden inneren Quellen, die an Tagen geringer Belegung durch Heizwärmezufuhr ausgeglichen werden müssen.

### 3.2.2.5. Bildungsherberge

Die Bildungsherberge in Hagen ist wie im Kapitel 2.2 beschrieben als ausgesprochen „solares" Gebäude konzipiert: große transparente nach Süden ausgerichtete Flächen sollen ein hohes Maß an passiver Solarenergienutzung möglich machen.

In der Heizkennlinie (Bild 3.47) zeigt sich jedoch kein Zusammenhang zwischen Einstrahlung und Heizleistung. Auffällig ist zunächst, dass zwei unabhängige „Punktwolken" entstehen. Dies ist in der Heizungssteuerung begründet: der Heizkreis der Luftheizregister verfügt über eine ungeregelte Umwälzpumpe, die per Hand ein- oder ausgeschaltet wird. Sobald der Heizkreis aktiviert ist, laufen alle vier Heizregister nahezu unter Volllast – wie bereits im Kapitel 3.2.1 in Bild 3.22 gezeigt.

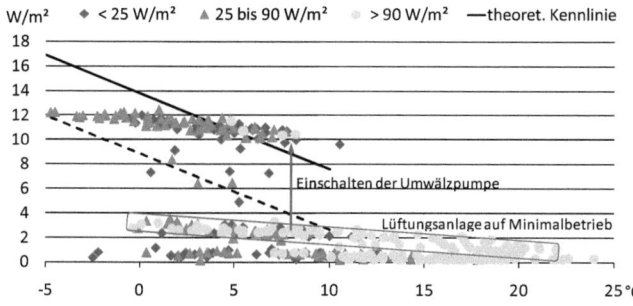

**Bild 3.47)** Heizkennlinie der Bildungsherberge für das Kalenderjahr 2008. Der „Sprung" in der gemessenen Heizleistung wird durch das Einschalten der Umwälzpumpe des Heizkreises verursacht. Der Heizwärmeeintrag erfolgt nahezu witterungsunabhängig, die Zuluft- Heizregister laufen durchgehend auf die maximaler Leistung
Anfang 2008 kam es zu einem Ausfall der Lüftungsanlage, die nach Reparatur nur im Minimalbetrieb lief und daher nur geringe Wärmemengen transportieren konnte.

Die Heizung lief im Jahr 2008 bis zum 05.06. (siehe Kapitel 3.2.1.2, Bild 3.24). Es wurde ab Anfang des Jahres jedoch kaum Heizwärme eingebracht, da es im Januar 2008 zu einem Ausfall der Lüftungsanlage (Lagerschaden an einem der Lüftungsmotoren) kam. Nach der Reparatur lief die Anlage deutlich lauter, Nutzerbeschwerden führten zur Einstellung auf minimale Stufe (gemessene Zuluftleistung in den Zimmern: ca. 10 m³/h). Durch die geringen Luftleistungen konnte entsprechend weniger Wärme transportiert werden.

Durch die zu hoch eingestellten Thermostatventile liefen die Zuluft- Heizregister nahezu ständig auf voller Leistung, was den Heizwärmeeintrag von Außentemperatur und Einstrahlung nahezu entkoppelt. Weder solare, noch die hohen internen Gewinne (durch die Fußbodenheizungen im Bad) werden zur Reduzierung der Heizlast genutzt. Eine Untersuchung strahlungsarmer Tage, wie bei den anderen Vergleichsobjekten, ist durch das fehlende Regelungsverhalten nicht möglich, bzw. nicht sinnvoll.

Eine detaillierte Abhängigkeit des Heizwärmeverbrauchs von der Belegung ist bei der Bildungsherberge nicht möglich, da keine aufgezeichnete Messgröße auf die Belegung schließen lässt. Die reinen Buchungsdaten geben keinen Aufschluss über tatsächliche Anwesenheit und sind aus Datenschutzgründen nur begrenzt verfügbar. Die belegungsunabhängig hohe eingebrachte Wärme über die elektrische Fußbodentemperierung in den Bädern überdeckt darüber hinaus den Einfluss anwesender Personen – ein Einfluss der Belegung auf die Heizleistung, wie bei anderen zentralen Lüftungsanlagen zu sehen, ist daher nicht feststellbar.

### 3.2.2.6. Molkereistraße

Im Gegensatz zum Burse- PH und der Bildungsherberge können die Nutzer des Wohnheims in Wien per Thermostat die Temperatur im Raum individuell regeln. Wie im Kapitel 2.3 zu sehen, besitzt das Gebäude keine ausgeprägt solare Ausrichtung, die Hauptachse ist Ost-West orientiert.

Dies zeigt sich auch in der Heizkennlinie in Bild 3.48, die Streuung der gemessenen Heizleistung zeigt keinen deutlichen Zusammenhang zwischen Einstrahlung und Heizlast. Wobei hier stärker als bei den anderen Untersuchungen die Besonderheit auftritt, dass kalte und einstrahlungsarme Tage zusammenfallen, d.h. an Tagen hoher Wärmeverluste standen kaum solare Beiträge zur Verfügung.

Auch hier liegen die Messwerte deutlich über den auf Planungsdaten beruhenden Vergleichsgeraden.

**Bild 3.48)** Heizkennlinie des Wohnheims Molkereistraße in Wien.
Die eingebrachte Heizleistung ist gering, eine leichte Tendenz zu geringeren Heizleistungen bei höheren Einstrahlungswerten feststellbar, wobei in Wien eher untypisch die kältesten Tage auch einstrahlungsarm waren.
Die theoretische Kennlinie wird deutlich überschritten, die internen Gewinne tragen nicht in dem Umfang zur Reduktion der Heizlast bei.

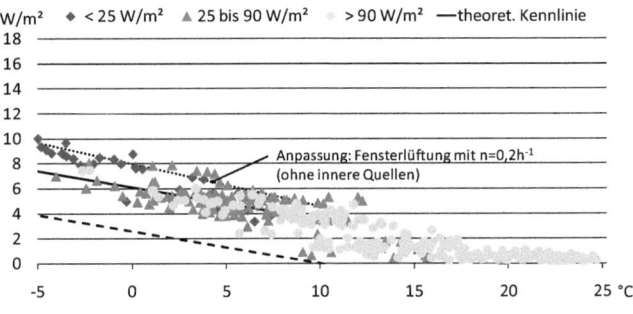

Zunächst findet - wie bei den anderen Wohnheimen beobachtet - auch in der Molkereistraße zusätzliche Lüftung über die Fenster statt. Um planerisch den Einfluss der Fensterlüftung zu reduzieren, wurde in die Fensterrahmen ein Reed- Kontakt integriert, der das Thermostat des Heizkörpers im Zimmer bei Öffnung auf kleinste Stufe stellt.

Wird die Steigung der spezifischen Heizwärmeeinträge bei vernachlässigbaren solaren Gewinnen untersucht (Bild 3.49), ist diese mit 0,43 deutlich größer als die Summe der auf die Fläche umgerechneten Verlustwerte $H_{ges}=0,26$ W/m²$_{NGF}$K (siehe Tabelle 2.8) aus den Planungsdaten. Alleine durch höhere Lüftungswärmeverluste (unter der Annahme, dass die Transmissionsverluste in der Ausführung denen der Planung entsprechen) kann der höhere Wärmeverlust nicht erklärt werden. Setzt man für die zusätzliche Fensterlüftung einen Luftwechsel von 0,2 h$^{-1}$ an (gleicher Ansatz wie bei der Neuen Burse), erhöht sich der Lüftungswärmeverlust $H_V$ rechnerisch auf 0,23 W/m²K und der gesamte Wärmeverlust $H_{ges}$ auf 0,34 W/m²$_{NGF}$K – es besteht also immer noch eine erhebliche Abweichung zu dem grafisch ermittelten Verlustkoeffizienten. Höhere Transmissionsverluste als die in Tabelle 2.8 angegebenen 0,18 W/m²$_{NGF}$K sind also nicht auszuschließen, etwa durch Änderungen in der Ausführung oder zusätzliche Wärmebrücken. Praktisch nachweisbar, beispielsweise über eine Thermografie, waren höhere Verluste über die Hülle bisher nicht.

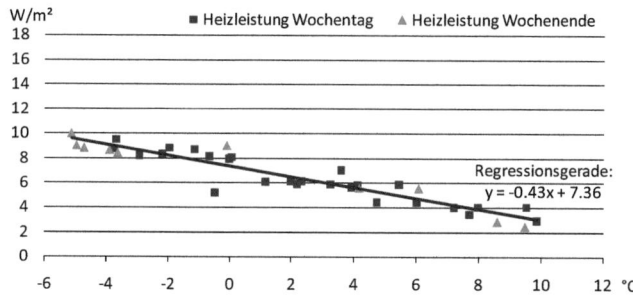

Bild 3.49) Untersuchung der Heizleistung an einstrahlungsarmen Tagen. Wochenenden verhalten sich kaum anders als Wochentage, was die gleichmäßigere Nutzung (im Semester) bestätigt.
Die Steigung der Regressionsgeraden ist mit 0,43 steiler als in der Planung berechnet.

Der Verlauf der Messwerte ist nicht nur etwas steiler als die planerischen Werte erwarten lassen, das gesamte Leistungsniveau liegt auch höher. Bei der theoretischen Kennlinie in Bild 3.48 ist eine höhere gemessen Raumlufttemperatur von 23,2°C bereits berücksichtigt. Wenn auch aus den Messdaten nur schwer quantifizierbar, liegt auch in Wien die Vermutung nahe, dass ein Teil der eingebrachten Heizwärme als nicht nutzbare Verteilverluste verloren geht. Wie in Kapitel 2.3.1 beschrieben liegen keine Messdaten aus dem Heizkreis selbst vor. Der Volumenstrom in der Versorgung des Heizkreises ist zwar im Sommer sehr gering - aber nicht null. Bei der Annahme, dass ab Außentemperaturen über 15°C keine Heizwärme mehr nötig ist, können die dann gemessenen Heizleistungen von 1-2 W/m² als erste Abschätzung für die Größenordnung dieser Verteilverluste herangezogen werden.

Diese Wärme wird zwar prinzipiell größtenteils innerhalb der gedämmten Hülle frei, allerdings mit einem weit geringeren Nutzungsgrad und nicht dort, wo sie tatsächlich angefordert wurde. Ausgehend von der angepassten Kennlinie in Bild 3.48, die ohne Berücksichtigung interner Gewinne eine obere Schranke für die Messwerte darstellt, liegt die Höhe der Verteilverluste zusammen mit anderen, unbekannten Wärmeverlusten (vor allem unbekannte Transmissionsverluste gegenüber der Planung) etwa in Höhe der internen Gewinne, also ca. 3-3,5 W/m².

**Bild 3.50)** Einfluss der Belegung auf die Heizleistung, ermittelt aus der Höhe der täglichen Warmwasserzapfung.
Auch hier ist eine leichte Tendenz zu geringeren Heizlasten bei hoher Auslastung zu erkennen, also Nutzung interner Gewinne – bei tieferen Außentemperaturen. Über 12°C außen kehrt sich der Effekt eher um – hier scheint das Komfortbedürfnis der Nutzer zu überwiegen: obwohl keine Heizleitung mehr gebraucht würde, werden die Thermostate der Heizkörper aufgedreht.

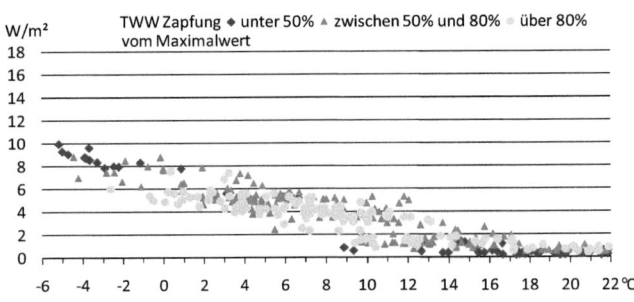

Wird der Einfluss der Belegung auf den Heizwärmeverbrauch untersucht, wobei wiederum die Warmwasserzapfung als Indikator für die Belegung dient, zeigt sich zumindest bei tiefen Außentemperaturen der Trend sinkender Heizlasten bei höherer Belegung. Interessanterweise dreht sich dieser Zusammenhang bei höheren Temperaturen um – ab 12-14°C Außentemperatur ist die Heizlast bei geringer Belegung am kleinsten. Eigentlich sollte ab diesen Temperaturen gar keine Heizwärme mehr nötig sein, bei höherer Auslastung scheint aber der Anteil Nutzer zuzunehmen, die dennoch über das Thermostat Wärme anfordern.

### 3.2.2.7. Heizkennfelder: Bereitstellungsverluste und Einfluss des Nutzerverhaltens

Die Analyse der Heizkennfelder erweist sich als gutes „Analysetool", um den Betrieb eines Gebäudes zu überprüfen. In der Darstellung zeigen sich Heizwärmeeinträge im Sommer und im Vergleich mit der aus Planungsdaten generierten theoretischen Geraden oft höher als geplante Heizleistungen.

Ursache für ungewollte Heizwärmezufuhr sind oft Probleme in der Betriebsführung. Ungeregelt laufende Pumpen oder zu großzügig eingestellte Sollwerte führen zu Bereitstellungsverlusten. Vor allem Wärmeeinträge im Sommer fallen ohne engmaschigere Kontrolle nicht auf, da aufgrund der geringen Heizleistungen (bei gleichzeitig hohen Außentemperaturen) Heizwärmeeinträge nicht bemerkt werden.

Durch die (im Vergleich zu konventionellen Gebäuden) sehr geringen Heizlasten spielen auch Bereitstellungs- und Verteilverluste eine große Rolle, die sowohl bei der Neuen Burse als auch in der Molkereistraße einen signifikanten Teil des Heizwärmeverbrauchs ausmachen.

Neben unerwünschten Verlusten bedingt durch die Anlagentechnik lässt sich ein Mehrverbrauch an Heizwärme i.d.R. durch höhere Temperaturen in den Zimmern sowie höhere Lüftungswärmeverluste erklären. Der Vergleich gemessener Daten mit theoretischen Parametern der Gebäude bestätigt die Annahmen. Die Nachbildung des Nutzerverhaltens in der Simulation führt ebenso zu ähnlichen Phänomenen.

Der Einfluss solarer Einstrahlung zeigt sich auf Basis der zur Verfügung stehenden Daten bei keinem Gebäude besonders ausgeprägt. Bei den Wohnheimen in Wien und Wuppertal ist dies durch die achsensymmetrische Anordnung der Zimmer plausibel, die Simulation (Kapitel 5.2.3) zeigt ein ähnliches Bild. In Teilbereichen kann es durchaus zu signifikanten Gewinnen kommen, der Effekt, dass hohe Einstrahlungen im Winter geringe Heizleistungen für das ganze Gebäude nach sich ziehen (ein „abflachen" der Heizkennlinie bei tiefen Außentemperaturen und hoher Einstrahlung) zeigt sich aber kaum. Bei der Bildungsherberge, dem am deutlichsten auf solare Gewinne ausgelegtem Gebäude, verhindern hohe Heizleistungen der Luftheizung und interne Wärmeeinträge aus der Badheizung die Nutzung solarer Gewinne.
Die in Kapitel 5 dargestellten Ergebnisse der Simulation zeigen auch, dass dynamische Lastwechsel, die sich durch die hohe Belegungsdichte stärker auswirken als in konventionellen Wohngebäuden, großen Einfluss auf die Heizleistung haben. Durch die Überlagerung verschiedener Effekte (auch verstärkte Fensterlüftung bei steigenden Innentemperaturen, siehe Kapitel 4.1), lässt sich der solare Einfluss auf das gesamte Gebäude nur begrenzt zeigen.

### 3.2.3. Wasserverbrauch und Trinkwassererwärmung

Der Schwerpunkt der Untersuchungen bezieht sich durch die Fokussierung auf den Einsatz von Passivhauskomponenten in Studierendenwohnheimen auf die Heizwärme – diese Komponenten haben zunächst keinen Einfluss auf die Nutzung von Wasser oder Warmwasser. Wie sich jedoch zu Beginn des Kapitels zeigt, macht Heizwärme bei den Wohnheimen den geringeren Teil des Wärmeverbrauchs aus.

Spezielle Maßnahmen zur Reduktion des Wasserverbrauchs, bzw. des Wärmeverbrauchs der Trinkwassererwärmung wurden nur bei der Bildungsherberge umgesetzt – hier unterstützt eine 30m² Flachkollektoranlage die Trinkwassererwärmung, zur Versorgung der Toilettenspülung wurde eine Regenwasserzisterne installiert.

Detaillierte Daten zum Wasserverbrauch, speziell zur Trinkwassererwärmung sind nur für die Objekte Burse, Bildungsherberge und Molkereistraße verfügbar, eine engmaschige Aufzeichnung der Warmwas-serzapfung selbst fand nur bei der Neuen Burse und in der Molkereistraße statt. Für diese Wohnheime werden im folgenden Kapitel Größe und zeitlicher Verlauf der Wärme zur Trinkwassererwärmung dargestellt, bzw. der gesamte Wasserverbrauch verglichen (der i.d.R. nur als Jahresverbrauch verfügbar ist).

### 3.2.3.1. Neue Burse

Die Trinkwassererwärmung erfolgt in beiden Bauabschnitten (NEH und PH) ausschließlich über Fernwärme. In beiden Gebäuden wird Trinkwasser in zwei jeweils 1500l fassenden Pufferspeichern auf ca. 60°C erwärmt.

Die Anlagentechnik beider Gebäude unterscheidet sich im Prinzip nicht, lediglich Details wie der Volumenstrom der Warmwasserzirkulation sind unterschiedlich. Die Auswertung wird daher nicht generell nach Bauabschnitten getrennt.

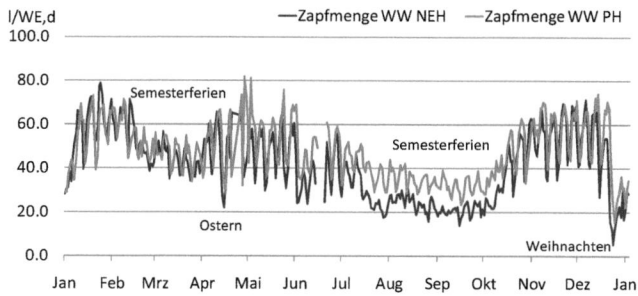

**Bild 3.51)** Verlauf der tagesmittleren Warmwasser-Zapfleistung in beiden Gebäuden im Jahresverlauf. Deutlich erkennbar sind zum einen der Wochenrhythmus, zum anderen der Semesterverlauf, sowie einzelne Feiertage.

Der höhere Verbrauch in den Sommersemesterferien im PH ist durch die höhere Belegung des Wohnheims plausibel – durch einen höheren Anteil höherer Semester sind mehr Studierende auch in der vorlesungsfreien Zeit in Wuppertal. Messfehler (zu geringe Werte im NEH) können jedoch nicht ausgeschlossen werden.

Der Warmwasserverbrauch liefert, wie im Abschnitt 3.2.2.1 bereits beschrieben, Auskünfte über die aktuelle Belegung des Wohnheims. Die folgenden Grafiken zeigen den zeitlichen Verlauf von Warmwasser- Zapfung und die Leistung der Trinkwasser- Erwärmung mit Hilfe von Carpet- Plots.

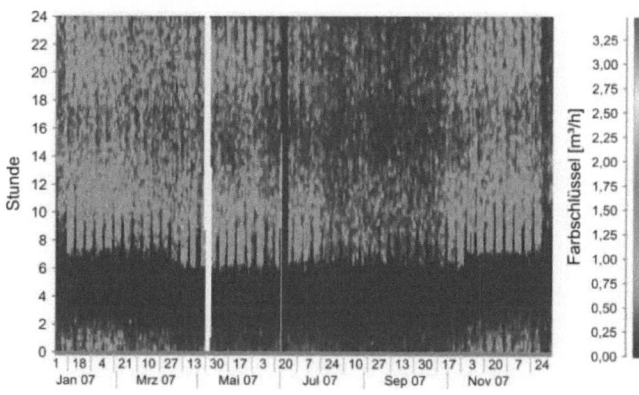

**Bild 3.52)** Carpet Plot Warmwasser- Zapfung im PH im Jahr 2007. Es ergibt sich ein deutlichen Nutzungsmuster: hohe Zapfleistungen zwischen 7:00 und 10:00 Uhr, sowie geringe Belegung am Wochenende und den Semesterferien werden deutlich.

**Bild 3.53)** Carpet Plot der Leistung der Trinkwassererwärmung. Prinzipiell ist das Muster der WW- Zapfung auch hier zu erkennen, die Leistung des Trinkwasser-Wärmeübertragers reagiert erwartungsgemäß träger durch den Speichereffekt der TWW-Speicher. Zudem wird (auch bei geringer Belegung) die WW Zirkulation betrieben, d.h. kontinuierlich Wärme abgenommen.

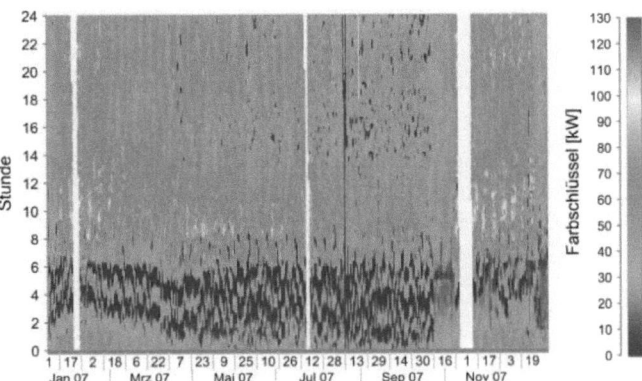

**Bild 3.54)** Ausschnitt aus der Warmwasser- Zapfung in den Monaten Januar und Februar 2006 – d.h. bei hoher Belegung - im PH. Hier sind die Wochenenden, sowie der Beginn des Studienbetriebs (Mo, 09.01.2006) noch einmal deutlich erkennbar. Erwartungsgemäß werden die größten Mengen morgens zwischen 7:30 und 10:00 Uhr abgenommen.

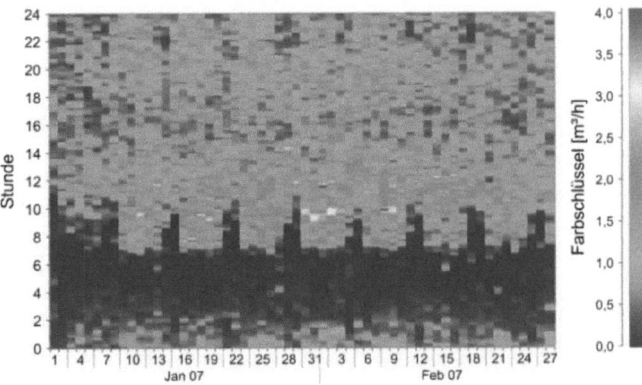

Bei der Datenerfassung ergeben sich Probleme bei geringer Zapfleistung. Um bei hoher Gleichzeitigkeit bei der Warmwasserzapfung hohe Druckverluste zu vermeiden, wurde ein Zähler mit einem Nenn- Durchfluss von 15 m³/h eingesetzt. Die tatsächliche Zapfleitung liegt aber i.d.R. deutlich darunter, meist unter der minimalen Durchflussmenge des Zählers[19]. Kleine Zapfmengen werden daher nicht zuverlässig erfasst, die Messdaten zur Warmwasserzapfung sind deshalb mit Unsicherheiten behaftet.

Der in Bild 3.51 dargestellte Verlauf der mittleren Warmwasserzapfung ist vom Verlauf dennoch plausibel. Während des Semesters ist der Warmwasserverbrauch in beiden Gebäuden ähnlich hoch, in den Sommersemesterferien macht sich bemerkbar, dass im PH zur Zeit der Messung im Schnitt Studenten höherer Semester aufhielten, die auch in den Se-

---

[19] Minimale Durchflussmenge beim verwendeten Zähler: 200 l/h. Quelle: Herstellerangabe, Datenblatt Mehrstrahl- Hauswasserzähler M-N QN 15, Sensus Metering Systems GmbH

mesterferien eher in Wuppertal bleiben, während im NEH der Anteil Studienanfänger höher liegt.

**Tabelle 3.11)** Jährlich Verbrauchsdaten der beiden Gebäude. Trotz homogener Nutzung ist der Wasserverbrauch im PH signifikant geringer als im NEH. Gründe hierfür sind in unterschiedlichen Armaturen, sowie Toilettenspülungen zu finden. Wobei interessant ist, dass der *Warm*wasserverbrauch im Gegenzug im PH deutlich höher ist. Allerdings kann der Wert der Volumenstrommessung im Warmwasserkreis fehlerhast sein; im Kaltwasser (=Abrechnungszähler des Versorgers) ist ein Split- Zähler installiert, bei dem auch geringe Zapfmengen zuverlässiger erfasst werden.

|      | NEH            |              |             | PH             |              |             |
|------|----------------|--------------|-------------|----------------|--------------|-------------|
|      | [m³/a]         | [m³/WE,a]    | [l/ WE, d]  | [m³/a]         | [m³/WE,a]    | [l/WE, d]   |
|      | ges /warm      | ges / warm   | ges / warm  | ges / warm     | ges / warm   | ges / warm  |
| 2004 | 15415 / -      | 50,9 / -     | 139,4 / -   | 12876 / -      | 39,9 / -     | 109,2 / -   |
| 2005 | 15415 / 4510   | 50,9 / 14,9  | 139,4 / 40,9| 12513 / 5699   | 38,7 / 17,6  | 106,1 / 51,7|
| 2006 | 14753 / 4397   | 48,7 / 14,5  | 133,4 / 39,9| 11692 / 5464   | 36,2 / 16,8  | 99,2 / 49,3 |
| 2007 | 15197 / 3650   | 50,2 / 12,0  | 137,4 / 33,1| 12356 / 5900   | 38,3 / 18,3  | 104,8 / 53,5|

Mit im Mittel 50,1 m³/(WE a) liegt das NEH im „oberen Mittelfeld" im Vergleich mit anderen Wohnheimen (siehe Kapitel 1.1.1), das PH mit 38,3 m³/(WE a) im „unteren Mittelfeld". Bei der Untersuchung, welche Ursache der durchgehend geringere Wasserverbrauch des PH hat, wurden die Sanitärinstallationen über-prüft. Bei einer Stichprobenmessung zeigte sich, dass die im NEH Dusch- Armaturen einen Durchfluss von 17,5 l/min besaßen, im PH wurden 12,5 l/min gemessen. Dies gilt nicht für alle Apartments (teilweise Installation eigene Armaturen), zeigt aber, dass die standardmäßig eingebauten Duscharmaturen im PH sparsamer sind.

Ein weiterer Unterschied liegt in der Toilettenspülung. Während man beim NEH zum vorzeitigen Stoppen der Spülung einen Hebel seitlich am Spülkasten hochziehen muss, sitzt der Spülkasten beim PH hinter einer Vorwandinstallation, die Bedienung erfolgt über einen Wippschalter, über den man den Spülvorgang auch wieder unterbrechen kann (das Wasservolumen beider Spülkästen ist gleich).

**Bild 3.55)** Aufteilung der Wärme für die Trinkwassererwämung im Jahr 2007 (links: NEH, rechts: PH). Speicher- und Leitungsverluste ergeben sich aus der Bilanz der ein- und ausgehenden Wärmeströme. Die Zirkulationsverluste wurden im PH kontinuierliche per WMZ gemessen, im NEH aus kurzzeitiger Messung des Volumenstroms und gemessenen Temperaturen hochgerechnet.

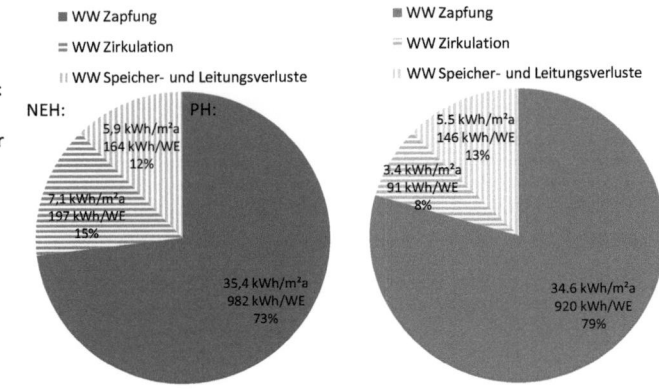

Die Aufteilung der Wärmemenge zur Trinkwassererwärmung entspricht typischen Verbrauchskennwerten. Durch die vergleichsweise hohen Zapfmengen ist der Anteil der Zirkulationsverluste sehr gering.

Dennoch zeigen sich die Auswirkungen unterschiedlicher Installationen: der Volumenstrom der Trinkwasserzirkulation im PH ist mit 350 l/h halb so groß wie der des NEH (gemessen: 690 l/h). Optimierungsversuche durch Reduktion des Zirkulationsstroms im NEH führten jedoch zu Störungen in der Hydraulik, sodass der höhere Zirkulationsstrom unverändert blieb.

### 3.2.3.2. Bildungsherberge

Die Bildungsherberge unterscheidet sich durch die Nutzungsart als „Kurzzeitunterkunft" deutlich von den anderen Wohnheimen. Die Zimmer sind unregelmäßiger belegt, die Nutzung hängt stärker von verschiedenen Prüfungszeiträumen ab, die eigentliche Semesterstruktur tritt weniger stark in Erscheinung.

In der Bildungsherberge fanden im Bereich Wasserverbrauch zwei Maßnahmen Umsetzung: eine 30 m² solarthermische Anlage zur Trinkwassererwärmung, sowie eine Regenwasserzisterne mit 6 m³ Inhalt für die Toilettenspülungen.

Die Regenwassernutzung bewirkt einen geringen Wasserverbrauch, der nicht alleine auf die niedrigere Belegung oder das Fehlen einer Küchenzeile pro Zimmer zurückzuführen ist. Vergleicht man sowohl den gesamten spezifischen Wasserverbrauchs der Bildungsherberge mit dem anderer Wohnheimen als auch das Verhältnis vom Warmwasser- zum Gesamtverbrauch zeigt sich, dass zwar der Warmwasserverbrauch geringer ist (plausibel durch geringere Auslastung), das Verhältnis zwischen gesamten Wasserverbrauch und Warmwasserverbrauch in Hagen aber noch einmal deutlich kleiner ausfällt. Umgerechnet ergibt sich eine Wassereinsparung von ca. 15%.

**Tabelle 3.12)** Wasserverbrauch in der Bildungsherberge im Jahr 2007. Durch die Nutzung einer 6 m³ Regenwasserzisterne ist der Wasserverbrauch pro Wohnplatz weniger als die Hälfte der anderen Wohnheimen. Allerdings ist die Auslastung auch deutlich geringer, wie sich am geringeren Warmwasserverbrauch zeigt, der etwa 60% des pro WE- Verbrauchs der Neuen Burse entspricht. Zudem verfügt die Bildungsherberge nur über eine Gemeinschaftsküche

| Jahr | [m³/a] | [m³/WE,a] | [l/ WE, d] |
|---|---|---|---|
|  | ges /warm | ges / warm | ges / warm |
| 2008 | 309,4 / 154,7 | 19,3 / 9,7 | 53,0 / 26,5 |

In einer Studie zur Nutzung von Solarthermie bei Studierendenwohnheimen kristallisierte sich als ein Ergebnis heraus, dass sich bei der Festlegung der Auslegungsgröße für die Anlagen die Orientierung an den Schwachlastzeiten im Sommer (Sommersemesterferien) bewährt hat. Die Anlagen bringen damit eher geringere Deckungsgrade, aber hohe spezifische Erträge. Als vereinfachte Auslegungsregel wird dort eine Kollektorfläche von 1 m² pro 70 l/d Wasser bei 60°C vorgeschlagen, was bei der Bildungsherberge zu einer Anlagengröße von lediglich 10 m² führen würde [BINE08]. Die installierte Solarthermie ist mit 30 m² Kollektorfläche also recht groß (Pufferspeicher: 1000 l).

Die automatisierte Datenerfassung beschränkt sich im Bereich der Trinkwassererwärmung auf Daten der Nacherhitzung über den Gaskessel, aus der Solaranlage stehen zum Vergleich nur monatliche Handablesungen aus den Jahren 2005 und 2006 zur Verfügung. Ebenfalls nicht gemessen wurden Daten der Warmwasserzapfung, also Speicher- oder Zapftemperaturen sowie Zapfmengen (die angegebenen Daten basieren auf händischen Zählerablesungen).

**Bild 3.56)** Carpet Plot der Leistung der Trinkwassererwärmung über den Gaskessel. Die Erträge der Solaranlage konnte nicht automatisiert erfasst werden.
Auch hier erkennt man das typische „Verbrauchsband" in den Morgenstunden, aber auch die deutlich geringere Belegung (16 Zimmer, im Schnitt 60% Auslastung). Eine Warmwasser- Zirkulation ist installiert und wird über eine Zeitschaltuhr gesteuert, die Zirkulationspumpe wurde jedoch von der Stromversorgung getrennt. Sie war im betrachteten Zeitraum nicht in Betrieb.

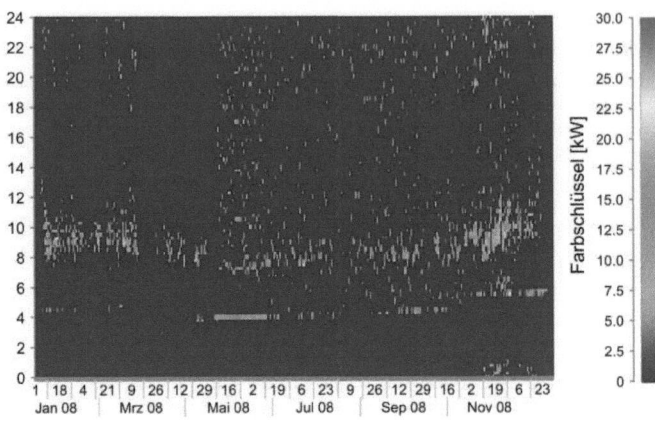

Wie in Bild 3.56 zu sehen, ist die höchste Leistung der Nachspeisung zwischen 8:00 und 10:00 Uhr, also dann, wenn auch bei den anderen Wohnheimen die höchsten Zapfleistungen auftreten. Da aus dem System des Solarkollektors keine Messdaten zur Verfügung stehen, werden in Bild 3.57 und Bild 3.58 der die Nachspeisung über den Gaskessel untersucht. Es zeigt sich, dass die Solarthermie zwar Teile des Trinkwasserwärmebedarfs decken kann, aber auch in den Sommermonaten den Gaskessel nicht komplett ersetzt. Dies erstaunt vor allem in Bezug auf die Tatsache, dass mit 30 m² Kollektorfläche mehr als ausreichend Leistung zur Verfügung steht.

**Bild 3.57)** Zusammenhang zwischen solarer Einstrahlung auf die Horizontale in kWh/m²d auf der X- Achse und Trinkwassererwärmung in kWh/d auf der Größenachse.
Es wird deutlich, dass bei niedriger Einstrahlung der Wärmeverbrauch der Trinkwassererwärmung höher ist, bei hohen Einstrahlungen bleibt aber ein „Verbrauchssockel".

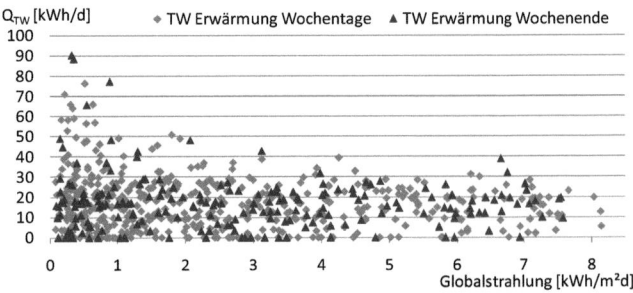

Offensichtlich liegt bei der Solaranlage ein regelungstechnisches Problem vor. In Bild 3.58 sind die aus dem WMZ der Nachspeisung des Gaskessels gewonnenen Daten zusammen mit der Globalstrahlung beispielhaft für einen Sommertag aufgetragen.

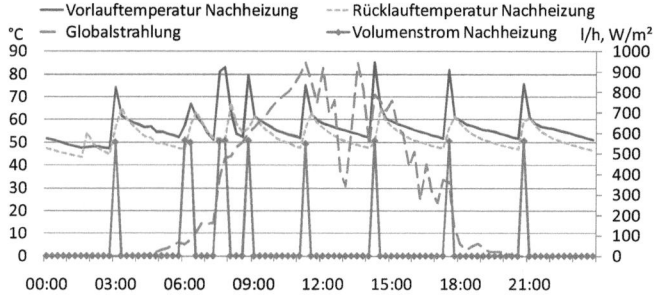

**Bild 3.58)** Tagesverlauf der Daten des WMZ in der Trinkwassererwärmung, sowie Globalstrahlung an einem Tag im Juni 2007.
Trotz hoher Einstrahlung springt die Speicher- Ladepumpe etwa in 3h-Rhythmus an. Temperaturen des Trinkwassers sind nicht verfügbar, es ist jedoch davon auszugehen, dass die Wärmeeinträge aus dem Gaskessel als reine Leitungsverluste gewertet werden können.

Die Trinkwassererwärmung ist so aufgebaut, dass der Solarkollektor einen 1000 l Pufferspeicher erwärmt. In diesem sitzt ein an den Kaltwasserzulauf angeschlossener Wärmeübertrager. Das vorgewärmte Trinkwarmwasser fließt anschließend in einen 300 l Trinkwasserspeicher, wo es im Bedarfsfall über den Gaskessel nacherwärmt werden kann. Wie man am Volumenstrom des Heizkreises sieht (Bild 3.58), kommt es in den Morgenstunden zu Nachladevorgängen, aber auch im Tagesverlauf springt (trotz hoher Einstrahlung) die Ladepumpe immer wieder an. Ohne genauere Daten, speziell zu Temperaturen in Puffer- und Trinkwarmwasserspeicher kann nicht gesagt werden, woher das Signal zur Nachspeisung kommt. Zu vermuten wäre ein ungünstig sitzender Temperaturfühler der Kesselregelung, der evtl. in Stillstandzeiten auskühlt und so eine Anforderung zum Nachheizen an den Kessel gibt.

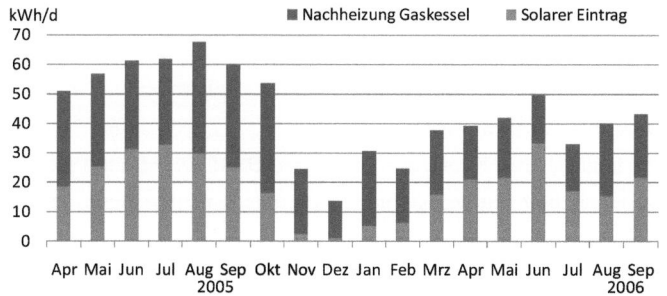

**Bild 3.59)** Auf monatlich abgelesenen Zählerständen basierende Auftragung des Energieeintrags von Gaskessel und Solarthermie in die Trinkwassererwärmung.
Der spezifische Ertrag der Solaranlage ist mit 220 kWh/m²$_{Kollektorfläche}$ vergleichsweise gering. Zudem bleibt auch im Sommer immer ein Sockel der Nacherwärmung durch den Gaskessel.

### 3.2.3.3. Molkereistraße

Die Trinkwassererwärmung der Molkereistraße ist ähnlich wie in der Burse aufgebaut – per Fernwärme wird Trinkwaser in zwei 2.200 l Trinkwasserspeichern erwärmt. Anders als die anderen Wohnheime besitzt das Gebäude keine Trinkwarmwasser-Zirkulationsleitung, sondern eine elektrische Bandbegleitheizung, die das Auskühlen des warmen Wassers in den Rohrleitungen vermeiden soll.

Die elektrische Begleitheizung war bis Juli 2007 nicht in Betrieb, eine genauere Analyse dieser Komponenten befindet sich bei der Untersuchung elektrischer Hilfsenergie im Kapitel 3.3.1.4.

**Bild 3.60)** Verlauf der Tagesmittelwerte der Warmwasser- Zapfung in der Molkereistraße in den Jahren 2007 und 2008.
Auch hier sind Semesterferien und Feiertage klar zu erkennen, es gibt jedoch weniger ausgeprägten Schwankungen unter der Woche.
Das Niveau der Zapfleistung liegt (bezogen auf die Anzahl WE) deutlich über dem der Neuen Burse – obwohl in der Molkereistraße Spararmaturen installiert wurden. Stichproben haben Durchflussleistungen von 12-13 l/min ergeben – ähnlich wie in der Burse.

Auch in der Molkereistraße ist das Wohnheim in der vorlesungsfreien Zeit, sowie in Feiertagen gering ausgelastet. Da es sich bei den Nutzern um Austauschstudenten handelt, gibt es jedoch kaum Wochenendpendler, d.h. eine gleichmäßigere Belegung im Semester – wie sich an der Darstellung der Warmwasserzapfung ablesen lässt.

Im Vergleich zur Neuen Burse liegt der pro-Kopf Verbrauch deutlich höher. Es kann jedoch nicht ausgeschlossen werden, dass hier ein Messfehler (Drift) des Volumenstrom- Messteils des WMZ vorliegt, da auch bei der Bilanzierung der Wärmeströme die Wärmemenge des gezapften Warmwassers zu groß erscheint (siehe Kapitel 3.1.4.4).

Dusch- und Waschbeckenarmaturen wurden als Spar-Armaturen ausgeführt und stichprobenhaft überprüft –Durchflussleistungen von 12 bis 13 l/min entsprechen dem Durchfluss in der Neuen Burse (PH). Ein möglicher Mehrverbrauch ließ zunächst die fehlende Funktion der Bandbegleitheizung vermuten, da bei ausgekühlten Rohren längeres zapfen erfordern, bis warmes Wasser kommt. Allerdings zeigt sich nach Aktivierung der Begleitheizung (Juli 2007) kein sichtbarer Rückgang der Zapfmengen.

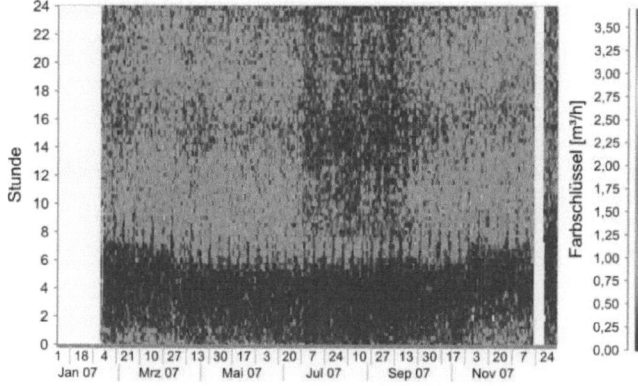

**Bild 3.61)** Carpet- Plot der WW Zapfung in der Molkereistraße (weiße Flächen: keine Daten vorhanden). Auch hier zeigt sich die geringere Zapfleistung in den Semesterferien. Während des Semesters ist die Zapfung jedoch „gleichmäßiger" als in der Burse.

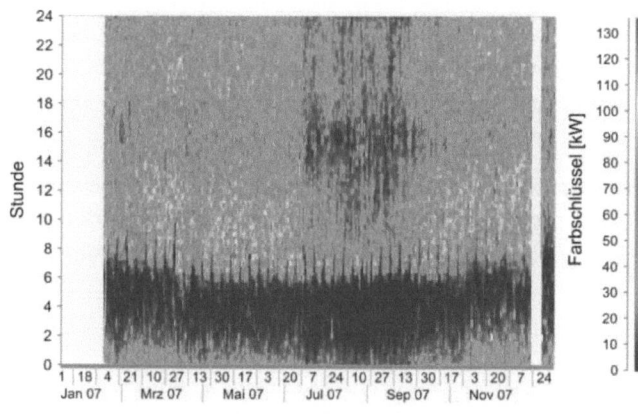

**Bild 3.62)** Darstellung der Leistung der Trinkwassererwärmung. Diese ist nahezu deckungsgleich mit dem Profil der TWW- Zapfung. Da es keine Zirkulation gibt, werden die Speicher nur nach Wärmeentnahme über die Zapfung geladen.

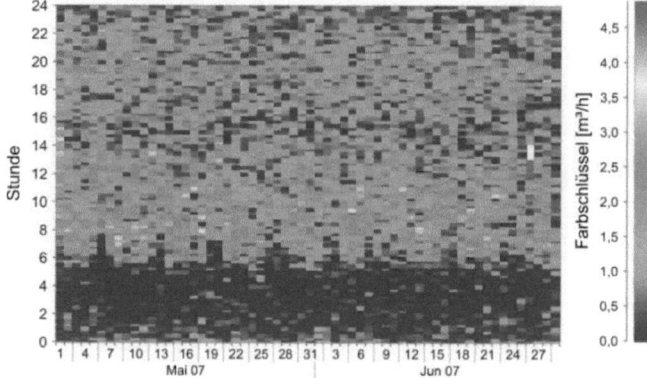

**Bild 3.63)** Ausschnitt der Monate Mai und Juni der Warmwasserzapfung (hohe Belegung).
Hier zeigen sich zwar Schwankungen in den Zeiten der Zapfung (am Wochenende später), die Nutzung ist aber deutlich gleichmäßiger als in der Burse.

Durch den Einsatz einer elektrischen Begleitheizung statt einer Zirkulationsleitung reduzieren sich die Wärmeverluste der Trinkwassererwärmung auf Speicher- und Verteilverluste. Diese können, wie in Kapitel 3.1.4.4 dargestellt, aufgrund offensichtlicher Ungenauigkeiten in der Datenerfassung nur begrenzt aus der Bilanzierung gemessener Größen bestimmt werden. Inwiefern die elektrische Begleitheizung (primär-) energetisch effizienter ist als eine Warmwasserzirkulation, wird im Abschnitt 3.3.1.4 untersucht.

**Tabelle 3.13)** Kenndaten des gesamten Wasserverbrauchs der Molkereistraße. Sowohl der gesamte, als auch der reine Warmwasserverbrauch sind deutlich größer als bei der Burse. Auch Nach Inbetriebnahme der Bandbegleitheizung im Juli 2007 sank der (Warm-) Wasserverbrauch im Jahr 2008 nicht.

|       | [m³/a]         | [m³/WE,a]   | [l/WE,d]     |
|-------|----------------|-------------|--------------|
|       | ges / warm     | ges / warm  | ges / warm   |
| 2006  | 14 116 / -     | 50,8 / -    | 139,1 / -    |
| 2007  | 12 970 / 6252[20] | 46,7 / 22,5 | 127,8 / 61,8 |
| 2008  | 14 229 / 6925  | 51,2 / 24,9 | 140,2 / 68,3 |

Das Niveau des Wasserverbrauchs liegt mit 49,5 m³/WE (Mittelwert 2006 bis 2008) im oberen Bereich des „mittleren Verbrauchs" bei der Einordnung in die in Kapitel 1.1.1 dargestellten Werte. Im Vergleich zum Wohneheim Neue Burse ist der Verbrauch deutlich größer. Der höhere Gesamtverbrauch kann nur bedingt durch Anwesenheitszeiten erklärt werden, da zwar die Auslastung in der Woche gleichmäßiger ist, dafür die Belegung in den Semesterferien geringer. Die auf Tagesmittelwerten basierende mittlere Zapfleistung in Bild 3.60 zeigt ebenso ein höheres Verbrauchsniveau, könnten aber durch einen ungenau arbeitenden Zähler verfälscht sein.

### 3.2.3.4. warmes Wasser – dominierender Verbrauch im Studierendenwohnheim

Auch wenn der Pro- Kopf Wasserverbrauch in Studierendenwohnheimen statistisch nicht größer ist als der Bundesdurchschnitt (wie in Kapitel 1.2 festgestellt), so führt die dichte Belegung zu hohen flächenbezogenen Verbrauchsdaten. Über 40 kWh/m²a Wärme zur Trinkwassererwärmung sind die Regel – und damit teilweise fast doppelt so hoch wie der gemessene Heizwärmeverbrauch.

Die typischen Verbrauchsmuster, die sich in der ungleichmäßigen Belegung zeigen, wirken sich auch stark auf die Möglichkeit zur Nutzung regenerativer Energien zur Trinkwassererwärmung aus.

In [BINE02], speziell in [BINE08] wurde der Einsatz von solarthermischen Anlage in Studierendenwohnheimen untersucht. Wichtig ist, dass die Anlagen nicht nach Lastspitzen der

---

[20] Zählerinstallation erst im Januar 2007, Werte ab 1.2.2007

Warmwasserzapfung sondern auf die Schwachlastzeiten im Sommer ausgelegt werden – um Überdimensionierungen und Stillstands-probleme zu vermeiden. Der „Missmatch" zwischen Angebot (solare Einstrahlung) und Nachfrage (Trinkwassererwärmung) wird deutlich, wenn man den Carpet Plot der TWW- Erwärmung in der Molkereistraße (Bild 3.62) mit der ebenfalls als Carpet-Plot dargestellten Einstrahlung am Standort Wien vergleicht: das größte Angebot besteht oft zu Zeiten der geringsten Nachfrage – und umgekehrt.

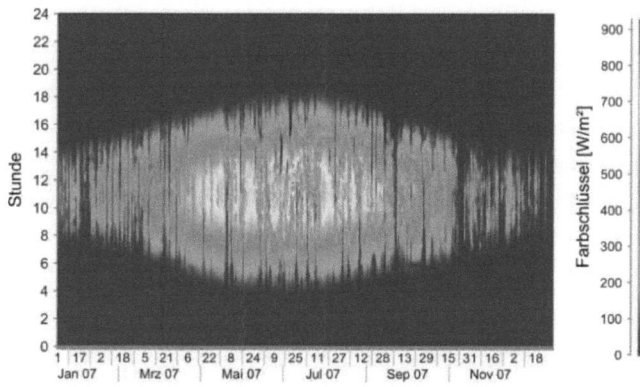

**Bild 3.64)** Carpet Plot der Globalstrahlung in Wien (Standort „Hohe Warte" des ZAMG).
Vergleicht man die angebotene Solarstrahlung mit der nachgefragten Zapfleitung, wird das Problem deutlich, dass gerade im Sommer – bei hohem Angebot – die Nachfrage gering ist.
Die Nutzung der Solarenergie zur regenerativen Deckung des Wärmeverbrauchs ist dennoch sinnvoll – die speziellen Rahmenbedingungen der Nutzung müssen aber bei der Auslegung der Anlagen berücksichtigt werden, um Überdimensionierungen zu vermeiden.

Eine Möglichkeit wäre die Nutzung der Abwasserwärme, für die bisher nur wenig Informationen oder Erfahrungen aus Studierendenwohnheim vorliegen. Am Beispiel eines Wohnheims in Schweden (reine Vorwärmung des Frischwassers über einen Abwasser-Wärmeübertrager) zeigt sich im Rahmen einer Studie im Auftrag der Europäischen Kommission ein sehr wirtschaftlicher Betrieb [BEA07].

Von den im Rahmen der Arbeit untersuchten Wohnheimen werden nur in der Bildungsherberge in Hagen regenerative Quellen zur Trinkwassererwärmung, bzw. Regenwasser für die Toilettenspülung genutzt. Die Regenwassernutzung senkt den Wasserverbrauch nachweisbar, bei der Solaranlage verhindern offensichtlich regelungstechnische Probleme einen effizienteren Betrieb. Hier zeigen sich ähnliche Probleme wie bei der Heizwärmezufuhr: nach Abnahme und Inbetriebnahme der Anlage erfolgt keine fortlaufende Betriebskontrolle. Dem Betreiber fehlen dazu oft die Mittel (technische Erfassung von Betriebsdaten, entsprechend geschultes Personal), oft wird die Notwendigkeit einer Betriebsoptimierung auch nicht erkannt.

## 3.3. Betriebsanalyse Endenergie elektrischer Strom

Bei der Untersuchung des Stromverbrauchs der Objekte wird zwischen dem nutzungsabhängigen Verbrauch, also dem durch die Bewohner verursachten Bezug, und dem Stromverbrauch der Haustechnik – also dem Aufwand an elektrischer Hilfsenergie für den Betrieb der technischen Anlagen – unterschieden.

Auch hier liegen die Daten in unterschiedlichem Detaillierungsgrad vor. Während der Verbrauch der Haustechnik für die Wohnheime Neue Burse und Molkereistraße, sowie begrenzt für die Bildungsherberge über eigene Unterzähler und zeitlich hoch aufgelöst erfasst wurde, sind für den gesamten nutzungsabhängigen Bezug oft nur der Jahresverbrauch des gesamten Stromverbrauchs verfügbar. Eine detailliertere Darstellung dieses Gesamtverbrauchs mit Hilfe hoch aufgelöster Daten ist für die Neue Burse sowie die Molkereistraße möglich. Diese Daten können im Kapitel 3.3.2.3 mit Werten aus zwei „konventionellen" Wohnheimen in Wien und Wuppertal gegenübergestellt werden, für die ebenfalls entsprechende Zählerdaten zur Verfügung stehen.

In den folgenden Abschnitten wird zunächst der Anteil des „TGA-Stroms" am Gesamtstromverbrauch dargestellt und die im Kapitel 3.2.1 beschriebenen Haustechnik-Konzepte hinsichtlich ihres elektrischen Hilfsstromverbrauchs untersucht. Anschließend erfolgt – soweit verfügbar - eine Analyse des gesamten Stromverbrauchs, d.h. der am Abrechnungszähler des Energieversorgers bezogenen Energie.

### 3.3.1. Spezifische Kennwerte und Anteil Stromverbrauch TGA

#### 3.3.1.1. Neue Burse, Niedrigenergiehaus

Stellvertretend für moderne „konventionelle" Wohnheime werden hier die Daten des NEH der Neuen Burse vorgestellt. Mit Fensterlüftung, bedarfsgeführter Abluft und erhöhtem Wärmeschutz entspricht das Wohnheim in Folge der umfangreichen Sanierung einem „guten" Neubaustandard.

Beim Wohnheim „Neue Burse" gibt es keine nach Bauabschnitten getrennte Erfassung des gesamten Stromverbrauchs. Da sich die Gebäude in der Struktur der Wohneinheiten (und der Nutzer) nicht unterscheiden, wurde zur getrennten Auswertung bezüglich des Verbrauchs zunächst vom Gesamtverbrauch beider Wohnheime der bekannte Verbrauch der TGA abgezogen und der Rest über die Anzahl Wohneinheiten hochgerechnet, unter der Voraussetzung, dass der nutzungsabhängige Stromverbrauch pro WE bei beiden Bauabschnitten gleich groß ist. Inwiefern dies den Tatsachen entspricht, kann messtechnisch nicht validiert werden.

Wie schon zu Beginn des Kapitels in Tabelle 3.2 zu sehen ist der Anteil des durch die Haustechnik verursachten Stromverbrauchs im NEH der Neuen Burse gering. Gemessen wurde der Stromverbrauch für Pumpen und Regelung. Eine Ermittlung des Strombezugs der dezentralen Abluftventilatoren in Bad und Zimmer fand auf Basis von Messungen der Laufzeiten der Lüfter statt und auf das gesamte Wohnheim hochgerechnet (siehe Kapitel 4.1.1) ( [ENOB08], S.80).

Die dezentralen Abluftventilatoren dominieren den Stromverbrauch der TGA. Im Energieflussbild wurde neben dem aus den Laufzeiten ermittelten Verbrauch der Verbrauch hochgerechnet, der sich ergibt, wenn alle Lüfter auf einen engeren Intervallbetrieb umgestellt sind. Die Empfehlung zur Umstellung ist Ergebnis des Monitorings, da sich im NEH Probleme bei der Raumlufthygiene ergaben (siehe Kapitel 4.1.1, bzw. ( [ENOB08], S.83). Die Umstellung wird sukzessive, i.d.R. bei Zimmerwechsel durchgeführt, sie erfordert den Ausbau eines Steuerungselements am Ventilator und dessen Neukonfigurierung.

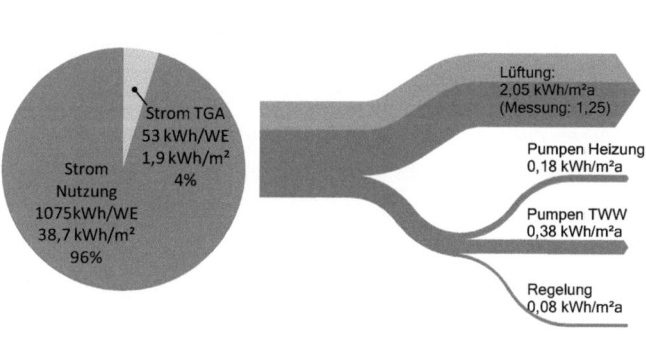

**Bild 3.65)** Energieflussbild des Hilfsstromverbrauchs. Auch wenn im NEH der Burse nur bedarfsabhängige Abluftventilatoren installiert sind, machen diese den Großteil des Stromverbrauchs aus.
Aus stichprobenhaft gemessenen Laufzeiten errechnet sich im Jahr 2007 ein Jahresverbrauch von 1,25 kWh/m². Werden alle Lüfter in den Bädern im Intervallbetrieb angepasst, erhöht sich der Verbrauch auf 2,05 kWh/m²a.

### 3.3.1.2. Neue Burse, Passivhaus

Im PH der Neuen Burse ist erwartungsgemäß der Anteil des Stromverbrauchs der TGA größer, da durch die dauerhaft laufende Zu- und Abluftanlage der Leistungsbedarf der Lüftung deutliche höher liegt. Im Energieflussbild des TGA Stromverbrauchs wird deutlich, dass die Lüftung den Verbrauch für elektrische Hilfsenergie deutlich dominiert.

**Bild 3.66)** Energieflussbild des Hilfsstromverbrauchs im Bauabschnitt PH der Neuen Burse.
Durch die dauerhaft laufende Zu- und Abluftanlage dominiert hier die Lüftung deutlich den Verbrauch, auch der prozentuale Anteil des Hilfsstromverbrauchs am Gesamtverbrauch ist deutlich größer.

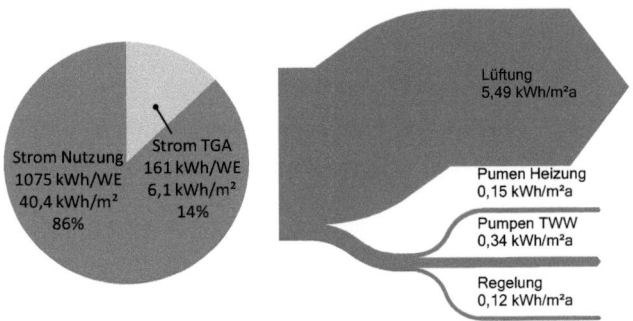

Die Lüftungsanlage der Burse wurde entsprechend der Ausführungsplanung für deutlich größere Volumenströme dimensioniert als die, mit denen sie nun betrieben wird ( [ENOB08], S.86) (siehe auch Kapitel 3.2.1.1). Die Anlagen laufen jetzt dauerhaft auf einer leistungsreduzierten Stufe, die planerisch für den Nachtbetrieb vorgesehen war. Da die gesamte Anlage für etwa doppelt so hohe Volumenströme ausgelegt war, läuft sie im reduzierten Betrieb mit vergleichsweise effizienten 0,4 bis 0,5 W/(m³/h) – je nach Flügel.

### 3.3.1.3. Bildungsherberge

Auch in der Bildungsherberge hat die Lüftungsanlage den größten Anteil am Stromverbrauch der elektrischen Hilfsenergie. Die Zusatzheizung in den Zimmern wurde ebenfalls in das Flussdiagramm aufgenommen, nicht jedoch die Fußbodentemperierung in den Bädern. Diese führt mit 44 kWh/m²a nicht nur zu enorm hohem Strombezug, sie dominiert mit 67% Anteil auch den gesamten Stromverbrauch des Wohnheims.

Aus der Bilanz des Stromverbrauchs ergibt sich ein Verbrauch von 17 kWh/m²a für die Nutzung, der im Hinblick auf die geringere Installationsdichte von Großgeräten (keine Kochgelegenheiten, Kühlschränke, TV im Zimmer) und der typischen Nutzung für wenige Tage plausibel ist.

**Bild 3.67)** Aufteilung des Stromverbrauchs der Bildungsherberge Hagen.
Der nutzungsabhängige Stromverbrauch selbst ist aufgrund der geringen Installationsdichte (keine Küchenzeile im Zimmer) sehr gering – zwei Drittel des gesamten Verbrauchs gehen zu Lasten der elektrischen Fußbodentemperierung in den Bädern.

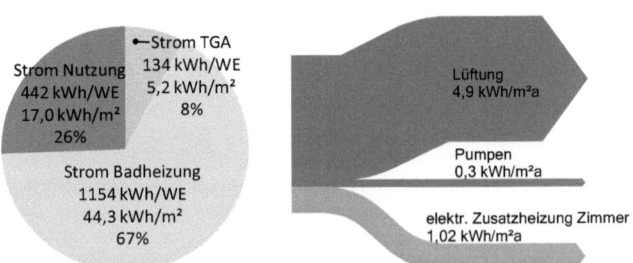

Die elektrische Leistungsaufnahme der Lüftungsanlage der Bildungsherberge wurde nicht kontinuierlich überwacht. Eine 14tägigen Leistungsmessung (Messung im 15min Raster) ergab einen spezifischer Verbrauch von 0,39 W/(m³/h) –für den Normalbetrieb der Anlage, bevor es zum Ausfall und Austausch des Zuluftventilators kam (siehe Abschnitt 3.2.1.2).

Der Stromverbrauch der Pumpen wurde nicht messtechnisch erfasst. Die Jahreskennzahlen basieren auf Hochrechnungen aus Herstellerunterlagen und über die Wärmemengenzähler ermittelten Betriebszeiten.

### 3.3.1.4. Molkereistraße

Der spezifische Stromverbrauch der Lüftungsgeräte in Wien liegt deutlich höher als bei den zentralen Anlagen in Hagen und Wuppertal. Dies erstaunt insofern, da die dezentralen Geräte einzeln betrachtet sehr effizient sind, d.h. die Geräte selbst laut Datenblatt eine niedrige spezifische Leistungsaufnahme von 0,32 W/(m³/h) haben [DRWE].

Die dezentralen Geräte erhalten über insgesamt neun Versorgungsschächte Frischluft (siehe Schema Bild 2.21). Jeder dieser Schächte ist mit einem Heizregister zur Vorwärmung ausgestattet (über den Fundamentabsorber oder über Fernwärme), zusätzlich wird die Luft beim Eintritt gefiltert [NAM007]. Zusammen mit den Druckverlusten in den Rohrleitungen ist der Druckverlust der Luftzuführung so hoch, dass die Geräte mit einer tatsächlich gemessenen spezifischen Leistungsaufnahme von 0,78 W/(m³/h) laufen.

**Bild 3.68)** Energieflussbild des Hilfsstromverbrauchs im Wohnheim Molkereistraße. Der Stromverbrauch der Lüftung für die Zimmer ist vergleichsweise hoch. Grund sind hohe Druckverluste in den Zuluftsträngen der vertikalen Frischluftverteilung. Der Verbrauch der elektrischen Bandbegleitheizungen wurde hochgerechnet, da zu Beginn der Messung ein Teil der Heizungen nicht in Betrieb war.
Ungewöhnlich hoch ist auch der Strom für die Lüftungsanlagen der Flure und Gemeinschaftsräume im Keller, sowie aller Pumpen- und Regelungstechnik, der gemeinsam über einen Zähler läuft. Mit 6 kWh/m² ist er noch höher als der Stromverbrauch der Zimmerlüftungen, was insgesamt zu einem hohen Anteil elektrischer Hilfsenergie am Stromverbrauch führt.

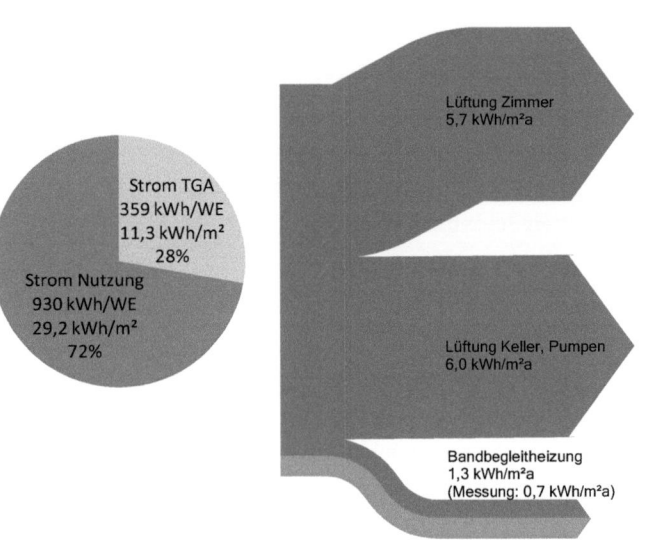

Der Stromverbrauch der dezentralen Geräte wird nicht im gesamten Gebäude erfasst, nur vier der insgesamt 63 Geräte verfügen über Unterzähler. Da es sich immer um den gleichen Gerätetyp handelt (und deren Leistungsbezug nahezu identisch ist), lässt sich aus dem mittleren Verbrauch der vermessenen Geräte der gesamte Verbrauch hochrechnen.
Die installierten Stromzähler zeichnen den Verbrauch nur in ganzen kWh- Schritten auf, eine zeitlich höher aufgelöste Darstellung ist daher nicht möglich. Aus längerer zeitlicher Betrachtung (Wochenwerte) ergibt sich eine mittlere Leistung von 107 W, die auf, bzw. knapp über der „maximalen Leistungsaufnahme" der Geräte liegt, die der Hersteller angibt [DRWE].

Nebenräume im Keller sowie die Verkehrsflächen werden ebenfalls be- und entlüftet. Ein Zähler misst den Stromverbrauch dieser Lüftungsanlagen zusammen mit dem Bezug von Pumpen und Regelungstechnik.
Die hier angeforderte elektrische Leistung ist unplausibel hoch – in Summe liegt durchgehend eine Leistung von etwa 6 kW an. Damit haben die an diesem Unterzähler zusammengefassten Geräte den größten Anteil am elektrischen Hilfsstromverbrauch.

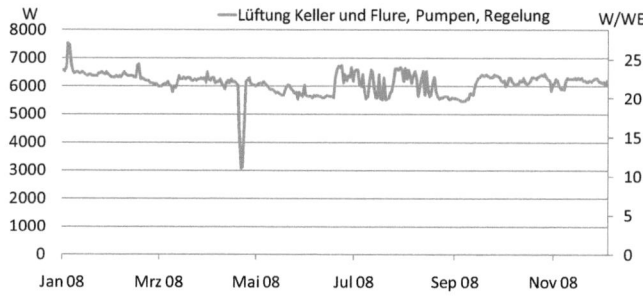

**Bild 3.69)** Mittlere tägliche Leistungsaufnahme, gemessen am Haupt- Zählerschrank im Keller. Hier wird gemeinsam der Stromverbrauch der Lüftungsanlagen für Flure und Nebenräume im Keller sowie für Pumpen und Regelung gemessen.

Welches der gemeinsam gemessenen Geräte den ausschlaggebenden Anteil an der hohen Leistung verursacht, konnte bisher nicht abschließend geklärt werden.

*Elektrische Bandbegleitheizung*

Statt einer Zirkulationsleitung wurde in der Molkereistraße eine elektrische Bandbegleitheizung installiert, die Trinkwarmwasserleitung ist also als 1-Leiter-Konzept ausgeführt. Die Verringerung der Leitungslängen (Wegfall des Zirkulations- Rücklaufs) soll Wärmeverluste reduzieren, der Wegfall der Zirkulationspumpe den elektrischen Hilfsstrombedarf.

Durch falsche Einrichtung war die Begleitheizung bis Juni 2007 nicht in Betrieb, im Dezember 2007 erfolgte eine weitere Justierung. Der Jahresverbrauch liegt hochgerechnet bei 40,7 kWh/WE, bzw. 1,3 kWh/m².

Eine wichtige Frage des Konzepts ist, wie die elektrische Temperierung des Wassers sich primärenergetisch im Vergleich zu einer „klassischen" Warmwasserzirkulation verhält. Bei einem PE Faktor von 2,7 für Strom ergibt sich ein Verbrauch von 3,5 kWh$_{PE}$/m² Zum Vergleich die Werte der Neuen Burse: Zirkulationsverluste im NEH: 7,1 kWh/m², im PH 3,4 kWh/m². Durch den niedrigen PE Faktor von 0,7 für Fernwärme aus KWK verringern sich die Primärenergie- Kennwerte der Neuen Buse auf 5,0 kWh$_{PE}$/m² (NEH), respektive 2,4 kWh$_{PE}$/m² (PH), d.h. im Vergleich zum NEH der Neuen Burse ist die Bandbegleitheizung primärenergetische günstiger. Bei der effizienteren Zirkulation des PH- Bauabschnitts der Burse ist der Energieeinsatz der Zirkulation geringer. Durch die kleineren PE- Kennwerten für Wärme in Wien würde sich der Vergleich sicherlich weiter zugunsten der Warmwasser- Zirkulation verschieben (bei Beibehaltung des Umrechnungsfaktors für Strom).

Ökonomisch gesehen ist bei der reinen Betrachtung der verbrauchsgebundenen Kosten und Ansatz der mittleren Kosten aus Kapitel 1.1.2 (2008: Strom: 16,1 ct/kWh, Wärme: 7,3 ct/kWh) sowie den Verbrauchsdaten des PH der neuen Burse (3,4 kWh/m²) die elektrische Begleitheizung günstiger – die 1,3 kWh/m² schlagen umgerechnet mit knapp 21 ct/m² zu Buche, die Wärme der Zirkulation in der Neuen Burse mit 25 ct/m².

### 3.3.1.5. Stromverbrauch TGA – erhöhter Nutzen mit erhöhtem Aufwand?

Wie eingangs diesen Kapitels in Tabelle 3.2 dokumentiert, erhöht der Einsatz technischer Komponenten, in erster Linie der Lüftungsanlagen, den spezifischen Stromverbrauch der Haustechnik.

Beim Strom für Pumpen und Regelung – die allerdings nicht Passivhaus- „spezifisch" sind – weisen alle Wohnheim Werte auf, die bei modernen Gebäuden zu erwarten sind – in [VDI3807], Blatt 4 ist als „Zielwert" für den Stromverbrauch für Pumpen (alle Pumpen, incl. TW-Erwärmung und WW Zirkulation) 1 kWh/m²$_{NGF}$,a angegeben, als Mittelwert 2,5 kWh/m²$_{NGF}$,a. Alle hier untersuchten Wohnheime liegen noch unter dem Zielwert.

Konzeptionell unverzichtbaren Installationen, den Lüftungsanlagen, kommen zwei Aufgaben zu: Sicherstellung ausreichender Luftqualität und gleichzeitig Reduktion der Lüftungswärmeverluste.

Die erste Aufgabe – die Sicherung der Luftqualität – erfüllen bei korrekter Betriebsweise alle Anlagen. Eine detaillierte Analyse von Lüftungsverhalten und Luftqualität folgt in Kapitel 4.1. In Bezug auf die Reduktion von Lüftungswärmeverlusten zeigt sich bei der Analyse der Heizwärme, dass oft Potential der Wärmerückgewinnung durch Nutzereinfluss (Fensterlüftung) „verschenkt" wird. Aus rein energetischer Sicht „lohnt" der Betrieb der Anlagen nur, wenn die eingesparte Energie größer ist als der (primärenergetisch bewertete) Einsatz elektrischer Energie für die Ventilatoren.

Zur vollständigen energetischen Bewertung der Lüftungsanlagen sind bei keinem der Objekte lückenlos Daten vorhanden. Vor allem zur thermischen Bewertung fehlen Angaben. Beispielsweise wurden außer Stichprobenmessungen die Luftvolumenströme bei keinem der Objekte kontinuierlich erfasst. Zur Bilanzierung der rekuperierten Wärmemengen müssen, wie in den Kapiteln 3.1.4 und 3.2.1 beschrieben, Annahmen getroffen werden, die mit Unsicherheiten behaftet sind.

Zusammen mit den in diesem Abschnitt dargestellten Verbrauchsdaten der elektrischen Hilfsenergie lassen sich dennoch berechneter „Nutzen" und „Aufwand" gegenüberstellen.

**Tabelle 3.14)** „Nutzen" $Q_{WRG}$ und „Aufwand" $W_{el}$ der eingesetzten Lüftungsanlagen als End- und Primärenergie. Da zur vollständigen wärmetechnischen Bilanzierung der Lüftungsanlagen nicht alle Daten verfügbar waren, musste auf Stichprobenmessungen oder Herstellerangaben zurückgegriffen werden.
In der Molkereistraße ist beim Stromverbrauch nur der Anteil der dezentralen Geräte der Zimmer angegeben, da der hohe Verbrauch für Lüftung / Pumpen / sonstiges, in dem unter anderem die zentralen Lüftungsanlagen für Flure und Keller enthalten sind, nicht eindeutig dem Verbrauch „Lüftung" zuzuordnen ist.
Als Primärenergiefaktoren für Wärme wurden die lokalen Faktoren aus Kapitel 3.1.3 verwendet (Faktor zusätzlich in Klammern angegeben).

|  | $Q_{WRG}$ kWh/m²a | PE $Q_{WRG}$ kWh/m²a | $W_{el}$ Lüftung kWh/m²a | PE $W_{el}$ Lüftung kWh/m²a |
|---|---|---|---|---|
| Neue Burse PH | 19 | 13,3 (PE: 0,7) | 5,5 | 14,8 (PE: 2,7) |
| Bildungsherberge | 26 | 28,6 (PE: 1,1) | 4,9 | 13,2 (PE: 2,7) |
| Molkereistraße | 27 | 8,9 (PE: 0,3) | 5,7[21] | 15,4 (PE: 2,7) |

Bei der primärenergetischen Betrachtung der Anlagen wird deutlich, dass die energetische Bewertung der Anlagen mit dem PE- Faktor für Wärme steht und fällt. Wird wie im Fall in Wien die Wärme durch den Einsatz von nachwachsenden Rohstoffen im Fernwärmenetz primärenergetisch „entwertet" (PE Faktor 0,33) erscheint der Einsatz von „hochwertigen" Energieträgern wie Strom energetisch nicht sinnvoll.

Wie sich in Kapitel 4.1 jedoch bestätigt, ist ein ausreichender Luftwechsel nur über eine ventilatorgestützte Lüftung sicherzustellen. Eine reine Abluftanlage könnte wie im Fall der Neuen Burse einen Grundluftwechsel gewährleisten, dem primärenergetisch bewerteten Aufwand von 5,5 kWh/m²a (vergleiche Bild 3.65) stünde jedoch kein energetischer Nutzen gegenüber. Im Fall des PH der Neuen Burse heben sich Nutzen und Aufwand trotz Primärenergiekennzahl für Wärme kleiner eins und geringem Wärmebereitstellungsgrad der Anlage fast auf. In Wien ist die Diskrepanz größer. Bei dieser Betrachtung bleiben aber Faktoren unberücksichtigt, die erst durch den Einsatz einer Zu- und Abluftanlage mit WRG möglich werden, beispielsweise der Wegfall des Heizkörpers am Fenster oder die Möglichkeit der Luftheizung.

---

[21] Nur der Anteil der dezentralen Geräte im Wohnbereich.

### 3.3.2. Nutzungsabhängiger Stromverbrauch

In keinem der untersuchten Objekte wurde der rein nutzerabhängige Strombezug durch zusätzlich installierte Messtechnik erfasst. Für zwei der Wohnheime – die Neue Burse und die Molkereistraße – konnten die zuständigen Energieversorger allerdings hochaufgelöste Daten zur Verfügung stellen, da in diesen Gebäuden entsprechende „intelligente" Zähler installiert sind, die Lastgänge im 15min Raster speichern. Zum Vergleich der Passivhäuser mit „konventionellen" Wohnheimen konnte auch auf Lastgänge aus zwei weiteren Wohnheimen an diesen Standorten zurückgegriffen werden.

Alle hier dargestellten Wohnheime haben gemein, dass sie über eine zentrale Trinkwassererwärmung und elektrisch betriebene Kochgelegenheiten verfügen. Unterschiede liegen primär im Wärmeschutz und in der Lüftungstechnik.

#### 3.3.2.1. Neue Burse

Beim Wohnheim Neue Burse steht wie eingangs erwähnt der Strom- Lastgang nur für beide Gebäude (NEH und PH) gemeinsam zur Verfügung, da nur ein einzelner Abrechnungszähler existiert. So lassen sich keine spezifischen Unterschiede der Gebäude ausmachen. Ob es beispielsweise im PH zu einem erhöhten Stromverbrauch durch vermehrten Einsatz von elektrischen Heizlüftern kommt, kann nur begrenzt überprüft werden. In Bild 3.71 wird untersucht, ob sich ein Zusammenhang zwischen Strombezug und Außentemperatur ergibt. Dabei zeigt sich, dass es bei tieferen Temperaturen zu einem Anstieg kommt, der aber auch durch andere witterungsbedingte Parameter überlagert wird (z.B. geringere Verfügbarkeit von Tageslicht im Winter). Bei einer Nutzerbefragung gaben 8,7% der Bewohner im PH an, elektrische Heizlüfter einzusetzen, im NEH 3,3% (siehe auch Kapitel 4.2.2.1).

In Bild 3.70 ist der Lastgang des Jahres 2007 in W/m² als Carpet Plot dargestellt. Hier zeigt sich die unterschiedliche Belegungsdichte noch deutlicher als bei der Warmwasserzapfung in Bild 3.52. Beim Strombezug ist auch der Einfluss der Witterung erkennbar: am Verbrauch am Abend ist der Sonnenstand ablesbar – bzw. das Ende des verfügbaren Tageslichts (Carpet Plot der Einstrahlung - siehe Bild 3.64).

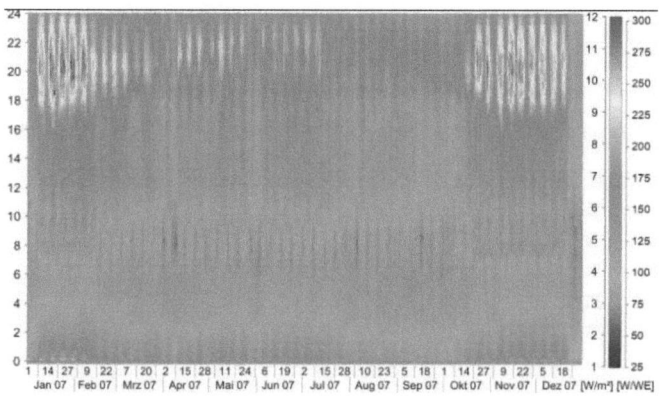

**Bild 3.70)** Carpet Plot für den Lastgang des Stromverbrauchs des gesamten Wohnheims Neue Burse. In dieser Darstellung des Strombezugs sind die Belegungszeiten ähnlich wie bei der Warmwasser- Zapfung erkennbar, aber auch Witterungseinflüsse wie die Einstrahlung bzw. Tageslichtverfügbarkeit. Die Farbskala, welche die Höhe des Leistungsbezugs darstellt, ist dabei einmal auf die NGF bezogen sowie auf die Anzahl der Wohneinheiten.

Die Grafik zeigt, dass es vor allem in der Heizperiode zu hohem spezifischem Leistungsbezug kommt (bis zu 12 W/m²). Hierin enthalten ist noch der gesamte Verbrauch der Haustechnik (auf das gesamte Wohnheim umgerechnet etwa 0,6 W/m², siehe vorangegangenes Kapitel) sowie sonstige Verbräuche wie für Aufzüge und allgemeine Beleuchtung. Bei der Betrachtung des Tagesmittelwerts reduziert sich die spezifische Leistung auf ca. 6 bis 6,5 W/m². Über längere Zeiträume (also incl. Wochenende) verringert sich der Mittelwert weiter. Werden hiervon Hilfs- und Allgemeinstrom (Abschätzung: 1,2 W/m² incl. TGA), sowie nicht nutzbare Anteile abgezogen, ergeben sich die in Kapitel 3.2.2.2 genannten nutzbaren internen Gewinne aus elektrischen Geräten in Höhe von 4,3 W/m².

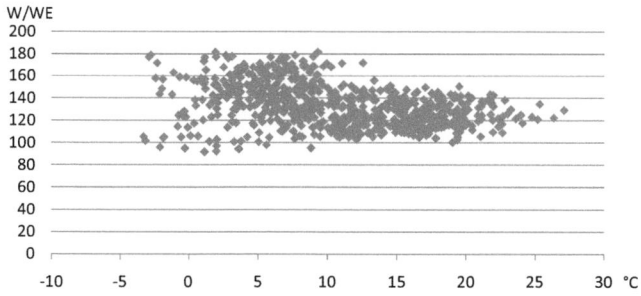

**Bild 3.71)** Zusammenhang zwischen Strombezug und Außentemperatur. Der Anstieg der elektrischen Leistung bei Temperaturen unter 10°C könnte auf den vermehrten Einsatz elektrischer Heizlüfter deuten. Allerdings ist jahreszeitbedingt bei kühler Witterung auch oft das Tageslichtangebot geringer – was höheren Stromverbrauch in der Beleuchtung nach sich zieht. Dennoch ist der „Sprung" bei 10°C auffällig.

### 3.3.2.2. Molkereistraße

Auch in der Molkereistraße zeigt sich im Stromverbrauch deutlich die Belegung, überlagert durch Witterungseinflüsse (Einstrahlung). Wie schon bei der Analyse der Warmwasserzapfung zeigen sich im Semester nur geringe Schwankungen, die Semesterferien (vor allem die Sommersemesterferien) bzw. Feiertage treten aber noch deutlicher hervor als bei der Neuen Burse.

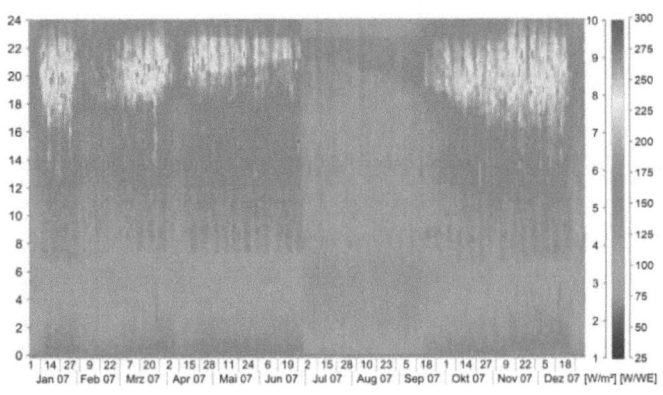

**Bild 3.72)** Carpet Plot des Strom- Lastgangs im Wohnheim Molkereistraße.
Hier zeigt sich einerseits das im Vergleich zur Burse etwas höhere „Grundlast"- Niveau, aber auch die geringeren Schwankungen im Wochenverlauf.
Vor allem der Beginn der Sommersemesterferien fällt auf: innerhalb kurzer Zeit reisen viele der Bewohner ab, was den Stromverbrauch deutlich reduziert. Obwohl aufgrund des „großzügigeren" NGF zu WE- Verhältnisses der flächenbezogene Bezug geringer ist, entspricht der Bezug pro WE dem der Neuen Burse.

Durch das etwas „großzügigere" WE – zu Flächen-Verhältnis (siehe Tabelle 3.10) liegen die spezifischen Spitzen- Lasten mit ca. 10 W/m² unter den Werten der Neuen Burse.

Sehr deutlich zeigt sich vor allem das Ende des Sommersemesters – hier reist ein Großteil der Bewohner ab. Aber auch die Vorlesungsfreie Zeit im Februar sowie Feiertage zu Ostern und Weihnachten zeichnen sich ab.

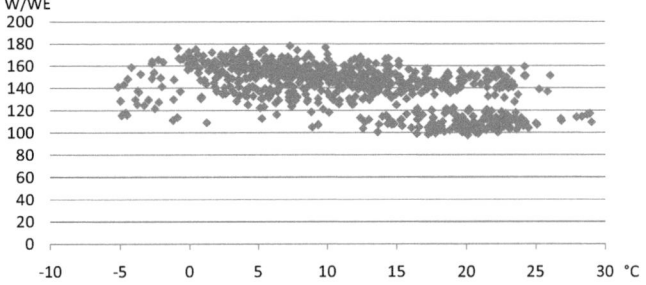

**Bild 3.73)** Zusammenhang zwischen Außentemperatur und Strombezug bei der Molkereistraße. Auch hier steigt er mit abnehmender Temperatur leicht an, dies ist aber durch höheren Bedarf an Beleuchtung plausibel. Einen „Sprung" im Leistungsniveau, wie bei der Neuen Burse, gibt es nicht.

### 3.3.2.3. Andere Vergleichsobjekte in Wien und Wuppertal

Die Verbrauchsdaten aus Wien und Wuppertal werden mit zwei „konventionellen" Wohnheimen jeweils am gleichen Standort gegenübergestellt. In Wuppertal kann sind Daten aus dem Wohnheim „Albert Einstein Straße" verfügbar, in Wien sind liefert das Wohnheim „Simmeringer Hauptstraße" Daten. Für Details zu den Gebäuden siehe Bild 3.74 und Tabelle 3.15.

**Bild 3.74)** Die Wohnheime Simmeringer Hauptstraße in Wien (li, Bild: Bruno Klomfar) und Albert Einstein Str. in Wuppertal(re, Bild: HSW). Das Wiener Wohnheim ist wie die Molkereistraße ein Gästehaus für Austauschstudierende mit Wohngemeinschaften für 2 bis vier Personen. Das Wohnheim in der Albert Einstein Straße besteht aus fünf Häusern, mit Wohnungen für zweier- und dreier WGs.

**Tabelle 3.15)** Daten der beiden Wohnheime, für die hochaufgelöste Lastgänge des gesamten Stromverbrauchs zur Verfügung stehen. Die Simmeringer Hauptstraße wurde 2005 als NEH ausgeführt, die Albert Einstein Straße entstand 1995.

|  | Baujahr | NGF [m²] | WE | m²/WE | Wohnform |
|---|---|---|---|---|---|
| Albert Einstein Str., Wuppertal | 1994 | 9053 | 248 | 36,5 | 2er und 3er WG |
| Simmeringer Hauptstraße, Wien | 2005 | 3635 | 110 | 33,0 | 2er bis 4er WG |

Während das Wiener Wohnheim in der Simmeringer Hauptstraße als Niedrigenergiehaus ausgeführt wurde, ist das Wohnheim in der Albert Einstein Straße in Wuppertal eines der ersten Studierendenwohnheim, mit Installation eines Blockheizkraftwerks. Während die Albert Einstein Straße keine Lüftungsanlage besitzt, verfügt die Simmeringer Hauptstraße über bedarfsgeführte Abluftventilatoren in den Bädern.

**Bild 3.75)** Carpet Plot des Stromverbrauchs im Wohnheim Albert- Einstein Straße. Der Verlauf des Lastgangs ähnelt stark dem der Neuen Burse, auch hier zeichnen sich die Wochenenden und Semesterferien deutlich ab. Spitzenlasten treten im Winter zwischen 18:00 und 22:00 Uhr auf.
Allerdings ist auch das „Grundlast" -Niveau geringer – nachts geht der Stromverbrauch stärker zurück als in der Burse.

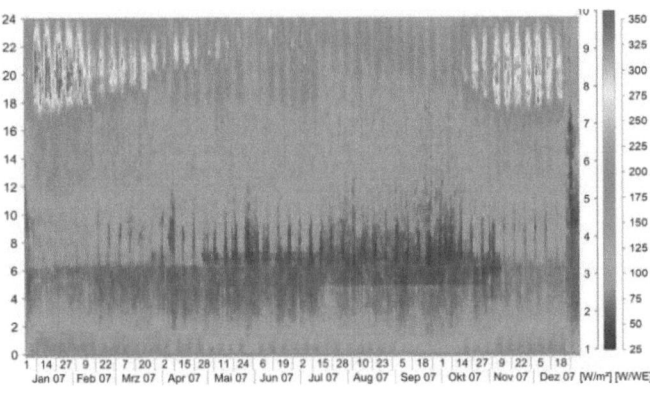

Der Lastgang in der Albert-Einstein Straße deckt sich im Verlauf weitgehend mit dem der Neuen Burse. Die geringere Belegungsdichte (Albert-Einstein Straße: 36,5 m²/WE, Neue Burse: 26,6 m²/WE) begrenzt die flächenbezogenen Spitzenlasten auf 10 W/m², auf den Wohnplatz bezogen ergeben sich ähnliche Werte.

**Bild 3.76)** Carpet Plot des Stromverbrauchs in der Simmeringer Hauptstraße in Wien.
Das Gebäude mit 110 Wohneinheiten wird wie die Molkereistraße als Wohnheim für Austauschstudierende genutzt.
Beim Vergleich fällt die deutlich geringere Grundlast auf. Nachts und in Ferien / an Feiertagen geht der Verbrauch auf 1 W/m² und darunter zurück. Die Belegung bzw. Auslastung des Wohnheims ist jedoch nicht bekannt.

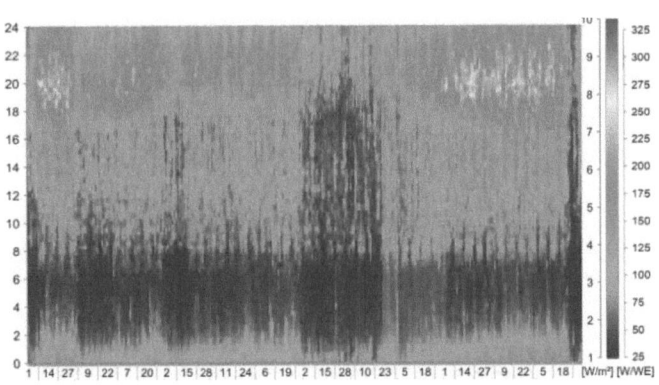

Auch im Wohnheim Simmeringer Hauptstraße in Wien sind die vorlesungsfreien Zeiten deutlich erkennbar, allerdings liegt hier das gesamte Verbrauchsniveau niedriger, bzw. geht nachts und in schwach belegten Zeiten stärker zurück. Ansonsten ist auch hier die Überlagerung von Nutzung und Außenklima gut erkennbar.

### 3.3.2.4. Stromverbrauch der Nutzung - typische Verbrauchsprofile

Was in den Jahresbilanzen (Tabelle 3.2 in Kapitel 3.1.2) nicht deutlich wird, zeigt sich bei der zeitlichen Analyse des Stromverbrauchs - die belegungsabhängigen Schwankungen in Bezug auf Wochenenden und/oder Semesterferien. Die Muster des Stromverbrauchs eignen sich, zusammen mit dem Verlauf der Wasserzapfung, sehr gut, ein typisches Nutzungsprofil für Studierendenwohnheime zu erstellen.

Da die elektrische Leistung fast vollständig als Wärme umgesetzt wird, ein großer Teil davon direkt in den Zimmern (Beleuchtung, PC, Kühlschrank, etc.), schwanken mit der Leistungsaufnahme auch die inneren Lasten. Bild 3.77 zeigt noch einmal ein Ausschnitt für die Neue Burse.

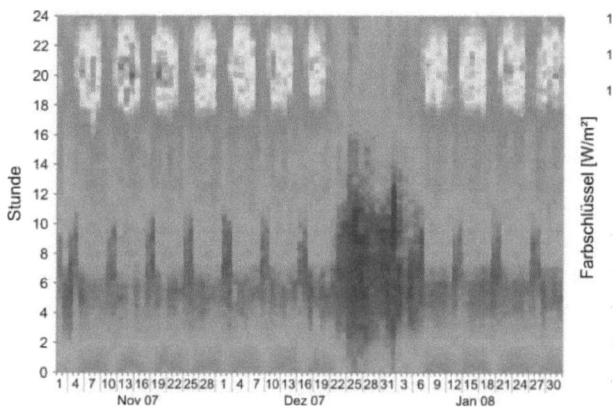

**Bild 3.77)** Ausschnitt des Lastgangs für den Jahreswechsel 2007 – 2008 im Wohnheim Neue Burse. Wie schon bei der Darstellung der Warmwasserzapfung zeichnen sich hier deutlich die Wochenenden und die niedrige Belegung über die Feiertage ab. Mit den Leistungsschwankungen ändern sich auch die internen Gewinne. Der Anteil aus elektrischen Verbräuchen differiert je nach Wochentag oder Uhrzeit um 6-10 W/m².

An der Grafik werden diese Schwankungen deutlich. Das Muster des Strom- Lastgangs korreliert mit der Darstellung der Zulufttemperatur - Bild 3.17 in Kapitel 3.2.1.1. Gehen die internen Lasten zurück, müssen sie durch Heizwärme ausgeglichen werden.

### 3.4. Fazit Betriebsanalyse – Passivhaustechnik im Studierendenwohnheim

Die vorangegangenen Kapitel untersuchen den Energiebezug der Wohnheime, Unterschiede zwischen Planungswerte und gemessenen Verbrauchsdaten werden aufgezeigt und diskutiert. Gründe für höheren Heizwärmeverbrauch lassen sich auf drei Phänomene zurückführen:

- Nutzerverhalten: Wärmeverluste durch höhere Innenraumtemperaturen und unangepasstes Lüftungsverhalten.

- Betriebsführung: fehlerhafte oder falsch eingestellte Regelungen, oft z.B. Heizbetrieb im Sommer.
- Bereitstellungsverluste: durch die geringen Heizlasten gewinnt der Wärmeverlust, der durch Vorhalten und Verteilen von Heizwärme auftritt, an Bedeutung. Die hohe Nutzungsdichte verstärkt den Effekt noch.

Dabei war keiner der gefundenen Mängel, bzw. erhöhten Verbrauchsdaten den Betreibern in vollem Umfang bewusst. Im Normalfall erfolgt keine getrennte Erfassung der Energie getrennt nach Verbraucher (Heizung, TW Erwärmung, Strom TGA, Strom Nutzung), aber auch für die zentral zu Abrechnungszwecken erfassten Daten fehlen Referenzwerte zum Vergleich. Dazu müssen Daten auf spezifische Bezugsgrößen (Fläche, Anzahl Nutzer) umgerechnet werden. Diese Kontrolle erfolgt teilweise, ist jedoch nicht allgemein üblich. Bei einer Überprüfung von Jahresdaten fallen aber saisonale Effekte (vor allem ein Heizbetrieb im Sommer) nicht auf.

Das Nutzerverhalten ist nur in geringem Umfang nachhaltig zu beeinflussen, speziell die hohe Fluktuation verhindert einen „Lerneffekt". Das Versorgungskonzept muss daher so ausgelegt sein, dass es ein „richtiges" Verhalten des Nutzers nicht voraussetzt und bei „falschem" Verhalten seine Funktionalität möglichst aufrecht erhält. Die Auswirkungen dynamischer Lastwechsel sind auch Kern der in Kapitel 5 dargestellten Ergebnisse der thermischen Gebäudesimulation.

Betriebsoptimierungen können Wärmeverluste bei der Heizwärmeversorgung oft deutlich reduzieren und damit den Heizwärmeverbrauch senken. Dem gegenüber steht der dominierende Verbrauch der Trinkwassererwärmung. Bei einem ganzheitlichen Ansatz zur Steigerung der Energieeffizienz sollten auch in diesem Bereich Maßnahmen ergriffen werden, beispielsweise durch Einsatz sparsamer Armaturen und Einsatz regenerativer Quellen zur Bedarfsdeckung.

# Nutzung und Komfort

Nutzerabhängige Lüftung und Luftqualität
Komfort im Winter - Messungen und Nutzerbefragungen
Komfort im Sommer - Messungen und Nutzerbefragungen

4

## 4. Nutzung und Komfort

Während im vorangegangenen Kapitel in erster Linie der Betrieb der technischen Anlagen zur Bereitstellung der Nutzenergie untersucht wurde, liegt nun der Fokus stärker auf der Nutzerseite. Es finden Überprüfungen von Kriterien zu Lüftung und Luftqualität, sowie des sommerlichen und winterlichen Komforts statt.

Die Zimmer sind Bereiche mit direktem Nutzereinfluss. Gemessene Daten sind abhängig von technischen Randbedingungen, d.h. von der Haustechnik, die durch Eingriff der Nutzer überlagert werden. Dabei stellt sich die Frage, wie die Nutzer mit dem ihnen zur Verfügung gestellten Raum umgehen, d.h. welchen Umgebungsbedingungen sie sich schaffen, oder welche Zustände sie als behaglich oder störend empfinden.

Die Analyse erfolgt auf zwei Wegen: zunächst erfolgt eine Auswertung messtechnisch erfasster (physikalischer) Parameter zur Beurteilung des thermischen Komforts. Anschließend wird auf Angaben aus Nutzerbefragungen zurückgegriffen, d.h. das subjektive Empfinden der Bewohner, um Zufriedenheit und Akzeptanz in den jeweiligen Objekten zu bewerten. Dies erfolgt sowohl für den Winter- (Kapitel 4.2) als auch für den Sommerfall (Kapitel 4.3). Nur bei der ersten Untersuchung – der Frage nach Luftqualität und Lüftungsverhalten (Kapitel 4.1) – findet keine saisonale Unterscheidung statt, die hier untersuchten Parameter beziehen sich auf das ganze Jahr.

Dabei stehen Daten in unterschiedlicher Tiefe zur Verfügung. Während vor dem Hintergrund des winterlichen Komforts i.d.R. umfangreiche Messungen stattfanden, sind zur Bewertung des sommerlichen Raumklimas meist weniger Daten verfügbar.

### 4.1. Lüftung und Luftqualität

#### 4.1.1. Neue Burse NEH

Um die Intensität der Fensterlüftung festzustellen, erhielten im Wohnheim „Neue Burse" sowohl im NEH als auch im PH ein Teil der Zimmer Messgeräte, die Öffnungs- und Schließvorgänge über einen Reed- Kontakt detektieren und diese Ereignisse mit einem Zeitstempel abspeichern. Zu beachten ist, dass die Fenster in der Neuen Burse keine Dreh-Kipp Beschläge haben, die Fenster also nur geöffnet oder geschlossen werden können. Über die Öffnungswinkel (und damit dem zu erwartenden Luftaustausch) gibt die Messung keine Auskunft. Die Öffnungs- und Schließzeiten sind als als Carpet-Plot dargestellt, wobei es nur den Zustand „Fenster offen" (im Diagramm dunkel) oder „Fenster geschlossen" (im Diagramm weiß) gibt.

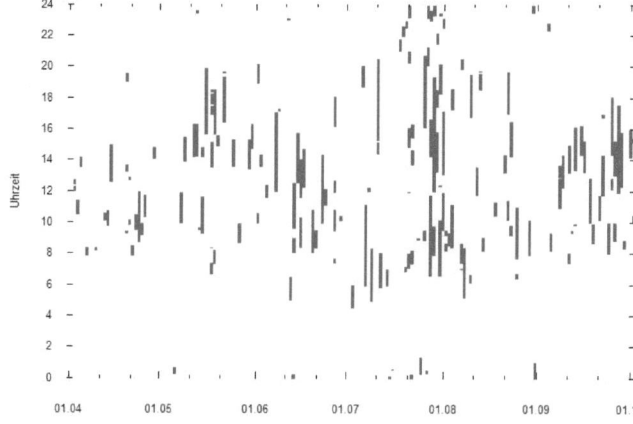

**Bild 4.1)** Typisches Bild der Fensteröffnungszeiten im NEH der Neuen Burse. Die Öffnungszeiten sind unregelmäßig und deutlich saison- bzw. witterungsabhängig.

Es zeigt sich, dass nur wenige Nutzer regelmäßig und ausreichend über die Fenster lüften, eine Vielzahl der Bewohner eher unregelmäßig und witterungsabhängig. Da die Zimmer mit geölten Parkettböden ausgestattet sind, besteht bei geöffnetem Fenster und Regen die Gefahr von Wasserschäden. Die Bewohner achten also beim Verlassen des Apartments auf geschlossene Fenster, was offensichtlich aber dazu führt, dass auch bei Nutzung der Zimmer und vor allem nachts die Fenster geschlossen bleiben.

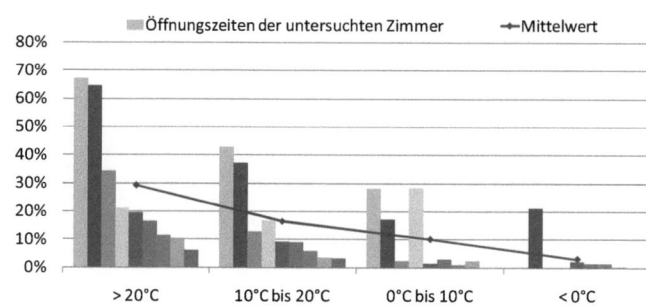

**Bild 4.2)** Abhängigkeit der Fensteröffnungszeit von der Außentemperatur der untersichten Zimmer. Die %- Angaben beziehen sich auf die Zeit, in der im Untersuchungszeitraum bei entsprechenden Außentemperaturen das Fenster offen stand. Die Messgeräte sprechen dabei allerdings schon ab einer Öffnung von < 1 cm an, d.h. es kann keine Aussage über den Öffnungsquerschnitt bzw. die tatsächlichen Luftwechsel getroffen werden.

Bild 4.2 zeigt das witterungsabhängige Lüftungsverhalten. Während bei hohen Außentemperaturen in vielen Zimmern die Fenster über längere Zeit offen stehen, gehen die Öffnungszeiten bei kühler Witterung stark zurück – ein Effekt der auch bei ähnlichen Untersuchungen deutlich wurde [PHT03a].

Neben der Abhängigkeit der Fensteröffnung von der Außentemperatur führt aber vor allem auch die Innentemperatur Fensterlüftung – wie beispielhaft in Bild 4.2 und Bild 4.4 zu sehen.

**Bild 4.3)** Abhängigkeit der Fensteröffnungszeit von der Rauminnentemperatur in der Heizperiode 2005/06 in einem Apartment. Auf der Größenachse sind die aufsummierten täglichen Fensteröffnungszeiten über der tagesmittleren Innentemperatur aufgetragen.
Einerseits zeigt sich, dass das Fenster an vielen Tagen komplett geschlossen bleibt, auf der anderen Seite aber auch, dass ab Innentemperaturen von 22°C das Fenster häufiger, bzw. länger geöffnet wird.

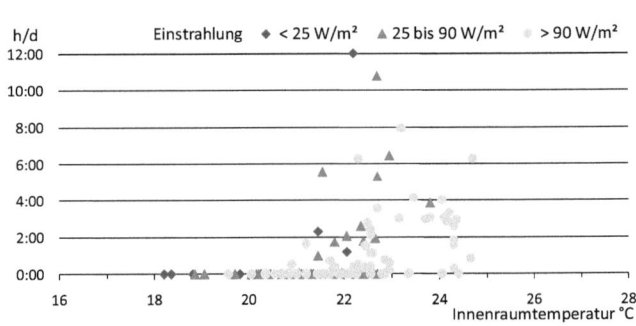

**Bild 4.4)** Abhängigkeit der Fensteröffnungszeit pro Tag von der Rauminnentemperatur in der Heizperiode 2005/06 (verschiedene Apartments aus NEH und PH). Ab 22°C Innentemperatur nimmt die Zeit, in der die Fenster geöffnet bleiben deutlich zu. Der Mittelwert geht bei >26°C zurück, da diese Temperatur nur in wenigen Apartments überschritten wurde (siehe auch Kapitel 4.2.1).

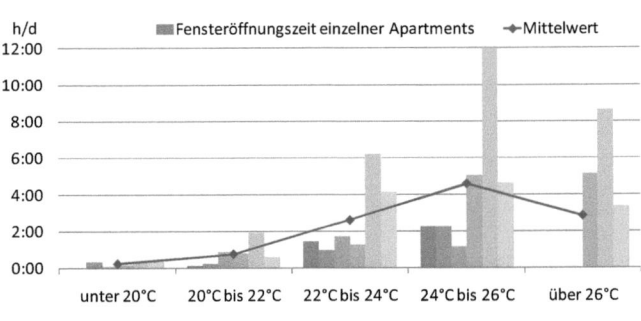

Neben der Fensterlüftung ist im NEH eine bedarfsgeführte Abluftanlage installiert, in Form eines dezentralen Abluftventilators im innenliegenden Bad sowie einem weiteren im Zimmer (siehe Bild 2.4). Ein Miniaturlogger überwachte und protokollierte in 10 Apartments

über ein komplettes Kalenderjahr (Oktober 2005 bis Mitte November 2006) die Laufzeiten der Lüfter. Dabei wurde nur der Betrieb, nicht die Leistungsaufnahme erfasst.
Die Nutzung der Abluftventilatoren im Zimmer ist recht unterschiedlich und hängt in erster Linie von der Nutzung der Küchenzeile ab. In den meisten Apartments sind die Laufzeiten gering: im Mittel über die gesamte Messung waren die Lüfter an weniger als 5% des Messzeitraums in Betrieb. D.h. umgerechnet läuft der Ventilator im Zimmer 1,2 h/d, bzw. induziert damit einen tagesmittleren Luftwechsel von 0,07 $h^{-1}$.

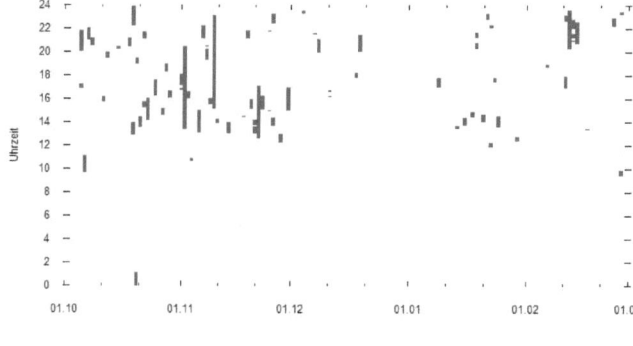

**Bild 4.5)** Darstellung der Lüfterlaufzeiten des Abluftventilators im Zimmer. Die Auswertung der Laufzeiten, d.h. der Nutzung der Abluftanlage im Zimmer hat gezeigt, dass in den meisten anderen gemessenen Zimmern der Abluftventilator noch weniger genutzt wird, als im hier gezeigte Fall.

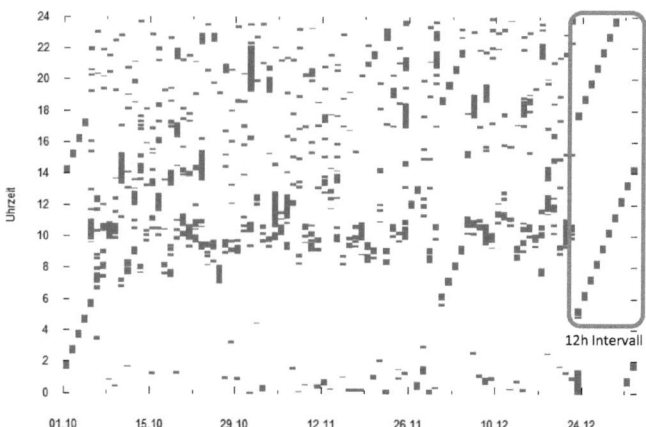

**Bild 4.6)** Lüfterlaufzeiten des Abluftventilators im Bad. Die Lüfter im Bad sind mit dem Lichtschalter gekoppelt und verfügen über zwei Betriebsstufen, eine (einstellbare) Nachlaufzeit sowie eine Intervallschaltung.
Bei Nichtbenutzung läuft der Lüfter im 12 h Turnus für 30 min. Dieser Betrieb ist ebenfalls gut an den diagonal verlaufenden Zeitreihen erkennbar.

Im Bad ist der Betrieb des Abluftventilators an den Lichtschalter gekoppelt, daraus ergeben sich zwangsläufig höhere Nutzungszeiten. Die Ventilatoren verfügen über zwei Betriebsstufen und eine Nachlaufregelung. Bei Nutzung des Bads läuft der Lüfter auf Grundlast mit einem Soll- Volumenstrom von 40 m³/h (Stichprobenmessung: 46 m³/h), anschließend springt das Gerät für 15min auf Stufe 2 mit einem Soll- Volumenstrom von 60 m³/h (Stichprobenmessung: 55 m³/h). Bei längerer Nichtbenutzung ist ein 12h Intervall mit 30min

Grundlastbetrieb hinterlegt. Die Messung der Laufzeiten ergibt eine mittlere Betriebsdauer von 12% in Relation zur Messzeit, bzw. umgerechnet 2,9 h/d.

Basierend auf diesen Mittelwerten ergibt sich für ein Apartment ein mittlerer Luftwechsel zwischen 0,11 und 0,13 $h^{-1}$ (ohne Nutzung des Abluftventilators im Zimmer). Die durchschnittliche Nutzung der Abluftventilatoren in Bad und Zimmer in Summe stellen also i.d.R. keinen ausreichenden Luftwechsel sicher, die Nutzer müssen in jedem Fall zusätzlich über die Fenster lüften. Mit Hilfe von Messungen der $CO_2$ Konzentration fanden stichprobenhafte Überprüfungen des Lüftungsverhaltens statt (Bild 4.7).

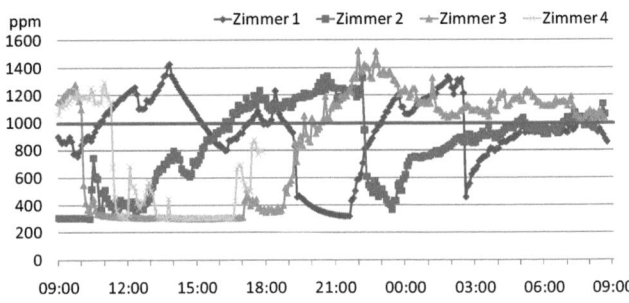

**Bild 4.7)** Verlauf der $CO_2$ Konzentration über 24h in einigen Apartments im NEH der Neuen Burse.
Bei Anwesenheit der Bewohner steigt die CO2 Konzentration rasch an, während der Messungen haben jedoch alle Nutzer nachts mehr oder weniger durchgehend über die Fenster gelüftet.

Prinzipiell konnten die CO2 Messungen die geringen Luftwechsel bestätigen, wenn auch bei den Stichprobenmessungen die betreffenden Nutzer entweder wenig anwesend waren bzw. keiner das Fenster über Nacht völlig geschlossen hielt.

Zur Verbesserung der Luftqualität wurden im Rahmen der Begleitforschung die Laufzeiten der Abluftventilatoren in den Bädern auf einen engeren Intervallbetrieb umgestellt (in 4h Intervallen 30 min Grundlast. Das vermeidet dauerhaft hohe $CO_2$ Konzentrationen, kurzfristige Spitzen sind jedoch weiter möglich [ENOB08].

### 4.1.2. Neue Burse PH

Die Vorprojektierung sah für den Frischluftbedarf eine Zuluftmenge von 30$m^3$/h pro Apartment vor (abluftseitig aufgeteilt in 15$m^3$/h in der Küche und 15$m^3$/h im Bad) [PHD01]. Durch die geringe Größe der Apartments ergab sich daraus im Apartment ein Luftwechsel von 0,7 1/h. Die Abluftmenge von 15$m^3$/h für die fensterlosen, innenliegenden Bäder ist ausreichend, jedoch mit einer zentralen Anlage eine gleichmäßige Aufteilung auf 70 bis 98 Bäder pro Flügel schwierig in der Umsetzung bzw. Einregulierung. Für das gesamte (belüftete) Gebäude bestimmte sich ein Luftwechsel von 0,6 $h^{-1}$.

Da die Raumlufthygiene bei der Sanierung des zweiten Bauabschnitts der Burse ein Hauptgrund für den Einsatz einer ventilatorgestützten Dauerlüftung war, sah die letztlich geplante und ausgeführte Lüftungsanlage deutlich zu hohe Volumenströme vor [ENOB08]. Der Zu- und Abluftvolumenstrom wurden im Rahmen des Monitorings auf 30 bis 35 m³/h pro Apartment reduziert, die vormals zweistufige Regelung auf einstufigen Dauerbetrieb geändert. Um die Luftversorgung zu überprüfen, erfolgte exemplarisch in Flügel 7 (Flügel mit den meisten Ebenen und damit der größten Lüftungsanlage) die Messung der Volumenströme an allen Zu- und Abluftventilen[22].

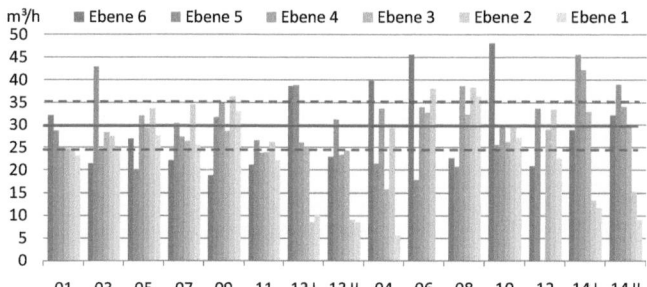

**Bild 4.8)** Zuluftvolumenströme im Flügel 7. Der gewünschte Volumenstrom von 30 m³/h kann innerhalb tolerierbarer Grenzen in den meisten Zimmern eingehalten werden. Größere Abweichungen ergeben sich vor allem bei den Giebelapartments der unteren Ebenen.

Für die Nutzer selbst haben keinen Einfluss auf die Volumenströme in den Apartments. Da die Funktion der Lüftungsanlage den wenigsten Bewohnern klar ist, wird die Anlage auch unterschiedlich akzeptiert. Aufgrund geringer Luftfeuchten im Winter (siehe 4.2.1.2) kommt es häufig zu stärkerer Staubbildung im Zimmer. Das Gerücht, der Staub käme *aus* der Lüftung, führte dazu, dass einige Bewohner die Zuluftöffnungen komplett verschlossen.

*Fensterlüftung*
Der Vergleich der Öffnungszeiten der Fenster ergab nur geringe Unterschiede zwischen NEH und PH, wobei in der Tendenz im PH die Öffnungshäufigkeiten etwas niedriger lagen. Das heißt aber auch, dass hier, trotz fehlender Notwendigkeit, in der Heizperiode über die Fenster gelüftet wird und sich damit die Wirksamkeit der Wärmerückgewinnung verringert.
In Bild 4.9 ist ein sehr deutliches Beispiel für ein ausgeprägtes nächtliches Lüften über die Fenster zu sehen, es zeigt den Wunsch einer Bewohnerin, nachts bei geöffnetem Fenster zu schafen.

---

[22] Messung über eine Messhaube mit Vollflächen- Thermoanemometer

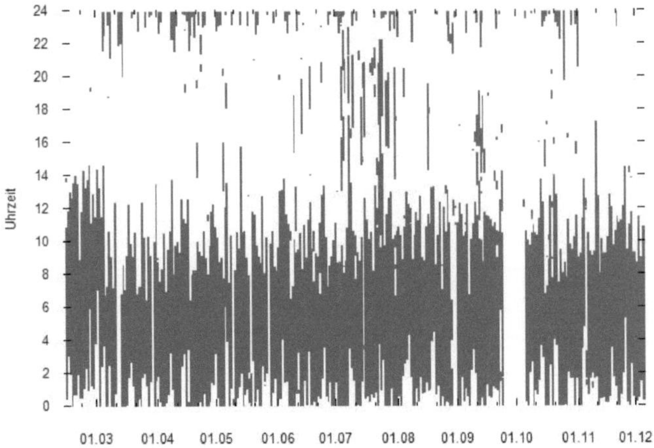

**Bild 4.9)** Deutliches Beispiel von nachts dauerhaft geöffnetem Fenster. Obwohl über die Lüftungsanlage eine ausreichende Versorgung mit Frischluft sichergestellt ist, haben einige Bewohner – vor allem nachts – das Bedürfnis, mit Außenluft zu lüften.

In Bezug auf die in Kapitel 3 untersuchte Überschreitung des Heizwärmebedarfs bestätigen sich also die zusätzlichen Wärmeverluste durch Fensterlüftung.

Stichprobenmessungen der $CO_2$-Konzentration zeigen, dass im PH durchgehend niedrige Werte sichergestellt sind. Dieses messtechnisch ermittelte Kriterium wird durch das subjektive Empfinden der Bewohner jedoch nicht unbedingt bestätigt, da die Luftqualität in beiden Gebäuden ähnlich bewertet wird – siehe Kapitel 4.2.1.2.

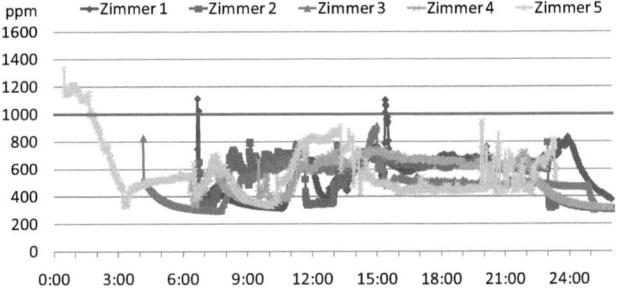

**Bild 4.10)** $CO_2$ Konzentrationsverlauf über 24h im PH der Neuen Burse. Durch die dauerhafte Be- und Entlüftung sind kontinuierlich niedrige $CO_2$ Konzentrationen sichergestellt. Kurzfristige Überschreitungen von 1000ppm können dann auftreten, wenn sich mehr als 2 Personen im Apartment aufhalten

### 4.1.3. Bildungsherberge

In der Bildungsherberge stehen nur stichprobenhaft Messungen der Luftströme in den Apartments zur Verfügung. Überprüfung der Luftqualität, wie $CO_2$ Messungen waren nicht möglich. Die Zuluftmengen in den Zimmern lagen bei Tests im Herbst 2007 zwischen 25 und 32 m³/h und damit im Rahmen der Planung.

Im Februar 2008 kam es zu einem Defekt der Anlage (Motor-, bzw. Lagerschaden - siehe auch Kapitel 3.2.1.2). Nach Instandsetzung der Anlage läuft diese mit einem höheren Geräuschpegel, sodass sie immer wieder entweder auf geringere Laststufen – oder komplett abgeschaltet wurde. Im „Minimalbetrieb" erhalten die Zimmer nur zwischen 8 und 12 m³/h Zuluft, was neben unzureichender Frischluftversorgung auch die zur Verfügung stehende Heizleistung limitiert.

In der Bildungsherberge können die Nutzer die Fenster aus versicherungsrechtlichen Gründen nur kippen, nicht komplett öffnen. Eine Stoßlüftung ist also nicht möglich. Durch die kurzen Anwesenheitszeiten kontrolliert auch ein Hausmeister täglich alle Zimmer. Dabei werden auch offene Fenster geschlossen. Ungewollte Luftwechsel über dauerhaft geöffnete Fenster sind daher ausgeschlossen. Ob und wie lange die Nutzer bei Anwesenheit das Fenster öffnen, ist nicht bekannt, eine messtechnische Erfassung von Fensteröffnungen erfolgte nicht.

### 4.1.4. Molkereistraße

Eine Überprüfung der Funktionalität der Lüftungsgeräte erfolgte durch stichprobenhaft Messung der Volumenströme an den Zu- und Abluftdüsen. Dabei zeigt sich, dass die geplanten Zuluftströme pro Zimmer (also pro Person) von 30 m³/h hinreichend gut eingehalten werden. Allerdings ergibt sich in allen gemessenen Apartments ein recht hoher Abluftüberschuss, der die – durch die geringen Raumgrößen – bereits recht hohen Luftwechselraten in den Zimmern weiter erhöht.

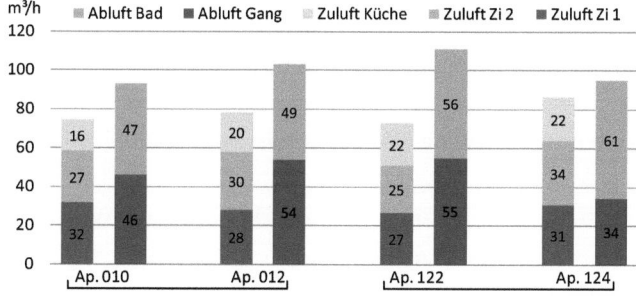

**Bild 4.11)** Im Mai 2008 gemessene Volumenströme in vier Apartments, wobei die Apartments 010 und 012, sowie 122 und 124 jeweils von einem Lüftungsgerät versorgt werden.
Für die Zimmer ergeben sich die geplanten 30 m³/h (n ≈ 0,8 h⁻¹). Es zeigt sich ein Abluftüberschuss, der energetisch und bauphysikalisch sinnvoll, wenn auch in diesem Fall teilweise zu hoch ist.

Planerisch vorgesehen ist eine Reduzierung der Volumenströme bei geringen Außentemperaturen um ein Drittel, um potentielle Probleme mit geringer Luftfeuchte zu verringern. Bei der Messung der elektrischen Leitungsaufnahme mehrerer Lüftungsgeräte (siehe Kapitel 3.3.1.4) zeigen sich jedoch keine Änderungen des Strombezugs – die außentemperaturgesteuerte Reduktion ist also nicht in Betrieb. Ergebnisse aus Messungen der Luftfeuchte sind in Kapitel 4.2.1.4 dargestellt.

Messungen der Luftqualität, wie $CO_2$ Konzentration, fanden nicht statt. Fensteröffnungszeiten wurden ebenfalls nur stichprobenartig überprüft, dabei aber keine Auffälligkeiten festgestellt, auch in der Molkereistraße wird (auch im Winter) zusätzlich über die Fenster gelüftet. Die Auswertung der Nutzerbefragung zeigt, dass einige Bewohner nicht glauben, dass über die Lüftungsanlage ein ausreichender Luftaustausch sichergestellt wird (siehe Kapitel 4.2.2.2).

### 4.1.5. Solarcampus Jülich und Umweltcampus Birkenfeld

Bei den Wohnheimen auf dem Solarcampus Jülich sind wie in Kapitel 2.4.2 erwähnt eine Vielzahl verschiedener Lüftungs- und Heizungskonzepte installiert.

Im Rahmen der Begleitforschung wurden zur Bewertung von Lüftungsverhalten und Luftqualität Fenster mit Reedkontakten versehen, sowie $CO_2$ Konzentration, Lufttemperatur und -feuchte gemessen. Im Vergleich der Lüftungssysteme zeigte sich, dass in den Bereichen mit mechanischer Be- und Entlüftung anteilig die geringste Überschreitung von 1000 ppm CO2 feststellbar war ( [SCJ05], S. 4-104).

Bei der Untersuchung der Fensterlüftung ergeben sich ähnliche Effekte wie bei den vorangegangenen Beispielen: die Fensteröffnungszeiten der verschiedenen Wohnheime (und damit unterschiedlichen Lüftungskonzepte) unterscheiden sich zwar im Einzelfall, in den Wohnheimen mit mechanischer Lüftung wird aber insgesamt nicht signifikant weniger über die Fenster gelüftet als in Wohnungen ohne lüftungstechnische Anlagen ( [SCJ05], S. 4-32; S. 4-160f).

Wie schon in Abschnitt 3.2.1.4 beschrieben stellte sich vor allem das Lüftungsverhalten in den gemeinsam genutzten Küchen – die offen zu allen angrenzenden Zimmern ist (siehe Grundriss Bild 2.30) – als besonders problematisch heraus. Die Unterkünfte in Jülich sind größtenteils als Wohngemeinschaften mit gemeinsamer Küche und Bad organisiert. Da die Zimmer vom Betreiber einzeln vergeben werden, entsteht nicht zwingend eine „funktionierende" Gemeinschaft. Koch- und Essgewohnheiten der Bewohner unterscheiden sich oft stark. Volumenströme der Lüftungsanlage können in der Küche nicht verändert werden (z.B. kurzzeitige Erhöhung zur Abfuhr von Essensgerüchen). Als Konsequenz steht in der Küche das Fenster fast durchgehend offen. Neben den zusätzlichen Infiltrationsverlusten im betreffenden Raum wird von der Lüftungsanlage auch ein hoher Anteil Außenluft angesaugt, die Wirksamkeit der Wärmerückgewinnung also zusätzlich reduziert.

Für die zentrale Lüftungsanlage des Passivhaus-Wohnheims auf dem Campus Birkenfeld wird auf im Rahmen einer Qualitätskontrolle durchgeführten Messungen der Zu- und Abluftvolumenströme zurückgegriffen ( [UCB05], Anhang 7). Über alle Zimmer ergeben sich im Mittel Werte von 37,4 m³/h für die Zuluft und 37,1 m³/h für die Abluft pro Zimmer. Damit zeigt sich zwar ein gut abgeglichenes System, die Volumenströme sind aber für den dauerhaften Betrieb eher zu hoch. Zu hohe Förderleistungen der Lüftungsanlage ziehen nicht nur unnötigen Stromverbrauch für die Ventilatoren nach sich, sie können vor allem in der Heizperiode zu trockener Raumluft führen.

Nutzerabhängiges Lüften über die Fenster wurde in einigen Referenzapartments über Fensterkontakte überprüft. Vergleiche zu einem baugleichen, als Niedrigenergiehaus ausgeführten Wohnheim zeigen, dass in beiden Wohnheimen ähnlich über die Fenster gelüftet wurde. Die täglichen Fensteröffnungszeiten schwanken individuell stark, der Mittelwert liegt bei beiden Gebäuden bei 6-7 h/d ( [UCB05], S. 33). In beiden Gebäuden gab es Zimmer, in denen die Nutzer die Fenster dauerhaft in Kipp- Stellung ließen, auch bei längerer Abwesenheit. Dies war einer der Gründe für das Absinken der Zulufttemperaturen unter 12°C in Zeiten schwacher Belegung.

Durch den TÜV Rheinland fand im Februar 2003 eine Stichprobenmessung sowohl zu $CO_2$ Konzentration als auch zu VOCs und Keimbelastung der Luft statt. Dabei zeigten sich keine Beanstandungen ( [UCB05], S. 34).

Auch in Birkenfeld wird in den gemeinsam genutzten Küchen das Fenster genutzt, um Koch- und Essensgeruch abzuführen. Durch ungleichmäßige Nutzung bleibt es – wie in Jülich – oft durchgehend offen, was zu ähnlichen Problemen mit erhöhten Infiltrationsluftwechseln führt.

## 4.2. Nutzung und Komfort im Winter

Im folgenden Abschnitt werden Randbedingungen des winterlichen Komforts in den Apartments überprüft. Wie eingangs erwähnt, erfolgt zunächst eine Analyse gemessener Daten, anschließend die Darstellung der Ergebnisse vor Ort durchgeführter Nutzerbefragungen.

Die Auswertung des winterlichen Komforts konzentriert sich auf Temperaturen in den Zimmern sowie die relativen Luftfeuchten als Kriterien. Ist im Gebäude über die ventilatorgestützte Lüftung ein Luftwechsel mit Außenluft (fest) vorgegeben, kann das im Winter bei geringem Feuchtegehalt der Frischluft im Innenraum zu niedrigen relativen Luftfeuchten führen, die als unangenehm empfunden werden.

In der anschließenden Auswertung von Befragungen der Nutzer steht das subjektive Empfinden der Bewohner im Vordergrund. Dabei wird auch überprüft, ob das Empfinden der Nutzer mit gemessenen Werten korreliert oder ob sich Aussagen eher subjektiver Wahrnehmungen von den Ergebnissen der Messungen unterscheiden.

### 4.2.1. Messtechnische Erfassung und Analyse

Die Messungen von Lufttemperatur und Luftfeuchte erfolgten in der Regel über Mini- Logger vom Typ „Hobo Mini Logger" der Serien H08 und U10.

Bei der Bewertung der Ergebnisse – vor allem bei der Luftfeuchte – ist zu beachten, dass die Aufzeichnung der Daten unabhängig von der Anwesenheit der Nutzer ist. Treten also Zustände außerhalb der als behaglich geltenden Grenzen auf, kann i.d.R. nicht festgestellt werden, ob sich zu diesem Zeit jemand in dem Zimmer aufgehalten hat. Finden Annahmen über Nutzungs- oder Aufenthaltszeiten statt, findet dies in den jeweilgen Abschnitten Erwähnung.

#### 4.2.1.1. Messungen im Winter, Neue Burse NEH

Die in Bild 4.12 dargestellten Messwerte der Raumlufttemperatur stammen aus insgesamt 10 Apartments des NEH der Neuen Burse über den Zeitraum 1.1.2005 bis 1.3.2005. Der Median der Außentemperatur im Betrachtungszeitraum lag bei 2,8°C, die Heizgradstunden (bezogen auf 20°C Raumtemperatur, 12°C Heizgrenze) summieren sich in dem Zeitraum auf 25 kKh.

Um die Bandbreite der gemessenen Temperaturen darzustellen, sind der Median sowie die 0,1, bzw. 0,9 Quantile der Messreihe aufgetragen. Bild 4.12 zeigt, dass sich die Temperaturen in einem Band zwischen 22 und 24 °C bewegen, der Median der gesamten Messung liegt bei 22,5 °C. In einigen Zimmern fanden im Winter 2005/06 auch stichprobenhaft Messungen zur direkten Bestimmung des PMV statt. Hierbei zeigten sich keine Auffälligkeiten – die PMV Werte waren alle positiv, mit der Tendenz zu „warm" ( [ENOB08], S. 65f).

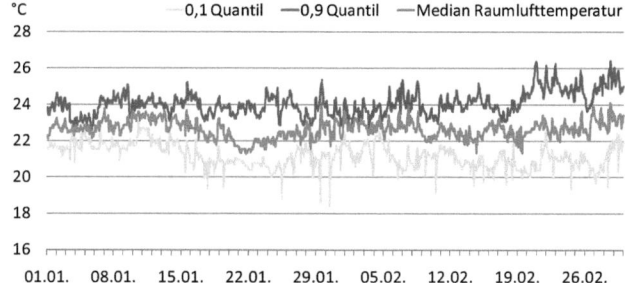

**Bild 4.12)** Darstellung der Temperaturmessung aus 10 Apartments im NEH der Neuen Burse.
Die meisten Nutzer fühlen sich offenbar zwischen 22 und 24°C wohl, der Median der gesamten Messung liegt bei 22,5°C.

Zusätzlich zur reinen Verlaufsdarstellung erfolgte eine Aufteilung der Apartments nach Ausrichtung (eher nord- oder eher süd- ausgerichtet) und eine Auftragung der entsprechend getrennten mittleren Raumlufttemperatur über der Einstrahlung (Bild 4.13). Dabei wurden Südwest- und Südost-, bzw. Nordwest- und Nordostausgerichtete Apartments zusammengefasst.

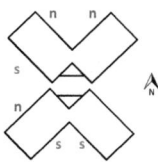

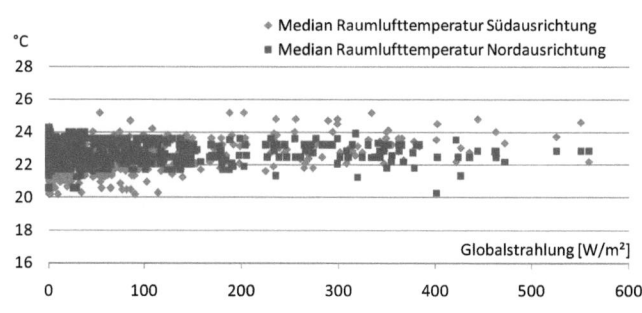

**Bild 4.13)** Abhängigkeit der gemessenen Temperaturen von Ausrichtung und Einstrahlung. In obigem Piktogramm ist ein stilisierter Grundriss dargestellt, welche Ausrichtungen zu „Nord" und welche zu „Süd" gezählt wurden.
Interessanterweise ergibt sich kein signifikanter Zusammenhang zwischen Ausrichtung und Temperatur im Apartment.

Es zeigt sich kein signifikanter Zusammenhang zwischen Temperatur und Einstrahlung – lediglich die Schwankungsbreite der Temperaturen ist bei teilweise südausgerichteten Zimmer etwas größer. Der Median liegt bei beiden aber eng zusammen (Nord: 22,1°C, Süd: 22,9°C).

Zusammen mit der Temperatur wurde auch die relative Luftfeuchte gemessen. In Bild 4.14 ist der Mittelwert aller aufgenommenen Messwerte als Häufigkeitsverteilung der gemessenen Luftfeuchte im betrachteten Zeitraum dargestellt. An 25% des Messzeitraums liegen unter 30% rH. Wie hoch die tatsächliche Aufenthaltsdauer von Nutzern während der Messung war, ist nicht erfasst.

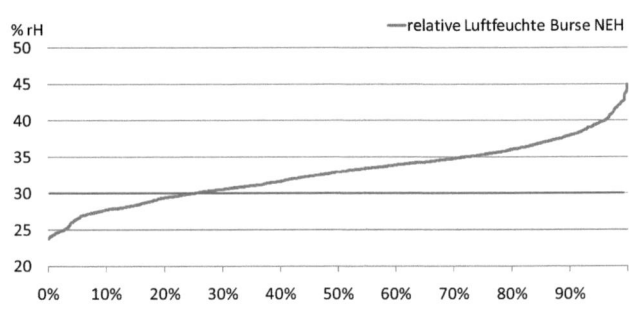

**Bild 4.14)** Dauerlinie der relativen Luftfeuchte im NEH der Neuen Burse.
In 25% der gemessenen Zeit (oder an 363 von 1440 Stunden) liegt die relative Luftfeuchte unter 30% und damit in Bereichen, die als unangenehm trocken empfunden werden können. Allerdings fließt bei der Darstellung nicht die tatsächliche Anwesenheit von Bewohnern ein – es gibt also keine Aussage darüber, wie viel Zeit sich die Nutzer tatsächlich unter diesen Bedingungen im Zimmer aufgehalten haben.

Den sich aus der gesamten Messung ergebenden zeitlichen Verlauf der Luftfeuchte verdeutlicht Bild 4.15. Für die Grafik wurde aus den Daten des gesamten Messzeitraums zur gleichen Uhrzeit ein Mittelwert gebildet. Um Werte mit geringer Belegung besser auszublenden, fanden dabei nur Werktage Berücksichtigung, die Wochenenden gehen nicht in die Mittelwertbildung ein. Dabei zeigt sich nachts tendenziell eine Erhöhung der Luftfeuchte. Dieser Anstieg ist plausibel, da sich alle Nutzer nachts (als Feuchtequelle) im Zimmer aufhalten.

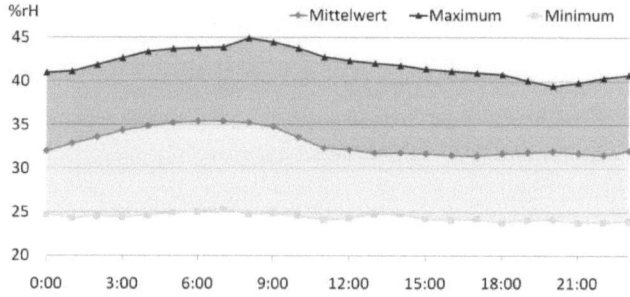

**Bild 4.15)** Zeitlicher Verlauf der relativen Luftfeuchte als Tagesverlauf aus allen Messungen und der jeweiligen Tageszeit ermittelt. Um die wechselhafte Belegung zu berücksichtigen, wurden bei der Berechnung die Wochenenden nicht berücksichtigt.
Die Mittel- und Maximalwerte sind tendenziell nachts erhöht. Im Mittel liegt die Feuchte aber ganztägig über 30%rH. Aufgrund der geringen Außenfeuchte ist das jedoch auch ein Indiz für geringe Luftwechsel und damit schlechte Raumluftqualität.

Von der Bewertung des Komforts erscheint die Luftfeuchte im angemessenen Bereich zu liegen. Berücksichtigt man jedoch den witterungsabhängig geringen Feuchtegehalt der Außenluft im Betrachtungszeitraum, wird klar, dass die gemessenen Luftfeuchten nur durch sehr hohe interne Feuchtequellen (unwahrscheinlich) oder geringe Luftwechsel verursacht wurden (eher wahrscheinlich). Dies zeigte sich auch bei den im vorangegangenen Kapitel dargestellten Untersuchungen der Luftqualität sowie beim im Abschnitt 3.2.2.3 beschriebenen Phänomen des geringen Heizwärmeverbrauchs durch verringerte Lüftungswärmeverluste.

### 4.2.1.2. Messungen im Winter, Neue Burse PH

Im PH der Neuen Burse wurden zeitgleich mit der Messung im NEH zehn Apartments überprüft, d.h. bei entsprechend gleichen meteorologischen Randbedingungen.

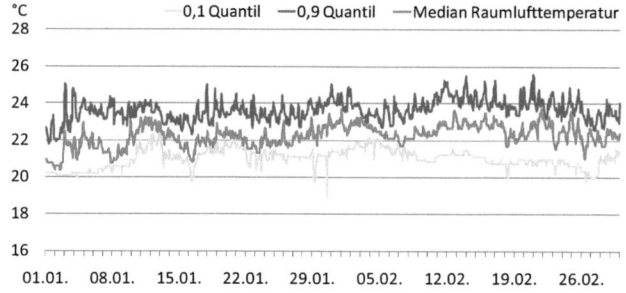

**Bild 4.16)** Verlauf von Median und 10% bzw. 90% Quantilen im PH der Neuen Burse.
Der Verlauf ähnelt dem im NEH, der Median der gesamten Messreihe liegt mit 22,2°C auch auf ähnlichem Niveau.

Mit einem Median der Raumlufttemperatur von 22,2°C über den Messzeitraum gibt es beim Verlauf der Temperaturen keine signifikanten Unterschiede zwischen den beiden Gebäuden. Auch im PH der Neuen Burse wurden Stichprobenmessungen zur Bestimmung des PMV Wertes gemacht ( [ENOB08], S. 71f), hier zeigten sich in „ungünstig" gelegenen Apartments (am Treppenhaus, auf der untersten Ebene) leicht negative PMV Werte[23].

Bei den gemessenen Temperaturen unterscheiden sich die Apartments deutlicher bezüglich ihrer Ausrichtung als beim NEH. Bild 4.17 zeigt die getrennte Darstellung der Abhängigkeit der Raumlufttemperatur und der solaren Einstrahlung. Wie in Kapitel 4.1.2 beschrieben, unterscheidet sich das Fensterlüftungsverhalten zwischen NEH und PH kaum, d.h. im PH ist das gleiche außen- und vor allem innentemperaturabhängige Lüftungsverhalten erkennbar. Steigt also aufgrund solarer Einträge die Raumtemperatur über 22°C, wird (wie in Bild 4.4 zu sehen) häufig über die Fenster gelüftet. Im NEH steht über die Heizkörper im Zimmer eine deutlich höhere Heizleistung zur Verfügung, die die auf der Nordseite fehlenden solaren Gewinne ausgleichen kann. Im PH befinden sich kein Heizkörper in den Zimmern: die im Süden zur Verfügung stehende Wärmequelle „Sonne" hat also einen größeren Einfluss.

**Bild 4.17)** Beim PH zeigt sich eine deutlichere Trennung zwischen nord- und südausgerichteten Zimmern. Wenn sich im Zimmer kein Heizkörper befindet, ist die Einflussmöglichkeit der Nutzer auf die Raumtemperatur geringer. Dies und die geringere Heizlast bewirken, dass sich solare Gewinne zumindest lokal stärker auswirken als im NEH. Bei der Betrachtung der gesamten Heizleistung gleicht sich der Einfluss durch die zentrale Lüftungsanlage jedoch aus – da die Abluft aus nord- und südausgerichteten Zimmern gemischt wird (siehe Abschnitt 3.2.2.4).

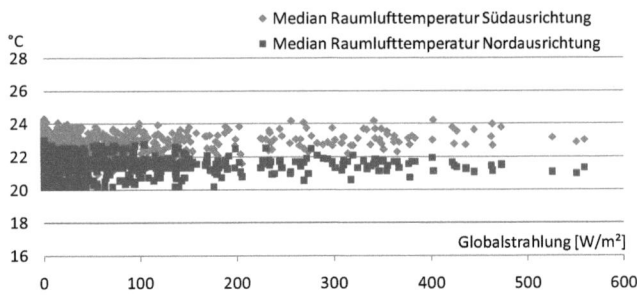

Während der Median der Raumlufttemperatur in den nach Norden orientierten Zimmern bei 21,5°C liegt, ist er bei den südorientierten Zimmern mit 22,8°C im Mittel etwas höher.

---

[23] Bei Angaben für clo=1,0 , bzw. met=1,0

Bei der Betrachtung der relativen Luftfeuchte zeigt sich, dass im PH häufig 30% rH unterschritten werden. In über 70% der Zeit des Messzeitraums liegt die relative Feuchte unter 30%. Es ist also mit Komforteinbußen durch trockene Raumluft zu rechnen. Die geringe Luftfeuchte ist durch die (dauerhaft laufende) mechanische Lüftungsanlage bei entsprechender Witterung auch nicht zu vermeiden – bei im Schnitt 30 m³/h Zu-, bzw. Abluft ergibt sich in den Apartments wie in Abschnitt 4.1.2 beschrieben ein Luftwechsel von 0,7 h$^{-1}$. Durch den kontinuierlichen Austausch der Raumluft mit wenig Feuchte enthaltender Außenluft sinkt die relative Raumluftfeuchte.

Eine Reduzierung der Luftvolumenströme im Winter ist regelungstechnisch nicht vorgesehen, die Lüftung lässt sich auch nicht apartmentweise regeln oder gar abschalten. Problematisch ist vor allem, dass die Nutzer beim Gefühl zu trockener Luft dazu neigen, zusätzlich über die Fenster zu lüften – da die kühlere Außenluft zunächst eine gefühlte Verbesserung bringt. Dass sie den Effekt der trockenen Raumluft dadurch eher verstärken, ist den Wenigsten klar und muss immer wieder neu kommuniziert werden.

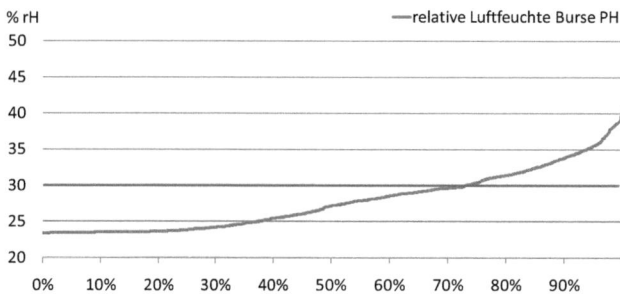

**Bild 4.18)** Häufigkeitsverteilung der relativen Luftfeuchte aus Mittelwerten der Messungen im PH der Neuen Burse.
30% rH werden an 73% der Zeit (1052 von 1440 Stunden) unterschritten.

Auch hier kann aufgrund fehlender Informationen zur Belegung nicht nach Anwesenheit der Nutzer unterschieden werden. Der aus Mittelwerten der gesamten Messung ermittelte zeitliche Verlauf der Luftfeuchte – bei dem ebenfalls nur Wochentage berücksichtigt sind, (Bild 4.19) – zeigt, dass im Betrachtungszeitraum der Mittelwert der relativen Luftfeuchte aus allen Messungen dauerhaft unter 30%rH liegt.

**Bild 4.19)** Aus allen Tagesgängen des Betrachtungszeitraums – an Wochentagen – ermittelte Daten für den Tagesverlauf der relativen Luftfeuchte im PH der Neuen Burse.
Maximale Stundenmittelwerte liegen bei 35-40%rH, im Gesamten bleibt der Mittelwert aber ganztätig unter 30%rH.

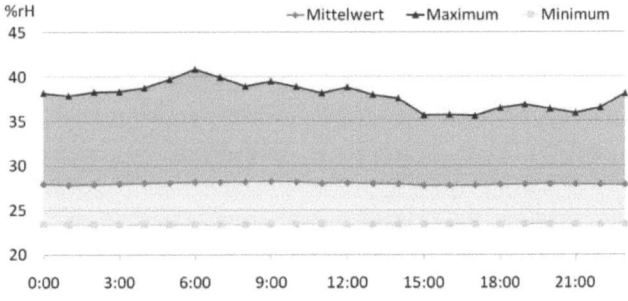

Die geringe Luftfeuchte führt zu einer ausgeprägteren Staubbildung. Verstärkt durch die glatten, hellen Oberflächen (Parkettboden, weiße Küchenmöbel) fällt dieser auf und wird von vielen als unangenehm empfunden. Als „Tipp" gegen die Staubbildung hat sich unter den Bewohnern herumgesprochen, die Zuluftöffnung im Zimmer abzukleben, was häufig auch praktiziert wird.

### 4.2.1.3. Messungen im Winter, Bildungsherberge

In der Bildungsherberge wurden vom 01.01.2007 bis 01.03.2007 in allen 16 Zimmern Lufttemperatur und Luftfeuchte gemessen. Der Mittelwert der Außentemperatur lag im Betrachtungszeitraum bei 6,6°C, die Heizgradstunden summieren sich auf 17,8 kKh (12°C Heizgrenze, 20°C Raumlufttemperatur), im Vergleich zur Messung in Wuppertal im Vorjahr also ein deutlich milderes Außenklima.

Über den gesamten Messzeitraum betrachtet ergibt sich ein Median der Raumlufttemperatur von 22,1°C. Während der Messung erfolgten Änderungen im Heizsystem – im Zuge der Nachrüstung eins WMZ im RLT Heizkreis wurde am 10.01.2007 ein bis dahin fehlendes Bypass-Ventil nachgerüstet. In den Temperaturmessungen ist ab dem Zeitpunkt ein geringer Rückgang der Werte zu erkennen, die Leistung der Zuluft- Heizregister sank leicht.

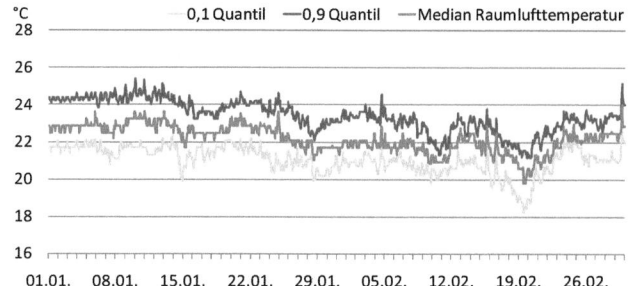

**Bild 4.20)** Messung der Raumtemperatur in der Bildungsherberge im Januar und Februar 2007.
Nach dem Nachrüsten eines Bypass-Ventils im Heizkreis am 10.01. geht das Temperaturprofil leicht zurück. Der Temperatur-Abfall um den 20.02. konnte nicht abschließend geklärt werden. Die Heizung hatte während dieser Zeit keine Fehlfunktion. Es handelt sich allerdings um sehr klare, einstrahlungsreiche Tage – offensichtlich hat vermehrtes Lüften über die Fenster (bei ca. 12°C Außentemperatur) in vielen Zimmern zu dem aufgezeichneten Abfall der Temperaturen geführt.

Bei den Temperaturmesswerten zeigt sich kein Einfluss der Ausrichtung. Für nord- und südausgerichtete Zimmer ergeben sich ähnliche Temperaturen. Die Messung wird jedoch durch unterschiedliche Heizwärmeeinträge der Luftheizung „verfälscht". Bei gleichzeitiger Messung der Zulufttemperaturen in drei der vier Verteilstränge zeigte sich, dass bis zum Einbau eines Bypassventils im Heizkreis alle Heizregister nahezu unter Volllast liefen, nach dem Umbau ging die Heizleistung von zwei Registern stark zurück. Das dritte, das die Zimmer im Nordosten versorgt, erwärmte aufgrund eines Defekts am Thermostatventil die Zuluft weiterhin auf über 45°C.

**Bild 4.21)** Nach Ausrichtung (siehe Piktogramm) aufgeteilte Temperaturmesswerte in Abhängigkeit der Einstrahlung.
Wie in Abschnitt 3.2.1.2 und 3.2.2.5 beschrieben überdecken hohe Heizleistungen der Lüftung sowie die elektrische Fußbodentemperierung im Bad solare Einträge – trotz großer Glasflächen der nach Süden orientierten Zimmer.
Es zeigen sich keine signifikanten Unterschied zwischen Nord- (Median 22,5°C) und Südzimmern (Median 22,1°C).

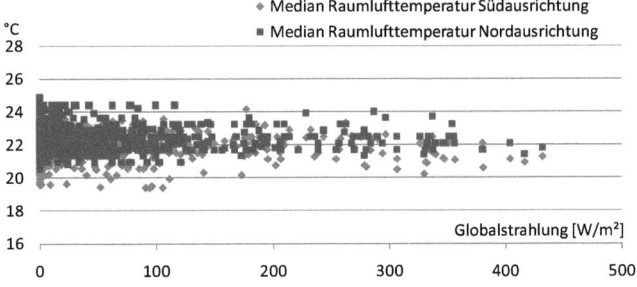

Die relative Luftfeuchte unterschreitet in der Bildungsherberge während der Messung an 40% der Zeit die 30%rH Marke. Damit liegt der Zeitanteil mit unbehaglich trockener Luft deutlich unter den Werten des PH der Neuen Burse. Stichproben der Luftvolumenströme wurden erst im Herbst 2007 durchgeführt, der tatsächliche Luftwechsel während der Temperaturmessung ist nicht bekannt.

Es gibt Indizien dafür, dass während der Messung Januar und Februar die Lüftungsanlage nicht mit dem geplanten Volumenstrom von 30 m³/h pro Apartment lief. Die Auswertung der Wärmemengenzähler für die Luftheizung zeigen für den Zeitraum eine Heizleistung von (durchgehend) 4,4 W/m². Eine Umrechnung dieser Leistung mit den in den Zuluftsträngen gemessenen Zulufttemperaturen ergibt einen Zuluft- Volumenstrom von ca. 220 m³/h und damit etwa die Hälfte der projektierten 480 m³/h. Ob sich die Anlage absichtlich in einem reduzierten Betrieb befand, oder ob ein Fehler vorlag, war nachträglich nicht mehr zu ermitteln.

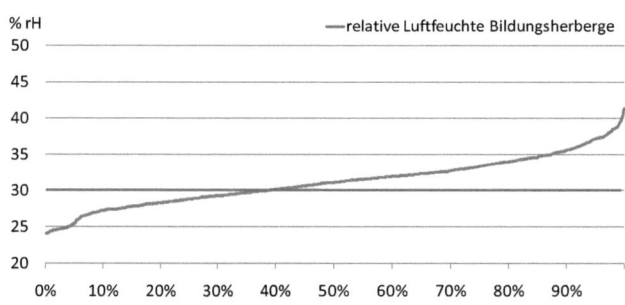

**Bild 4.22)** Häufigkeitsverteilung des Mittelwerts der Luftfeuchte aller Zimmer. In der Bildungsherberge wird die Luftfeuchte an 39% des Messzeitraums (oder 559 von 1440 Stunden) unterschritten. Die mittlere Aufenthaltszeit der Nutzer beträgt in der Regel nur wenige Tage, allerdings war die Auslastung während der Messung nach Angaben der Betreiber hoch, d.h. einzelne Zimmer standen nur kurzzeitig leer.

Bei einem reduzierten Betrieb bringt die Anlage noch 13-15 m³/h pro Apartment ein. Dies ist bei Belegung der Zimmer raumlufthygienisch fragwürdig, wie in Bild 4.23 zu sehen führt es jedoch dazu, dass die Luftfeuchte im durchschnittlichen Tagesmittel nicht unter 30% sinkt.

Im Gegensatz zur Darstellung des mittleren Tagesverlaufs bei der Neuen Burse sind in Bild 4.23 alle Tage – also auch die Wochenenden – enthalten, da keine Informationen zur Belegung vorliegen und ein Aufenthalt von Nutzern am Wochenende zu Prüfungsvorbereitungen nicht unüblich ist.

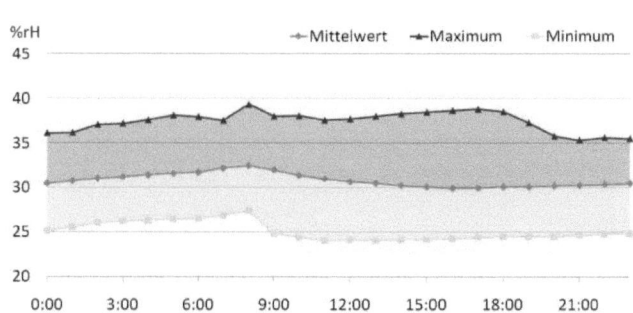

**Bild 4.23)** Aus Mittelwerten erzeugter Tagesverlauf der relativen Luftfeuchte. Vermutlich lief die Lüftungsanlage der Bildungsherberge im Messzeitraum in einem etwa um die Hälfte reduzierten Betrieb. Die Luftfeuchte konnte so aber im Mittel knapp in behaglichen Grenzen gehalten werden.
Zu raumlufthygienischen Zuständen ($CO_2$ Konzentration) in dem Zeitraum können keine Angaben gemacht werden.

### 4.2.1.4. Messungen im Winter Molkereistraße

In der Molkereistraße wurden vom 19.01. bis 31.3.2007 die Temperaturen und Luftfeuchten in insgesamt 21 Zimmern gemessen. Die mittlere Außentemperatur lag bei 5,9°C bei insgesamt 22,85 kKh Heizgradstunden im Messzeitraum.

Der Median der Raumlufttemperaturen ist mit 23,2°C etwas höher als die ermittelten Werten der anderen Wohnheime. Dabei spielt sicher auch eine Rolle, dass in der Molkereistraße – als Gästehaus für Austauchstudierende – der Anteil an Nutzern aus südlicheren, wärmeren Regionen höher ist. Diese Bewohner sind in der Regel an höhere Temperaturen gewöhnt – und stellen diese nach Möglichkeit auch in ihren Zimmern ein.

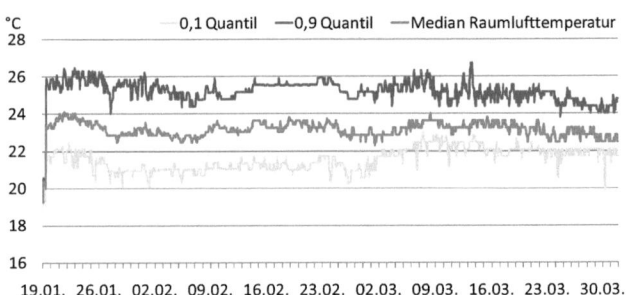

**Bild 4.24)** Bereich der gemessenen Lufttemperaturen im Wohnheim Molkereistraße. Mit einem Median von 23,2°C liegt das Temperaturniveau auf, bzw. etwas über den Mittelwerten der anderen Wohnheime.

Die Molkereistraße liegt primär ost-west-ausgerichtet in einem dicht bebauten Gebiet Wiens (siehe Bild 2.18). Ein ausgeprägter Einfluss solarer Einstrahlung ist daher nur begrenzt zu erwarten. Die nach Süden ausgerichteten Zimmer zeigen in Bild 4.25 ein insgesamt höheres Temperaturniveau. Der Median der Lufttemperaturen ist dort mit 24,1°C im Schnitt 1 K höher als der anderer Orientierungen (West: 23,2°C, Ost: 22,9°C, Nord: 23,6°C).

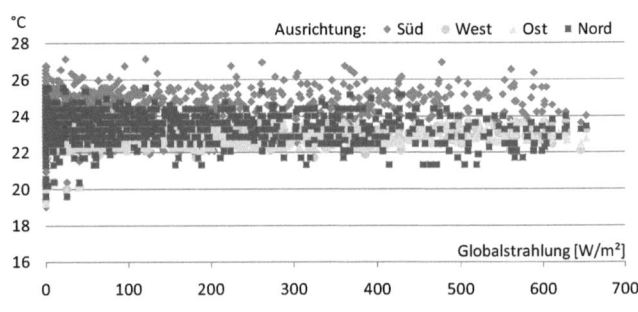

**Bild 4.25)** Zusammenhang von Temperatur im Zimmer, Ausrichtung und Einstrahlung. In nach Süden orientierten Zimmern herrschen tendenziell höhere Temperaturen.

Die Messung der relativen Luftfeuchte zeigt, dass 30%rH an 80% der Messzeit unterschritten wurden.

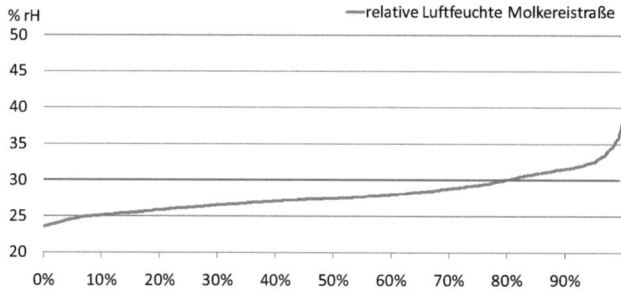

**Bild 4.26)** Die Luftfeuchte unterschreitet an 80% der Messzeit (oder 1375 von 1728 Stunden) die Grenze von 30%rH. Zwar war für die Lüftungsgeräte eine Regelung vorgesehen, bei sinkenden Außentemperaturen schrittweise die Volumenströme bis auf ein notweniges Minimum zu reduzieren, diese wurde im Betrieb jedoch bisher nicht genutzt.

Wie sich in einzelnen Rücksprachen herausstellte, wollen auch hier teilweise Nutzer trockene empfundene Luft durch Fensterlüftung ausgleichen, verstärken den Effekt also über höhere Außenluftwechsel.

Bild 4.27 zeigt den aus der gesamten Messung ermittelten Tagesverlauf der Luftfeuchte. Ähnlich wie beim PH der Neuen Burse bleibt deren Mittelwert im Tagesverlauf durchgehend unter 30%rH[24].

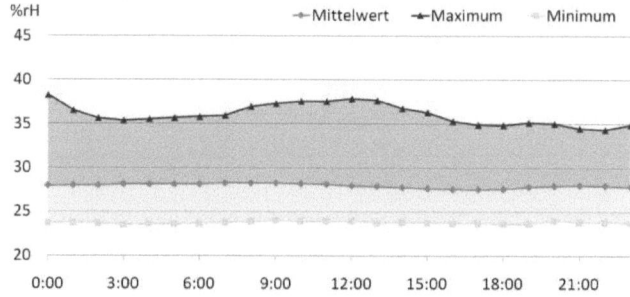

**Bild 4.27)** Aus den Tagesgängen ermittelter Verlauf der Luftfeuchte in der Molkereistraße. Wie bei der Neuen Burse liegt das Mittel der Luftfeuchte dauerhaft unter 30%.

---

[24] Anders als in der Neuen Burse wurde hier bei der Berechnung alle Tage berücksichtigt (inkl. Wochenende) da es in der Molkereistraße keine wöchentlichen Belegungsschwankungen gibt.

## 4.2.2. Nutzung und Komfort im Winter - Nutzerbefragung

Um neben der reinen messwert-gestützten Bewertung des Komforts auch subjektiven Eindruck der Nutzer zu überprüfen, wurden Nutzerbefragungen durchgeführt.

Die hier vorgestellten Ergebnisse beruhen auf selbst durchgeführten Befragungen in der Neuen Burse sowie auf Publikationen, bzw. Auswertungen von Nutzerbefragungen im Wohnheim Molkereistraße [OBER09], Solarcampus Jülich [SCJ05] und auf dem Umweltcampus Birkenfeld [UCB05].

### 4.2.2.1. Befragung im Winter, Neue Burse

In Wuppertal erfolgte im Februar 2006 eine gemeinsame Nutzerbefragung des NEH und PH der Neuen Burse. 26% der Bewohner beantworteten den verteilten Fragebogen, aus dem NEH (303 Zimmer) gab es 90 Rückläufe, aus dem PH (323 Zimmer) 71.

Der überwiegende Teil der Nutzer ist mit dem angebotenen Wohnraum zufrieden, wobei im NEH mehr Nutzer „sehr zufrieden" sind als im PH.

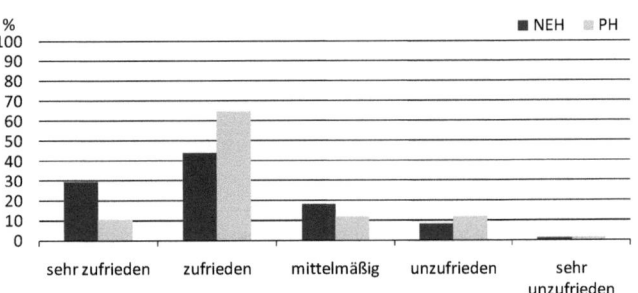

**Bild 4.28)** Zufriedenheit der Nutzer mit ihrem Apartment. Der größte Teil der Nutzer ist mit dem gebotenen Wohnraum „sehr zufrieden" bzw. zufrieden (NEH: 73%, PH 75%), wobei bei den „zufriedenen" Nutzern der Anteil „sehr Zufriedener" im NEH überwiegt.

Die Auswertung der Fragebögen sollte vor allem zeigen, wo vor dem Hintergrund des winterlichen Komforts aus Sicht der Nutzer besondere Vorzüge liegen, bzw. ob spezifische Mängel auftreten. Dabei war auch wichtig, ob sich Differenzen zwischen NEH und PH zeigen, oder ob die Nennungen unabhängig vom Gebäudetyp sind. Insgesamt wurde die Zufriedenheit verschiedener Komfort- Parameter abgefragt, d.h. die Zufriedenheit mit den Temperaturverhältnissen, der Raumluftqualität, mit Geräuschen, aber auch mit allgemeinen Dienstleistungen.

Um die Antworten bei der Bewertung des Raumklimas einordnen zu können, sind auch die klimatischen Randbedingungen während der Befragung wichtig: in Bild 4.29 ist der Verlauf der Außentemperatur und der mittleren Einstrahlung im Befragungszeitraum zu sehen. Die Außentemperatur lag während der Befragung im Mittel bei 2,3 °C, in den vier Wochen vor der Befragung bei 0,5 °C, die Temperaturen bewegten sich dabei zwischen 6,2 °C und -5,9 °C – demnach durchaus winterlich.

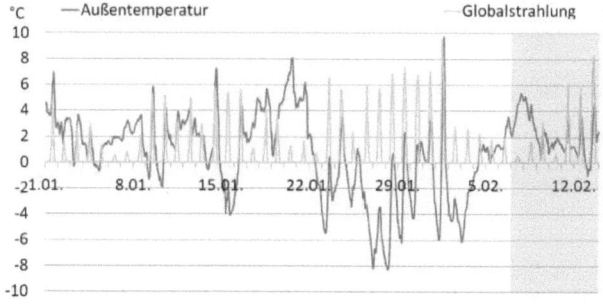

**Bild 4.29)** Klimatische Randbedingung vor und während der Befragung (Zeitraum der Befragung ist blau hinterlegt). Die Außentemperatur bewegt sich an den Tagen der Befragung um 2 °C, lediglich gegen Ende der Woche kommt es zu geringen solaren Einträgen. Kurz vor der Befragung war es mit Tiefstwerten von -8°C winterlich kalt.

Um eventuellen Handlungsbedarf für den Betreiber zu ermitteln, wurde zusätzlich zur Zufriedenheit mit bestimmten Parametern auch deren Wichtigkeit abgefragt. Bild 4.30 zeigt die Ergebnisse in einer Matrix. Daraus lassen sich Handlungsempfehlungen ableiten: je höher die individuelle Wichtigkeit eines Punktes, desto bedeutender ist die zufriedenstellende Erfüllung (in der Darstellung der IV Quadrant).

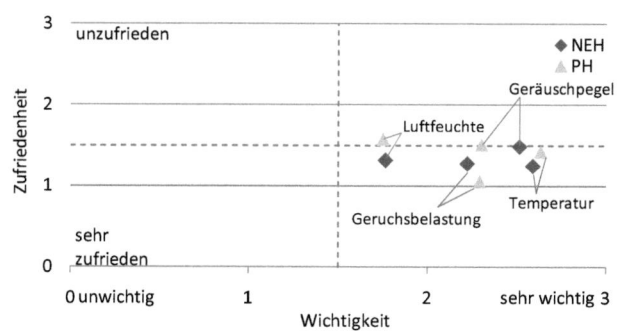

**Bild 4.30)** Bewertungsmatrix für vier Parameter. Insgesamt liegt die mittlere Bewertung der einzelnen Punkte (bis auf die Luftfeuchte im PH) im „noch zufriedenen" Bereich.
Die Bewertung bestätigt zum Teil die Messergebnisse – die Zufriedenheit mit der Luftfeuchte ist im NEH höher (bei „mittelmäßiger Wichtigkeit") – dafür gibt es im PH weniger Probleme mit „Gerüchen". Von der Geräuschentwicklung stört die Lüftungsanlage im PH kaum.
Mit der Raumtemperatur – bei der Wichtigkeit an höchster Stelle – sind wiederum eher die Bewohner des NEH zufrieden.

Die Bewohner wurden sowohl nach ihrem aktuellen Empfinden, als auch nach dem Eindruck der letzten vier Wochen gefragt.

**Bild 4.31)** Vergleich des Temperaturempfindens zum Zeitpunkt der Befragung. Während der größte Teil der Bewohner das Raumklima als „genau richtig" bezeichnet, liegt die Tendenz eher bei „zu warm" als bei „zu kalt" – wobei der Anteil an Nutzern, die es „zu kalt" finden ist eher im PH wohnen.

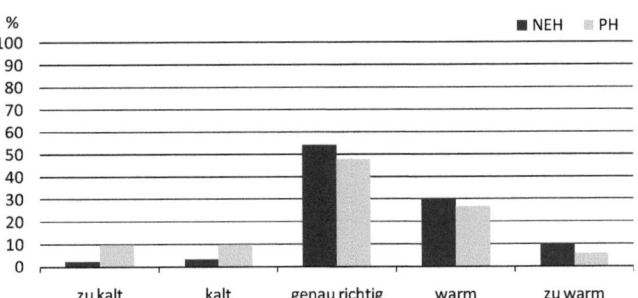

Trotz der typischen Wettersituation in der Heizperiode (nass – kalt) beurteilten die Nutzer die Raumtemperatur während der Befragung als „genau richtig" mit der Tendenz zu „warm". Hier gibt es nur geringe Unterschiede bei der Beurteilung der Gebäude. Anders stellt sich die Beurteilung des Temperaturempfindens der letzten vier Wochen dar.

**Bild 4.32)** Vergleich des Temperaturempfindens der vergangenen vier Wochen. Hier ist im NEH nach wie vor eher die Tendenz zu „zu warm", im PH nimmt der Anteil von „kalt" bis „zu kalt" deutlich zu.
Ein Hinweis darauf, dass das Konzept der Heizwärmezufuhr über die Lüftung im PH weniger gut angenommen wird als die individuelle Regelbarkeit im NEH.

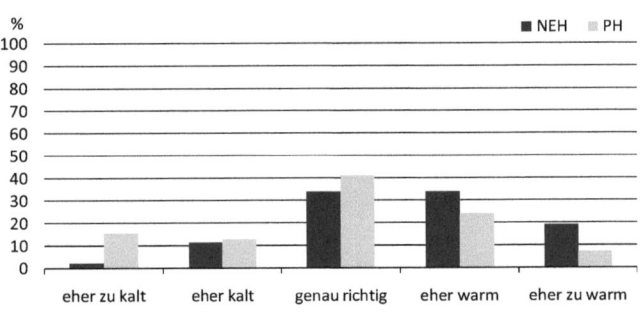

Bei der Frage nach dem Empfinden der Temperaturen der letzten Wochen (in denen Außentemperaturen unter 0 °C vorherrschten) geben die meisten nach wie vor „genau richtig" bis „warm" an, hier tendieren aber die Bewohner des NEH eher zu „zu warm", während im PH ein nicht geringer Anteil „zu kalt" angibt. Obwohl im Rahmen der messtechnischen Untersuchungen keine Unterschreitungen wichtiger Behaglichkeitsparameter nachgewiesen werden konnten, gibt es in der Heizperiode im PH öfter Beschwerden über zu geringe Temperaturen. Hier spielt auch eine Rolle, dass die Nutzer die Temperatur in ihrem Apartment nur begrenzt selbst regeln können – eine individuelle Anpassung ist bei den

Einzelapartments nur über den Badheizkörper bei geöffneter Badezimmertür möglich. Die Zufriedenheit mit den Regelmöglichkeiten der Temperatur im Raum wurde ebenfalls abgefragt – siehe Bild 4.33.

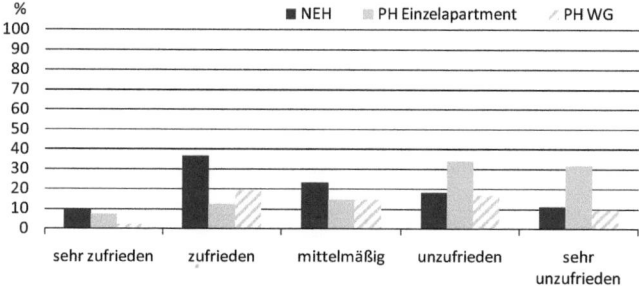

Bild 4.33) Frage, wie zufrieden die Bewohner mit der Regelmöglichkeit der Temperatur im Zimmer sind. Hier zeigt sich, dass Bewohner im PH die fehlenden Eingriffsmöglichkeiten in die Heizungsregelung bemängeln: 66% der Nutzer in den Einzelapartments (kein Heizkörper im Zimmer) sind „unzufrieden" bis „sehr unzufrieden" mit der Regelungsmöglichkeit.

Während im NEH 46% der Nutzer „sehr zufrieden" bis „zufrieden" mit den zur Verfügung stehenden Eingriffsmöglichkeiten in das Raumklima sind und 30% „unzufrieden" bis „sehr unzufrieden", macht sich im PH der Unterschied, ob die Nutzer in einem Einzelapartment (ohne Heizkörper im Zimmer) oder in einer zweier- WG (Heizkörper an der Wand zum Bad) wohnen, bemerkbar. Zwei Drittel der Bewohner in Einzelapartments sind „unzufrieden" bis „sehr unzufrieden" mit der Regelungsmöglichkeit der Temperatur. Wobei interessant ist, dass auch in Zimmern mit Heizkörpern (sowohl PH als auch NEH) in Summe 30% „unzufrieden" angeben. In Gesprächen mit Bewohnern und Betreiber stellte sich heraus, dass Bewohner oft schlicht die Funktion eines Thermostatventils nicht kennen: bleibt in der Heizperiode der Heizkörper kalt (weil im Raum ausreichende Temperaturen herrschen – siehe Bild 4.12 und Bild 4.16), kommt es zu Beschwerden, die Heizung würde „nicht funktionieren".

Eine Frage sollte prüfen, ob über die vorhandene Haustechnik hinaus eigene Maßnahmen ergriffen wurden, die Temperatur im Raum zu beeinflussen. Dabei gaben 3,3% der Nutzer in NEH zu, im Winter einen zusätzlichen elektrischen Heizlüfter zu nutzen, im PH waren es 8,7% der Befragten.

Fragen nach der empfundenen Luftqualität sollten zeigen, ob der im PH durch kontrollierte Lüftung sichergestellte Luftwechsel auch subjektiv besser bewertet wird.

**Bild 4.34)** Bei der Frage nach der empfundenen Luftqualität wird das NEH leicht besser bewertet als das PH. Bei der Angabe von Gründen und durch persönliche Gespräche stellte sich oft heraus, dass durch Unkenntnis über die vorhandene Lüftungsanlage die Erwartungshaltung an das System hoch ist und Funktionalitäten (Klimatisierung, Dunstabzugshaube in der Küche) erwartet werden, die so nicht vorgesehen sind. Die nicht erfüllte Erwartungshaltung generiert schließlich Unzufriedenheit.

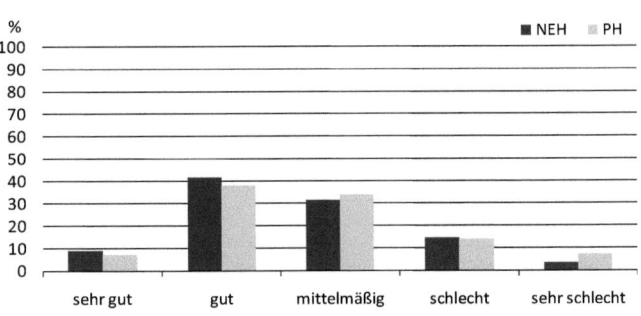

Trotz messbar besserer Luftqualität im PH wird das NEH leicht positiver bewertet. Ein im PH häufig genannter Kritikpunkt ist die Abluft- Absaugung über der Küchenzeile. Hier werden nach Plan nur 15 m³/h Luft abgesaugt (gemessen oft weniger – der größere Teil der Abluft fließt durch das Bad). Da das Abluftgitter aber wie ein Küchenabzug aussieht (Edelstahl- Schutzgitter und Filter, siehe auch Bild 2.6), wird eine entsprechende Funktionalität erwartet, welche die Installation nicht erfüllt.

Eine nicht unerhebliche Rolle spielt auch die im vorangegangenen Abschnitt beschriebene niedrige Luftfeuchte im PH und die damit stärker wahrgenommene Staubbildung. Sie lieferte häufig den Grund für Unzufriedenheit mit der Luftqualität, bzw. der Lüftungsanlage. Dabei wurde das Problem „trockene Luft" selten als solches erkannt – wie Bild 4.35 zeigt, empfanden die meisten Nutzer die Luftfeuchte in den letzten vier Wochen vor der Befragung als „genau richtig", wobei die Hälfte der Nutzer „trocken" bis „zu trocken" angibt. Der Unterschied zwischen den beiden Gebäuden ist aber geringer, als die Messwerte vermuten lassen.

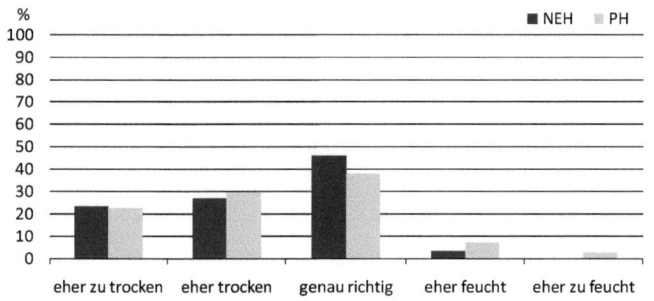

**Bild 4.35)** Bei der Frage nach der empfundenen Luftfeuchte zeigt sich trotz unterschiedlicher gemessener Werte kaum ein Unterschied der Gebäude in der Bewertung der Nutzer. Die (wenigen) Angaben „feucht" bis „zu feucht" werden sogar eher im PH gemacht.

Ein weiterer Grund für die Diskrepanz zwischen Messung ($CO_2$) und Befragung in Bezug auf Luftqualität liegt darin, dass ein Indikator wie $CO_2$ geruchslos ist, d.h. der Mensch keinen direkten „Sensor" diesbezüglich hat und die Luft anhand anderer Kriterien – eher subjektiv – beurteilt.

Bei der Fragestellung, inwiefern die Lage des Apartments innerhalb des Gebäudekomplexes - und damit solare Einträge - Einfluss auf das Temperaturempfinden hat, lässt sich aus den Antworten kein Zusammenhang herleiten. Die Angabe der Zimmernummer - von über 93% der Befragten genannt – gibt Auskunft über Lage und Ausrichtung der Apartments. Zwischen Ausrichtung und Temperaturempfinden ergab sich jedoch keine nachweisbare Übereinstimmung. Bereiche, in denen aufgrund ihrer Lage ein starker Einfluss der Einstrahlung zu erwarten wäre, wurden nicht anders bewertet, als Apartments in sonnenabgewandten Bereichen. Teilweise sind die Ergebnisse sogar entgegengesetzt: Flügel 8 besitzt eine unverschattete SO- Fassade, bei der die Ergebnisse der Befragung eher zu „kühl" tendieren, sowie eine NW-Fassade, die nur wenig von solaren Einträgen profitiert – hier lauteten die Aussagen eher „zu warm". Mit sechs Nennungen pro Fassade (Anzahl der SO-Apartments: 32, NW: 40) liegt dabei eine Aussage von 18% der dort wohnenden Nutzer vor.

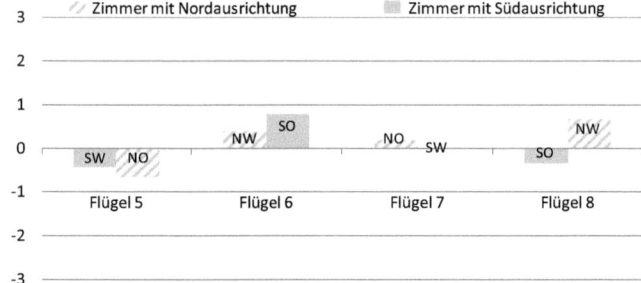

**Bild 4.36)** Abhängigkeit des Temperaturempfindens von der Ausrichtung im PH in Anlehnung an die PMV Skala (-3: zu kalt, +3: zu warm). Über den jeweiligen Balken ist die Himmelsausrichtung angegeben. Die Antworten lassen keinen Zusammenhang zwischen solaren Einträgen aufgrund der Lage und Behaglichkeitsempfinden der Bewohner erkennen.

Da im PH in den unteren Ebenen durch die größer werdenden Rohrlängen der Lüftungsanlage die Gefahr nicht ausreichender Versorgung mit Wärme über die Lüftung besteht, bzw. die oberen Ebenen zu stark erwärmt werden könnten, wurde die Aussage nach dem momentanen Temperaturempfinden und dem Eindruck der letzten vier Wochen auch nach Ebenen getrennt betrachtet (Bild 4.37).

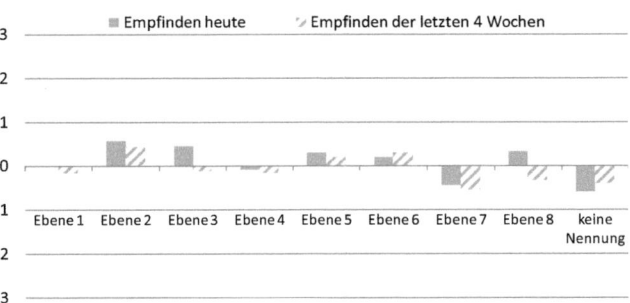

**Bild 4.37)** Empfundene Behaglichkeit am Befragungstag und im Rückblick auf die letzten vier Wochen.
Auch hier lässt sich keine eindeutige Tendenz ablesen, wonach bestimmte Ebenen gehäuft als zu kalt oder zu warm empfunden werden (Ebene 1: unterste Etage)

Im Gegensatz zum NEH besteht im PH jedoch der bereits genannte Unterschied, dass WG-Zimmer an den Flurenden mit Heizkörpern ausgestattet sind. Dies schlägt sich in den Antworten nieder (Bild 4.38). Hier zeigt sich eine deutliche Tendenz, dass die primär über die Lüftung beheizten Zimmer eher als „kühl" empfunden werden gegenüber den WG-Zimmern, die über einen eigenen Heizkörper verfügen.

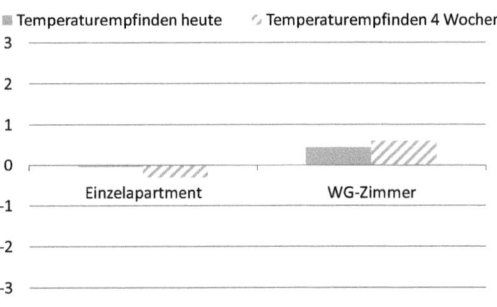

**Bild 4.38** Empfundene Behaglichkeit am Befragungstag und im Rückblick auf die letzten vier Wochen in Abhängigkeit der Wohnform.
Die WG-Zimmer verfügen im Gegensatz zu den Einzelapartments über Heizkörper. Bewohner der Einzelapartments geben die Temperaturen in der Kälteperiode eher als „kühl" an, während es in den WG-Zimmern eher „warm" war.

Unter anderem als Konsequenz aus der Nutzerbefragung entstand ein Infoblatt für die Nutzer der Burse erstellt, das sie mit grundlegenden Hintergründen zum Gebäude vertraut macht [BUIN07]. Diese Broschüre erhalten seit dem Sommersemester 2008 alle Bewohner. Ein gravierender Einfluss auf die Verbrauchsdaten konnte bisher nicht festgestellt werden, allerdings helfen die Informationen, den Bewohnern einige grundlegende Sachverhalte näherzubringen.

### 4.2.2.2. Befragung im Winter, Molkereistraße

Für die Molkereistraße erstellte die Universität für Bodenkunde (BOKU) zusammen mit dem Österreichischen Austauschdienst (ÖAD) einen Fragebogen, der in zwei Phasen – Januar 2007 und Oktober 2007 bis Juni 2008 – verteilt wurde [OBER09]. Es handelte sich dabei um die gleichen Fragen, d.h. es fand keine gezielte „Winter"- oder „Sommer"- Befragung statt. Einige Fragen beziehen sich aber explizit auf das Verhalten / Empfinden in der Heiz- bzw. in der Sommerperiode. Zusätzlich zum Fragebogen des ÖAD gab es im Rahmen einer Diplomarbeit einen zusätzlichen Fragebogen, der den vorhandenen um weitere Fragen ergänzte [OBER09].

In der Molkereistraße gibt es ein User-Manual, das die Bewohner mit der Haustechnik und den Besonderheiten des Passivhauses vertraut machen soll [UMAN05]. 81% der befragten Nutzer gaben an, diese Broschüre auch gelesen zu haben, 82% davon fanden die Informationen nützlich/verständlich.

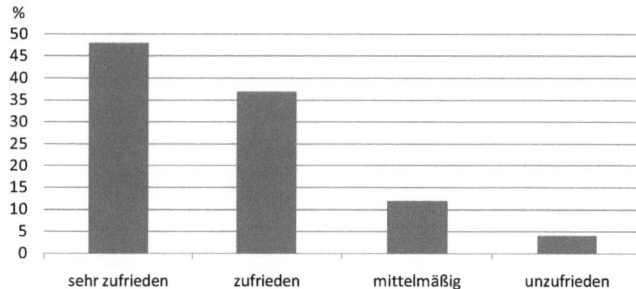

**Bild 4.39** Die Frage nach der Zufriedenheit der Bewohner mit der Wohnsituation wird zu 85% mit „sehr zufrieden" bis „zufrieden" beantwortet. Sie trennt dabei nicht nach Sommer oder Winter, allerdings wurde der größte Teil der Fragebögen in der Heizperiode verteilt und eingesammelt.

Untersucht werden sollte vor allem das Lüftungsverhalten, bzw. die Akzeptanz der mechanischen Lüftung. Interessanterweise sind die meisten der Bewohner der Meinung, die Lüftungsanlage genüge nicht für eine ausreichende Frischluftversorgung – siehe Bild 4.40.

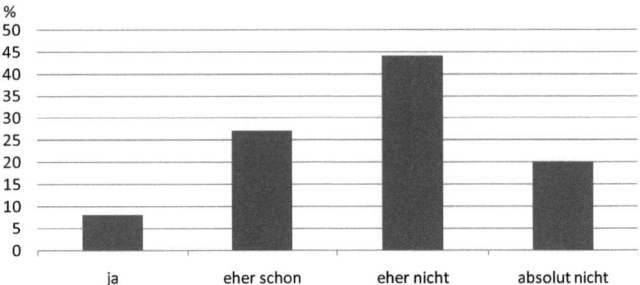

**Bild 4.40** Auf die Frage „ist Ihrer Meinung nach auch ohne die Fenster zu öffnen genug Frischluft im Zimmer vorhanden" geben 64% „eher nicht" bis „absolut nicht" an.
Das Konzept der mechanischen Lüftung ist dabei den wenigsten Nutzern bekannt, bzw. vertraut.

Die meisten Nutzer lüften also zusätzlich über die Fenster, die in der Molkereistraße sowohl geöffnet als auch gekippt werden können. Bei geöffnetem oder gekipptem Fenster senkt das Thermostat die Zimmer- Heizkörpers auf minimale Stufe (=16°C Raumtemperatur).
Bild 4.41 zeigt die Angaben der Nutzer zu ihrem Lüftungsverhalten. Die meisten lüften mindestens einmal pro Tag, viele sogar häufiger bis zu einer Stunde zusätzlich über die Fenster.

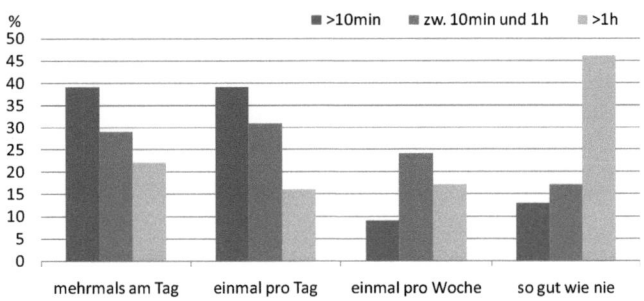

**Bild 4.41** Angaben zum Lüftungsverhalten der Nutzer. Tägliches Lüften bis zu einer Stunde ist weit verbreitet, mehr als eine Stunde Fensterlüftung geben nur wenige an.

Bei einigen Parametern wurde neben der individuellen Zufriedenheit damit auch die damit verbundene Wichtigkeit abgefragt, um auch hier eine Bewertungsmatrix zu erstellen.

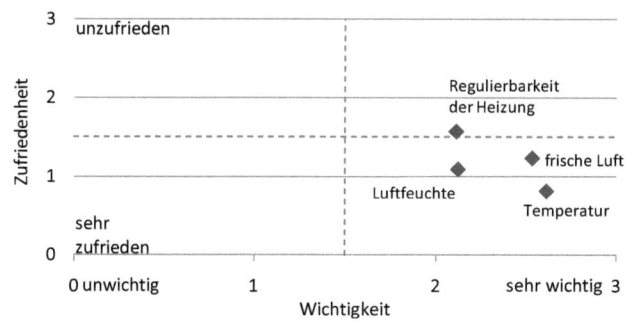

**Bild 4.42** Auszug der Matrix der Handlungsrelevanz aus Angaben der Nutzer.
Die wichtigsten Parameter sind nach Angaben der Nutzer weitestgehend gut erfüllt. Die Heizung reagiert einigen Nutzern nicht „schnell" genug bzw. es gibt teilweise den Wunsch nach (noch) höheren Temperaturen.
Interessanterweise sind die Nutzer mit den Bedingungen der Luftfeuchte zufrieden, auch wenn die Messwerte deutliche Unterschreitungen behaglicher Werte anzeigen.

Bild 4.42 zeigt vier zentral abgefragte Parameter. „Angenehme Temperaturen" (explizite Frage nach Temperaturen im Winter) und „frische Luft" sind den Nutzern besonders wichtig – und werden ausreichend gut erfüllt. Unzufriedener (aber auch als weniger wichtig erachtet) sind sie mit der „Regulierbarkeit der Heizung". Obwohl die Nutzer über ein Thermostat die Raumtemperatur individuell regeln können, wünschen einige noch höhere Temperaturen bzw. schnelleres Regelverhalten.

Der Parameter „Luftfeuchte" ist von ähnlicher Wichtigkeit wie die „Regulierbarkeit der Heizung", interessanterweise sind die Bewohner hier aber zufrieden, obwohl Messungen zeigen, dass häufig die Schwelle behaglicher Raumluftfeuchten unterschritten wird.

Ein oft genannter Kritikpunkt ist der mangelnde Schallschutz der Zimmer aufgrund der für die Luftströmung unterschnittenen Zimmertüren zu Küche und Gemeinschaftsraum. Diese Kritik bezieht sich natürlich nur auf die zweier- Apartments, der überwiegenden Wohnform. Dort wird auch bemängelt, dass Essens- und Kochgerüche aus den Küchen nicht schnell genug abziehen. Die Küchen haben keine nach außen zu öffnenden Fenster und die Lüftungsanlage kann in der Leistung nicht reguliert werden, d.h. es gibt hier keine Möglichkeit, die Luftwechsel temporär zu erhöhen.

### 4.2.2.3. Befragung im Winter, Solarcampus Jülich und Umweltcampus Birkenfeld

In beiden Objekten wurden umfangreiche Nutzerbefragungen durchgeführt und in den Publikationen zur Begleitforschung dargestellt. Zentrale Ergebnisse sind folgend kurz zusammengefasst.

In Jülich hatten mehrfach durchgeführte Befragungen vor allem das Ziel, die unterschiedlichen realisierten und kombinierten Konzepte von Heizung und Lüftung zu bewerten. Dabei wurden im Wesentlichen neun verschieden Konstellationen verglichen. Eine klare Favorisierung eines Konzepts stellte sich nicht heraus. Häufig führte Unkenntnis über die installierte Technik zu Fehlbedienungen. Dabei musste kein ursächlicher Fehler in der Technik vorliegen, diese wurde dennoch als fehlerhaft angesehen und schlecht bewertet.
In der Tendenz fand sich in Bereichen mit mechanischer Ent- und/oder Be- und Entlüftung eine bessere Bewertung der Luftqualität, was gemessene Werte bestätigen. Bei den Heizungssystemen gab es Unzufriedenheit in erster Linie bei „langsamen" Systemen wie Flächenheizungen, da hier nicht unmittelbar nach Nutzereingriff eine Systemreaktion zu spüren war ( [SCJ05], S. 4-130ff). Am besten schnitt die Luftheizung ab, da Leistungsänderungen sich durch Einströmen warmer Luft direkter bemerkbar machten.

In den Wohnheimen auf dem Umweltcampus Birkenfeld wurden ebenfalls zwei umfangreiche Befragungen durchgeführt. Auch hier spiegelt sich aufgrund fehlender Kenntnisse bezüglich mechanischer Lüftungsanlagen eine gewisse Skepsis wider. Vor allem die nach Meinung der Nutzer nicht ausreichende Leistung der Lüftungsanlage in der Küche zur Entfernung von Essens- und Kochgerüchen wird bemängelt. Auch hier ist die Lüftung konzeptionell nur für den Normalbetrieb ausgelegt, nicht für kurzfristige Lasten wie Kochen.
Darüber hinaus zeigen sich ähnliche Beschwerden über vermehrte Staubbildung wie in der Neuen Burse (ein Hinweis auf zu hohe Luftwechsel, bzw. geringe Luftfeuchte, siehe auch Kapitel 4.1.5). Zudem wirkt der mangelnde Schallschutz der unterschnittenen Türen (Überströmen der Zuluft in die Abluftbereiche) störend. Es spiegeln sich also Probleme wider, die auch auf dem Solarcampus Jülich eine zentrale Rolle spielen [UCB05], S. 38ff.

### 4.2.3. Komfort im Winter – Fazit aus Messung und Befragung

Aus den in den Zimmern aufgenommenen Messdaten lassen sich einige zentrale Aussagen ableiten:
- Bei keiner der im Rahmen der Arbeit durchgeführten Messungen unterschreiten die Temperaturen in den Zimmern 20°C – mit der Ausnahme einiger Tage in der Bildungsherberge in Hagen, was auf verstärktes Fensterlüften zurückzuführen ist. Im Mittel stellen die Nutzer Temperaturen zwischen 22°C und 23°C ein. Damit liegt die mittlere Raumlufttemperatur tendenziell auf, bis leicht über den Messwerten vieler Vergleichsobjekte im

Passivhaus-Wohnungsbau ( [CEPH01], S.207) und führt damit zu einem erhöhten Heizwärmeverbrauch.

- Der Einsatz einer ventilatorgestützten Lüftung stellt ausreichende Luftwechsel sicher. Trotz Lüftungsanlage wird jedoch weiter über die Fenster gelüftet. Besonders bei Wohngemeinschaften tritt das Problem auf, dass Fenster in Gemeinschaftsräumen häufig offen bleiben, da die Grundlüftung nicht für kurzzeitige Lastspitzen, wie Kochen, ausgelegt ist.

- Die relative Luftfeuchte unterschreitet (bei planungsgemäßem Betrieb der Lüftungsanlage) im Winter häufig die Grenze von 30%rH. Zusätzliche Fensterlüftung verstärkt den Effekt und erhöht die Lüftungswärmeverluste. Die Luft wird dabei nicht immer ursächlich als zu trocken empfunden, wohl aber Effekte wie vermehrte Staubbildung festgestellt. Bei der Auswertung der Ergebnisse der Wintermessung in der Bildungsherberge (Kapitel 4.2.1.3) zeigt sich, dass durch einen reduzierten Luftwechsel die Luftfeuchte in akzeptablen Bereichen gehalten werden kann – allerdings fehlen hier Angaben zu Belegung und Luftqualität.

**Tabelle 4.1)** Zusammenfassung zentraler Kenndaten zum winterlichen Komfort. Die hohen Raumlufttemperaturen ergeben sich aus dem Komfortbedürfnis der Nutzer, sie erklären auch einen Teil des höher als berechneten Heizwärmeverbrauchs. In Wuppertal(PH) und Wien sind die Luftfeuchten im Winter sehr gering. Im NEH Wohnheim liegt die Luftfeuchte im Komfortbereich – bedingt durch zu geringe Luftwechsel und damit auf Kosten der Raumluftqualität. Auch in Hagen beruht die geringe Unterschreitung der 30%rH-Grenze auf einem reduzierten Betrieb der Lüftungsanlage. Obwohl dieser Betrieb nicht beabsichtigt war, zeigt er jedoch, dass die Reduktion der Lüftung auf ein tolerierbares Minimum einen Kompromiss zwischen nötigem Luftwechsel und ausreichender Luftfeuchte sein kann.

|  | mittlere Außentemperatur [°C] | Median Raumlufttemperatur [°C] | Zeitanteil Unterschreitung 30%rH [%] |
|---|---|---|---|
| Neue Burse NEH | 2,8 | 22,5 | 25 |
| Neue Burse PH | 2,8 | 22,2 | 73 |
| Bildungsherberge | 6,6 | 22,1 | 39 |
| Molkereistraße | 5,9 | 23,2 | 80 |

Die hohen Raumlufttemperaturen sind *ein* Grund für das Überschreiten der Planungswerte beim Heizwärmeverbrauch. Sie erklären sich vor dem Hintergrund des thermischen Komforts: Beobachtungen und Gespräche mit den Bewohnern (primär in der Neuen Burse) haben gezeigt, dass viele Nutzer im Zimmer auch im Winter eher „sommerlich" bekleidet sind, d.h. Oberbekleidung: T-Shirt. Zusammen mit eher geringer Betätigung (abends fernsehen, arbeiten am Computer, d.h. mit einer clothing-rate clo $\cong$ 0,9 und einem Tätigkeitsgrad von met ≅ 0,9) ergibt sich übersetzt ins PMV Modell der DIN EN 7730 ein als „thermisch neutral" bewerteter Bereich erst ab Raumlufttemperaturen von 22°C aufwärts [EN7730], siehe Bild 4.43.

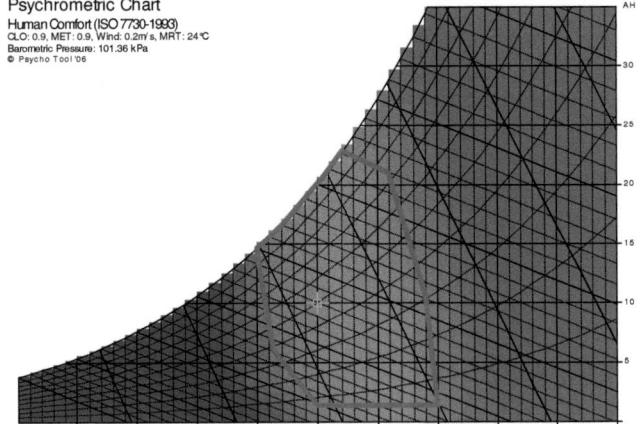

**Bild 4.43)** Bildliche Darstellung des Komfortbereichs in einem Mollier-Diagramm unter den Voraussetzungen clo=0,9 und met=0,9 (grün= PMV neutral)
Grafik: Autodesk / Square One Psycho Tool

Kritisch zu beurteilen sind die häufig auftretenden geringen Luftfeuchten – sofern sie in belegten Zimmern auftreten. Bei einem hygienischen Luftwechsel von 30 m³/h pro Person ergeben sich in den ca. 16 m² großen Apartments (d.h. Luftvolumina von 40-45m³) recht hohe Luftwechsel (0,6 – 0,8 h$^{-1}$), d.h. die vorhandene Raumluft wird stark mit wenig Wasser enthaltender Außenluft „verdünnt". Internen Feuchtequellen reichen i.d.R. nicht aus, um die Feuchte in komfortablen Bereichen zu halten.

In den untersuchten Objekten haben die Nutzer keinen Einfluss auf die geförderten Luftmengen, eine automatisierte Anpassung (Reduktion bei tiefen Außentemperaturen) wie in Wien funktioniert nicht zuverlässig. Eine Reduktion des Luftwechsels bei Abwesenheit erweist sich in der Simulation (Kapitel 5.2) als wirkungsvolle Maßnahme zur Reduktion des Heizwärmebedarfs. Würden also die Volumenströme (in gewissen Grenzen) variabel ausgelegt, wäre auch eine witterungsabhängige Anpassung denkbar. Die (nicht absichtlich unter diesem Gesichtspunkt) vorgenommene Reduzierung der Lüfterleistung in der Bildungsherberge Anfang 2007 zeigt, dass durch verringerte Luftwechsel die Feuchte in tolerierbarem Rahmen gehalten werden kann. In Falle einer Luftheizung ist jedoch zu bedenken, dass in diesem Fall mit geringeren Luftvolumenströmen auch nur eine geringere Heizleistung zur Verfügung steht.

Ein grundsätzlicher Unterschied ergibt sich auch durch die Art der Wohnform. Bei Wohnheimen mit größeren Wohngruppen (drei Personen und mehr) zeigen sich immer wieder Probleme bei den gemeinsam genutzten Küchen. Hier besteht einerseits die Erwartungshaltung, dass die Lüftungsanlage wie eine „Dunstabzugshaube" Koch- und Essensgerüche schnell beseitigt. Geschieht dies nicht, wird an der Funktionalität der Anlage gezweifelt, was zu Unzufriedenheit führt. Als Konsequenz steht in den Küchen oft das Fenster dauerhaft offen, was die Effizienz der Wärmerückgewinnung reduziert und die Wärmeverluste über den Luftaustausch erhöht.

Auch das Thema Schallschutz hat bei Wohngemeinschaften eine andere Bedeutung – je größer die Wohngemeinschaften, umso häufiger wurden die zur Luft- Überströmung unterschnittenen Türen aufgrund von Schallübertragungen in die Zimmer als störend empfunden.

### 4.3. Nutzung und Komfort im Sommer

Auch während des Sommers fanden Messungen und Nutzerbefragungen statt. Die auf Messungen basierenden Untersuchungen fokussieren sich auf die Raumtemperaturen als Bewertungsmaßstab für den sommerlichen Komfort. Ergebnisse aus Nutzerbefragungen sind nur teilweise aus speziell auf den Sommerfall ausgerichteten Befragungen verfügbar. Wie bereits zu Beginn des Kapitels erwähnt, lag bei den meisten Projekten der Schwerpunkt auf der Untersuchung des winterlichen Komforts.

#### 4.3.1. Messtechnische Erfassung und Analyse

Die Erfassung von Temperaturen in den Zimmern erfolgte ähnlich der Messungen im Winter mit Miniatur-Loggern. In Tabelle 4.2 sind die meteorologischen Randbedingungen in den Jahren der Messung für die verschiedenen Standorte angegeben.

**Tabelle 4.2)** Monatsmittelwerte der Außentemperatur und Summe der globalen Einstrahlung an den jeweiligen Standorten in den Jahren der Auswertung. Währen der Sommer 2006 bis zum August längere Hitzeperioden hatte, war der Sommer 2007 (in den nördlicheren Breitengraden) deutlich kühler.

|  | Burse 2006 | | Hagen 2007 | | Wien 2009 | |
|---|---|---|---|---|---|---|
|  | Außentemp [°C] | Globalstrahlg [kWh/m²] | Außentemp [°C] | Globalstrahlg [kWh/m²] | Außentemp [°C] | Globalstrahlg [kWh/m²] |
| Mai | 14,7 | 132,7 | 15,0 | 139,8 | 16,1 | 164,4 |
| Juni | 17,8 | 172,9 | 18,0 | 135,9 | 18,0 | 149,5 |
| Juli | 23,7 | 187,7 | 17,7 | 138,3 | 21,2 | 195,5 |
| Aug | 15,9 | 102,2 | 17,1 | 122,7 | 21,2 | 160,1 |
| Sept | 18,7 | 100,8 | 13,6 | 77,7 | 17,5 | 113,5 |

#### 4.3.1.1. Messungen im Sommer, Neue Burse NEH

Bei den Messungen bezüglich des sommerlichen Komforts in der Neuen Burse stehen für das Jahr 2006 für Innenraumtemperaturen nur Tagesmittelwerte zur Verfügung. Die

Messwerterfassung erfolgte zusammen mit der Überprüfung der Fensteröffnung. Die ausgewählten Messdaten stammen aus dem Zeitraum 01.05. bis 01.10.2006.

**Bild 4.44** Ansicht der Hauptfassade eines Flügels des NEH. Durch die raumhohen Fenster beträgt der Fensteranteil an der Fassade 54%. Dies ermöglicht eine gute Tageslichtnutzung, birgt aber das Problem von hohen solaren Einträgen im Sommer und damit einhergehender Überhitzung der Zimmer. Ein außenliegender Sonnenschutz ist nicht vorgesehen, von den Nutzern wird in der Regel innen nur ein Sichtschutz montiert, der als Sonnenschutz größtenteils unwirksam ist.
Foto: Tomas Rhiele

Der in Bild 4.45 dargestellte Zusammenhang zwischen Außen-und Innentemperatur zeigt ein Ansteigen der Temperaturen in den Zimmern auf über 26°C bei Außenwerten ab 18°C. Da für eine Auswertung nach derzeit gültigen Regelwerken zur Bewertung des Komforts wie der DIN EN 15251 keine Stundenwerte vorliegen, wurden als Bewertungsmaßstab Komfortgrenzen eingetragen, die in der zurückgezogenen DIN 1946 Teil 2 festgelegt sind [DIN1946].

Eine Bewertung des Komforts wird durch die Tatsache erschwert, dass die Belegung der Zimmer zur Zeit der Messung unbekannt ist. Wie die Kapitel zu Wasser- und Stromverbrauch (Kapitel 3.2.3.1, bzw. Kapitel 3.3.2.1) zeigen, ist das Wohnheim in den Sommermonaten nur gering belegt. Ist niemand anwesend, werden auch keine Maßnahmen zur Reduktion der Innenraumtemperaturen durchgeführt, wie nächtliches Lüften oder Verschattung über Tag.

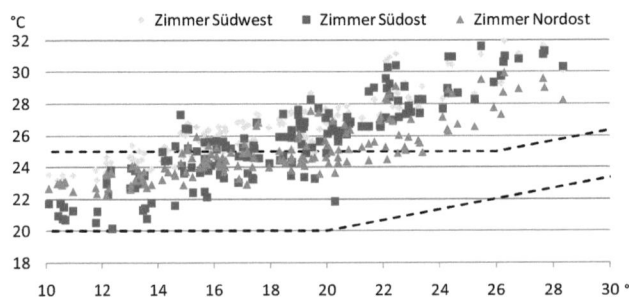

**Bild 4.45** Tagesmittelwerte aus verschiedenen ausgerichteten Zimmern in Abhängigkeit der Außentemperatur. Zur Bewertung sind die in der (nicht mehr gültigen) DIN 1946 Teil2 definierten Grenzen für operative Temperaturen eingetragen. Die Zimmer erwärmen sich teilweise stark, wobei keine Information zur tatsächli-

### 4.3.1.2. Messungen im Sommer, Neue Burse PH

Die Ausrichtung der Gebäudeflügel sind in NEH und PH aufgrund der gleichen Gebäudestruktur identisch, auch der transparente Anteil der Fassade ist fast gleich, die Fenster des PH haben zwar eine massivere Rahmenkonstruktion, dafür fehlt die im NEH in die Fenster integrierte Nachströmöffnung für Außenluft.

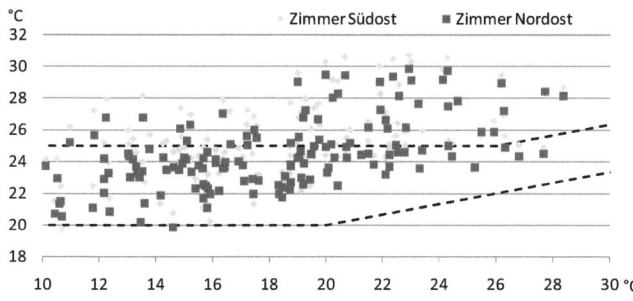

**Bild 4.46** Tagesmittelwerte der Temperaturen in Zimmern des PH der Neuen Burse, auch hier mit eingezeichneten Komfortgrenzen in Anlehnung an die DIN 1946, Teil 2.
In der Darstellung sind aufgrund von Ausfällen bei den Messgeräten nur Zimmer mit zwei verschiedenen Ausrichtungen verfügbar.

Im PH stellen sich bereits bei 20°C Außentemperatur Raumtemperaturen bis 30°C ein – aber auch hier kann nicht überprüft werden, ob dies bei Anwesenheit der Nutzer der Fall ist. Wie im NEH gibt es keinen außenliegenden Sonnenschutz, installiert sind nur als Sichtschutz wirksame innen montierte Rollos, die einfallende Strahlung nicht wirksam reflektieren können.

### 4.3.1.3. Messungen im Sommer, Bildungsherberge

In der Bildungsherberge wurden Messungen zum sommerlichen Komfort vom 1.08. bis 15.10.2007 in 10 der 16 Zimmer durchgeführt. Der Messzeitraum liegt nicht mehr im eigentlichen Kernsommer, zudem war der Sommer 2007 nicht ausgeprägt warm (siehe auch Tabelle 4.2).

Die Bewertung des sommerlichen Komforts erfolgt nach in der DIN EN 15251 definierten Komfortklassen. Bei der grafischen Darstellung ist zu beachten, dass die Stundenmittelwerte der Innenraumtemperaturen nicht der zeitgleichen Außentemperatur gegenübergestellt werden, sondern einem gleitenden Mittelwert, bei dem die Temperaturen der vorangegangenen Tage einfließen [DIN15251].

**Bild 4.47** Auswertung der Messdaten aus der Bildungsherberge. Die Messung fand nicht mehr im Kernsommer statt, durch die teilweise bereits kühlen Nächte ist das zugrundeliegende gleitende Außentemperaturmittel recht gering. Dennoch werden die Komfortklassen I, II und auch III überschritten.
Auch in der Bildungsherberge liegen keine Informationen zu Anwesenheit von Nutzern während der Messung vor.

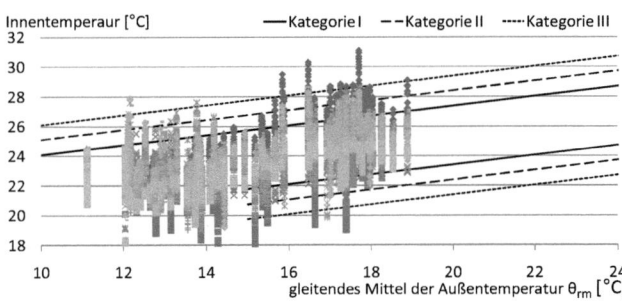

Bei der Auswertung zeigten sich in der Bildungsherberge zwei „Problemfelder". Zum handelt es sich um den festverglasten, nach Nordosten ausgerichteten Bereich am Ende der Flure. Bei der vollverglasten Pfosten- Riegel Konstruktion gibt es keinerlei Sonnenschutz sowie keine Öffnungsmöglichkeit zur Wärmeabfuhr über Fensterlüftung. Als Konsequenz heizen sich die Flurbereiche bereits in den Morgenstunden stark auf (bis über 30°C).
Der zweite Grund für Überhitzungsprobleme liegt in der Nutzung. Zwischen zwei Belegungen stehen die Zimmer häufig einige Tage leer. In der Regel sind währenddessen die Fenster geschlossen. Fährt der außenliegende Sonnenschutz nicht zuverlässig automatisch herunter, kommt es zu hohen solaren Einträgen und damit hohen Temperaturen.

### 4.3.1.4. Messungen im Sommer, Molkereistraße

In der Molkereistraße wurden vom 15.06. bis 13.09.2009 in insgesamt 30 Zimmern die Innenraumtemperaturen gemessen. Damit liegen in 5min Schritten gemessene Daten aus dem Kernsommer vor.
Bei der auf den Komfortparametern der DIN EN 15251 basierenden Auswertung fällt im Vergleich zur Bildungsherberge zunächst das deutlich höhere Niveau der Referenztemperatur auf, die auf einem gleitenden Mittelwert der Außentemperatur beruht. Das Temperaturniveau in den Zimmern ist durchgehend hoch, es liegt zu großen Teilen oberhalb der Kategorie I. Auch bei der Bewertung der Messergebnisse in der Molkereistraße ergibt sich die Schwierigkeit, dass Messungen von nicht belegten Zimmern in die Bewertung eingehen. Vor allem in der obersten Ebene, in der die Zimmer über Dachflächenfenster verfügen, werden Apartments zum Teil nur tageweise vermietet. Ein außenliegendes Rollo kann

solare Einträge verringern – wird aber oft beim Verlassen des Raumes eingefahren und ist damit unwirksam.

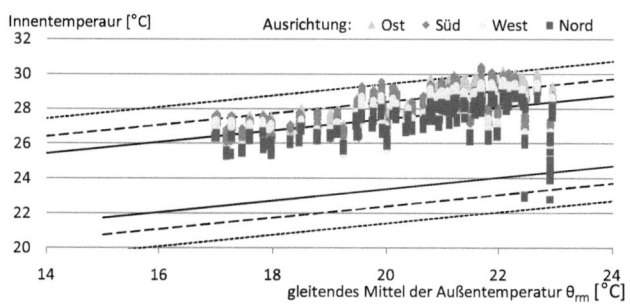

**Bild 4.48** Ergebnisse der Innentemperaturmessung in der Molkereistraße im Sommer 2009, es wurden jeweils Mittelwerte aus Zimmern gleicher Ausrichtung gebildet.
Bewertet nach Komfortkriterien der EN 15251 liegen große Zeitbereiche in allgemein weniger komfortabel bewertetem Bereich, allerdings existieren keine Informationen zur tatsächlichen Belegung der Zimmer.

Nach Beobachtungen und Aussagen des Begleitforschungsteams erfolgt nur eine geringe Nutzung der verfügbaren Verschattungs-elemente vor den Fenstern, zudem wird auch oft „falsch" gelüftet, d.h. tagsüber stehen Fenster offen, nachts bleiben sie trotz kühlerer Außenluft geschlossen.

### 4.3.2. Nutzung und Komfort im Sommer - Nutzerbefragung

Teilweise liegen für die einzelnen Objekte im Sommer durchgeführte Befragungen vor. Dabei kommt entweder der gleiche Fragebogen wie im Winter erneut zum Einsatz, oder die Fragen wurden speziell auf den Sommerfall angepasst.

#### 4.3.2.1. Befragung im Sommer, Neue Burse

Die Nutzerbefragung bezüglich des Komforts im Sommer fand im Juni 2005 statt – also ein Jahr vor den in Kapiteln 4.3.1.1 und 4.3.1.2 dargestellten Messungen. Zur Befragung ist anzumerken, dass die Witterungsbedingungen kurz vor und während der Messung nicht sehr sommerlich waren (siehe Bild 4.49)

**Bild 4.49)** Wetterdaten fünf Wochen vor- und während der Befragung (Zeitraum der Befragung ist blau hinterlegt). Die Woche vor der Befragung war größtenteils „durchwachsen", d.h. kühl und regnerisch.
Ende Mai gab es jedoch einige sehr sommerliche Tage.

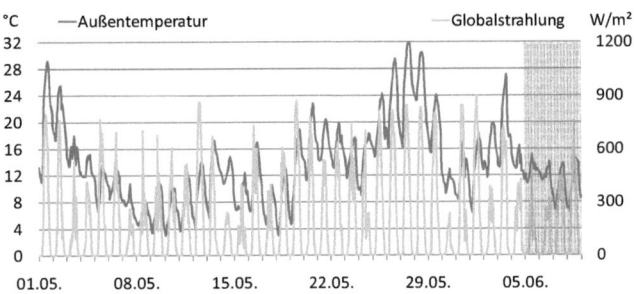

Die Rücklaufquote lag bei 231 (NEH: 119 Abgaben, PH: 112 Abgaben) ausgefüllten Fragebögen bzw. 36% der Nutzer.

Potentielle Einschränkungen des Wohnkomforts durch sommerliche Lasten waren bis zur Befragung erst an wenigen Tagen zu erwarten. Antworten auf die Frage nach dem Empfinden des Raumklimas zum Zeitpunkt des Ausfüllens zeigt aber, dass einige Nutzer die Temperaturen als „warm" bis „zu warm" empfanden.

**Bild 4.50)** Wie im Verlauf der Wetterdaten zu sehen, gab es vor der Befragung einige sommerliche Tage, aber noch keine längere Wärmeperiode.
Dennoch zeigt sich in den Antworten nach dem Temperaturempfinden im Apartment die Tendenz zu „warm" bis „zu warm".

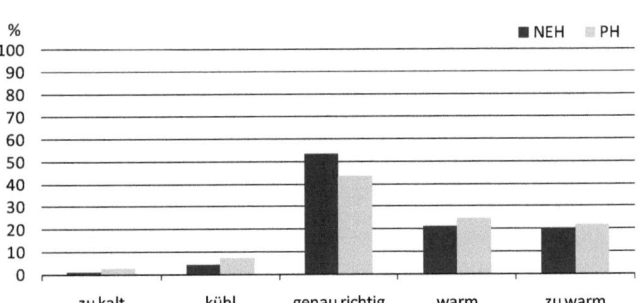

Auch im Sommer wurde untersucht, ob die Einschätzung der Temperatur mit der Ausrichtung der Apartments korreliert. In Bild 4.51 sind die Angaben der Nutzer in Anlehnung an die PMV-Skala in Abhängigkeit der Ausrichtung der Zimmer (die aus der Angabe der Zimmernummer ermittelt werden kann) aufgetragen.

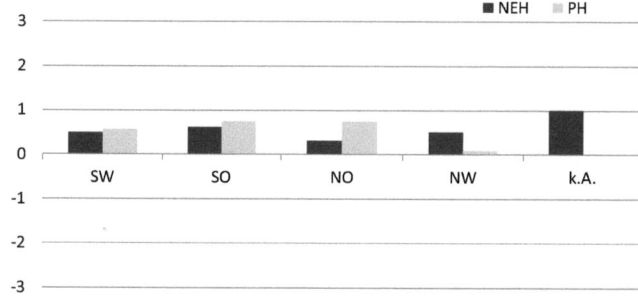

**Bild 4.51)** Angaben zum Temperaturempfinden in Anlehnung an die PMV Skala in Abhängigkeit der Ausrichtung der Zimmer in NEH und PH.
Eine klare Tendenz, dass eine Ausrichtung vermehrt als „warm" empfunden wird, ist nicht auszumachen, wobei gerade im PH am ehesten Zimmer mit Ostausrichtung, d.h. solaren Einträgen in den Morgenstunden, häufiger als „warm" genannt werden.

Eine eindeutige Tendenz, dass südausgerichtete Zimmer eher als „zu warm" empfunden werden lässt sich nicht erkennen. Im PH gibt es eine Tendenz, dass Zimmer, die teilweise nach Osten ausgerichtet sind, als „zu warm" angegeben werden. Dies wäre durch morgendliche Solareinträge plausibel. Durch die Topographie (Hanglage) ist die Sicht nach Osten beim PH freier als im NEH.

Bei der Frage, wie zufrieden die Nutzer mit der Temperatur im Apartment insgesamt sind (von „sehr zufrieden" über „mittelmäßig" zu „sehr unzufrieden"), ergab sich bei beiden Gebäuden „mittelmäßig" als häufigste Nennung. Das gleiche Ergebnis hat die Frage nach der prinzipiellen Zufriedenheit mit der Luftqualität im Apartment – in beiden Gebäuden beurteilen die Nutzer die Luftqualität als „mittelmäßig", als Gründe werden im NEH jedoch häufig die nicht auf Kippe stellbaren Fenster genannt, im PH die erhöhte Staubbelastung – also teilweise Gründe, die auch die Heizperiode betreffen.

Die Frage, ob die Nutzer im PH es begrüßen, dass man zur ausreichenden Luftzufuhr die Fenster nicht mehr öffnen muss, beantworten 20% mit ja, 80% verneinen dies.

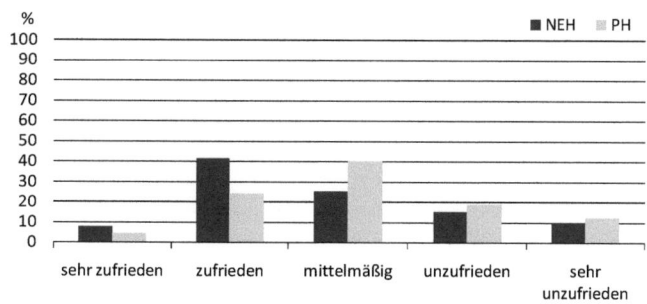

**Bild 4.52)** Frage nach der Zufriedenheit mit der Luftqualität im Apartment. Trotz der unzureichenden Luftwechsel sind die Bewohner des NEH eher mit der Luftqualität im Sommer zufrieden als die Nutzer im PH.

Insgesamt zeigten sich die Nutzer „zufrieden" bis „sehr zufrieden" mit dem ihnen zur Verfügung gestellten Wohnraum. Als besonders vorteilhaft an der Neuen Burse stand an erster Stelle die Nähe zur Universität.

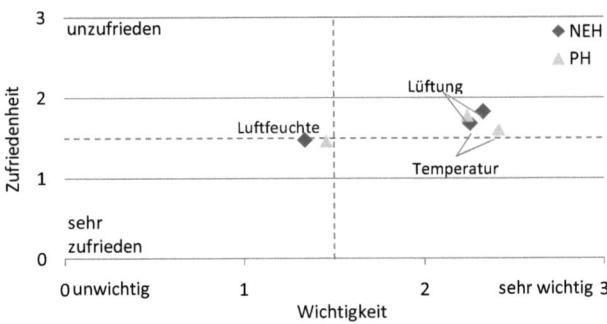

**Bild 4.53)** Matrix aus Wichtigkeit und Zufriedenheit mit Ergebnissen der Sommerbefragung.
Mit der Luftfeuchte sind die Nutzer noch am ehesten Zufrieden – wobei diese auch als nicht besonders wichtig angesehen wird. Luftqualität und Temperatur haben eine höhere Bedeutung, werden aber weniger gut bewertet als im Winterfall.

### 4.3.2.2. Befragung im Sommer, Molkereistraße

Auch in der Molkereistraße gab es gezielt Fragen zum sommerlichen Komfort. Diese waren Bestandteil des Fragebogens, der mehrfach ausgeteilt und ausgewertet wurde, d.h. die Antworten stehen nicht unbedingt im zeitlichen Zusammenhang mit dem Außenklima.

Bei einer Stichprobe Ende Juni 2008 konnten die Antworten jedoch direkt in den Kontext mit sommerlichen Randbedingungen gesetzt werden [OBER09]. Dies zeigt sich vor allem bei der Frage nach der Zufriedenheit mit der Raumtemperatur im Sommer – im Mittel aus allen Fragebögen sind 62% der Nutzer zufrieden, bei der Stichprobe Ende Juni nur 16%. (die in Kapitel 4.3.1.4 dargestellten Messwerte stammen aus dem nachfolgenden Jahr 2009).

Um im Sommer solare Einträge zu reduzieren, befinden sich vor den Fenstern verschiebbare Messingplatten als Verschattungselemente (siehe Bild 2.19). Die Möglichkeit der Nutzung ist zwar nahezu allen Nutzern bekannt, aber nur 53% der Befragten geben an, dies auch umzusetzen. Hinzu kommt die schon erwähnte eher kurze Aufenthaltsdauer der Bewohner (i.d.R. nur ein Semester) – was ein „Erlernen" einer sinnvollen Verschattungs- und Lüftungsstrategie erschwert.

### 4.3.2.3. Befragung im Sommer, Jülich und Birkenfeld

In beiden Projekten wurden zwar auch Befragungen im Sommer durchgeführt, aber keine bezog sich explizit auf den sommerlichen Komfort. Die Auswertungen fassen i.d.R. die Ergebnisse aus verschiedenen Zeiträumen zusammen. Daher lassen sich aus den zur Verfügung stehenden Auswertungen keine Aussagen zu Nutzerakzeptanz speziell für den Sommerfall ableiten.

### 4.3.3. Komfort im Sommer – Fazit aus Messung und Befragung

Sommerlicher Diskomfort durch Überhitzung der Apartments ziehen zwar für den Betreiber keine unmittelbaren Konsequenzen in Form von Energieverbrauch und daraus resultierender Kosten nach sich, da keines der Wohnheime aktiv gekühlt werden kann. Sie wirken sich aber auf die Zufriedenheit der Nutzer und damit auf die Attraktivität des Wohnheims aus.

Probleme mit Überhitzungen zeigen sich in den Messungen deutlicher als in den Nutzerbefragungen – wobei Befragung und Messung i.d.R. nicht zur gleichen Zeit durchgeführt wurden und die Aussagen der Messungen durch fehlende Information zur Belegung unscharf sind. Bei einer Stichprobe in der Wiener Molkereistraße, bei der gezielt unter sommerlichen Randbedingungen Befragungen durchgeführt wurden, wird der Komfort im Sommert deutlich schlechter bewertet als im Durchschnitt der Antworten (bei Verwendung des gleichen Fragebogens) [OBER09].

Die Ursachen sind dabei individuell verschieden. Bei der Neuen Burse existiert konstruktiv das Problem, dass ohne einen außenliegenden Sonneschutz solare Einträge im Sommer kaum wirkungsvoll vermeidbar sind. Existiert ein Schutz, wie in Hagen oder Wien, muss dieser von den Nutzern richtig bedient werden – was in beiden Fällen oft nicht geschieht. In der Bildungsherberge, wo auch das Problem der festverglasten Nordostfassade auftritt, ist ein angepasstes Nutzerverhalten aufgrund der kurzen Aufenthaltszeiten nicht zu erwarten. Dieses Problem trifft teilweise auch auf Wien zu – die meisten Nutzer bleiben nur ein Semester, es gibt auch Bereiche, die noch kurzfristiger vermietet werden. Der sinnvolle Umgang mit Verschattungselementen, nächtlicher Lüftung zur Wärmeabfuhr und Vermeidung von zusätzlichen Wärmelasten tagsüber bedarf einer gewissen „Lernphase", die – ähnlich wie beim Verhalten im Winter – durch die hohe Fluktuation verhindert wird.

## 4.4. Fazit Nutzung und Komfort – die Konzepte aus Sicht der Nutzer

Kapitel 1 zeigt: für den Großteil der Nutzer ist das Zimmer im Studierendenwohnheim die erste eigene „Wohnung". Die Entscheidung für ein Wohnheim erfolgt aus unterschiedlichsten Gründen, eine bewusste Entscheidung für ein „Passivhaus- Wohnheim" findet kaum statt. Selbst beim Einzug wird die „besondere Umgebung" nicht jedem klar, manchen Nutzern erschließt sich diese Tatsache bis zum Auszug nicht. Die Betreiber haben i.d.R. keine Kapazitäten über die „normale" Betreuung hinaus, die Nutzer mit eventuellen Besonderheiten vertraut zu machen – vorausgesetzt, das Betriebspersonal ist sich selbst dieser „Besonderheiten" in vollem Umfang bewusst.

Eine der größten Schwierigkeiten besteht in der hohen Fluktuation auf der Nutzerseite, aber auch durch Personalwechsel auf der Betreiberseite, sodass Know-How über Details im technischen Betrieb verloren gehen. Es ist daher kaum vermeidbar, dass es zu „Fehlverhalten" wie Fensterlüftung im Winter kommt.

Bei der Akzeptanz und dem Umgang mit „passivhaustypischen" Komponenten, in erster Linie Lüftungsanlagen, gibt es deutliche Unterschiede in der Wohnform. Bei den lüftungstechnisch „in sich abgeschlossenen" Einzelapartments tauchen eher Klagen über Strömungsgeräusche auf oder zu hohe Luftwechsel verschärfen die Problematik trockener Luft im Winter. Bei Wohnungen mit mehreren Nutzern stört häufig der unzureichende Schallschutz durch unterschnittene Türen. Die einzelne Vergabe der Zimmer in Wohngemeinschaften durch die Verwaltung, birgt das immer das Risiko schlecht funktionierender Gruppen. Probleme mit Schallschutz, aber auch unterschiedliche ausgeprägte Nutzung und Nutzungszeiten der Gemeinschaftsküchen sind hier generelle Herausforderungen, die in der wohnheimstypischen hohen Belegungsdichte liegen. Ein angepasstes Lüftungskonzept mit Zu- und Abluftanlage ist unter diesen Randbedingungen schwierig. Lösbar wäre es über eine lüftungstechnische Trennung von Zimmern und Gemeinschaftsräumen, was jedoch die Anlagentechnik komplexer macht und damit zusätzliche Kosten verursachen würde.

Lüftungsanlagen stellen zwar ausreichende Luftwechsel sicher, bei allen im Rahmen dieser Arbeit untersuchten Anlagen sind die Luftströme pro Zimmer aber eher zu hoch als zu niedrig eingestellt (mit Ausnahme des nicht geplanten geringen Betriebs in der Bildungsherberge). Speziell vor dem Hintergrund der Luftfeuchteproblematik im Winter sind Auslegungen der Anlagen kritisch zu hinterfragen und eingestellte Luftwechsel zu prüfen. Zu hohe Lüfterleistungen bedingen immer auch zusätzliche Wärmeverluste und unnötigen Stromverbrauch.

Dass die gewünschte Innenraumtemperatur eher bei 22°C und darüber liegt, ist aus anderen Messungen im Wohnungsbau bekannt. Die höheren Temperaturen stellen kein prinzipielles Problem dar; sie erhöhen den Energiebedarf – wie Messungen in Kapitel 3 sowie Simulation in Kapitel 5 zeigen – sind aus Komfortgründen aber akzeptabel. Einflüsse von Fehlern in der Regelungstechnik haben oft größere Auswirkungen. Für den Betreiber ist das Sicherstellen des Komforts von oberster Priorität. Bei den ausgewerteten Wohnheimen wird dieser Komfort auch weitestgehend erfüllt, wobei immer auch Raum für Optimierungen durch Information und „Schulung" der Bewohner bleibt.

# Simulation

Vorstellung eines Mehrzonen- Simulationsmodells in TRNSYS 16
Darstellung typischer Nutzerprofile
Vergleich technischer Konzepte unter Anwendung realitätsnaher Nutzungsprofile

5

## 5. Simulation

Basierend auf den Ergebnissen der Untersuchung realisierter Projekte in den vorangegangenen Kapiteln wird ein Simulationsmodell aufgebaut, mit dessen Hilfe sich unterschiedliche technische Konzepte untersuchen lassen, primär deren Einfluss auf Parameter wie Heizwärmebedarf und Einhaltung von Komfortbedingungen.

Dabei soll keine exakte Nachbildung eines realen Wohnheims erfolgen, sondern ein „virtuelles Testgebäude" entstehen, dessen Struktur sich an existierende Wohnheime anlehnt. Das erste Kapitel zeigt Aufbau und Konstruktion des virtuellen Wohnheims, es folgt eine Beschreibung der simulierten Haustechnik und schließlich die Darstellung der verwendeten Nutzerprofile

Ziel ist, das tatsächliche Nutzerverhalten in der Simulation möglichst realitätsnah abzubilden, um gezielt die „Störgröße" Nutzer einzubinden und damit verschiedene Szenarien zu untersuchen.

### 5.1. Das Modell

Die Abbildung des „virtuelle Studierendenwohnheim" erfolgte als Mehrzonenmodell im Programm TRNSYS, Vers. 16.01. Die Simulation erstreckt sich jeweils über ein Jahr, beginnend am 1.06. bis 31.05. des Folgejahres, die Berechnung erfolgt in 1 h Schritten. Durch die Simulation eines ganzen Jahres liefert ein Berechnungsdurchlauf typische Kennwerte wie den Jahresheizwärmebedarf. Durch den Start im Sommer befindet sich das Gebäude zu dem Zeitpunkt, in dem erste Heizlasten auftreten, in einem eingeschwungenen Zustand – es sind also keine Angaben zu Anfangs- oder Randbedingungen der Heizperiode nötig. Analysiert wird ausschließlich die Heizwärmezufuhr, Fragen zu sommerlichem Innenraumklima werden nicht untersucht.

Beim Vergleich von Simulationsergebnissen mit Messwerten aus Kapitel 3 ist zu beachten, dass im Simulationsmodell die Wärmeverteilung und -übergabe nicht abgebildet wird. Die berechnete Energie stellt die physikalisch mindest-notwendige Wärme dar, die zum Erreichen der gewählten Soll- Temperaturen aufgewendet werden muss. Real auftretende Speicher-, Verteil- und Übergabevorgänge der Heizung sind nicht Teil des Modells, ebenso wenig das dynamische Verhalten oder die Hydraulik verschiedener Heizsysteme. Dennoch zeigen die Ergebnisse qualitativ, welche Änderungen in den Randbedingungen sich wie auf den zu erwartenden Heizwärmebedarf auswirken.

Das Modell bildet bewusst kein reales Gebäude nach, d.h. konstruktive Details (Wärmebrücken, Einbau der Fenster, etc.) werden vereinfacht bzw. pauschalisiert angenommen.

Zu Vergleichszwecken erfolgt keine Änderung konstruktiver Parameter beim Einsatz unterschiedlicher Techniken. Dies verhält sich in der Realität anders: die Art der Luftführung bestimmt z.B. wie häufig die Außenhülle durchbrochen wird, bzw. ob und über welche Strecken Stränge mit kalter Luft durch das Gebäude laufen. Diese Effekte können real entscheidende Einflussfaktoren sein, spielen aber in diesem virtuellen Modell keine Rolle. Die Ergebnisse der Simulation sollen bei vergleichbaren Randbedingungen Hinweise geben, welche prinzipiellen Vor- und Nachteile sich aus der grundlegenden Systematik verschiedener Szenarien ergeben.

### 5.1.1. Konstruktion und Aufbau

Als Grundmodell wurde ein Aufbau mit Einzelapartments gewählt, wie er bei der „Neuen Burse" oder der Bildungsherberge Hagen vorliegt und in der Grundstruktur vieler Wohnheimen anzutreffen ist (siehe Grundrisse in Kapitel 2). Ein Vorteil dieser Anordnung ist, dass sich die Ergebnisse leicht auf ähnliche Nutzungsbedingungen wie Hotels übertragen lassen. Die Zimmer werden achsensymmetrisch entlang des Flures aufgereiht, wobei an einem Giebel ein unbeheiztes Treppenhaus den Raum eines Zimmers ersetzt.

Um die Einflüsse der Zimmer untereinander zu untersuchen, wurden alle Zimmer und die dazugehörigen Bäder sowie die Flure und Treppenhäuser als einzelne Zonen ausgeführt. Bei vier Geschossen ergeben sich 64 Zonen, bestehend aus 28 Zimmer, 28 Bädern, 4 Fluren und 4 Treppenhausräumen. Das Gebäude ist ein Massivbau, Details der Konstruktion, bzw. Wandaufbauten sind in Tabelle 5.1 zu sehen.

**Tabelle 5.1)** Schematischer Aufbau der im virtuellen Wohnheim verwendeten Bauteile.

| Bauteil | Aufbau schematisch | Bauteile | U-Wert [W/m²K] |
|---|---|---|---|
| Außenwand | | KS- Stein, 24cm<br>WDVS, 20cm WLG 035<br>Außenputz | 0,16 |
| Bodenplatte | | Holzfußboden, Estrich<br>Trittschalldämmung, 1cm<br>Bodenplatte, 22cm<br>Dämmung, 23 cm WLG 035 | 0,14 |
| Dach | | Dämmung, 32cm WLG 035<br>Beton, 15cm<br>Putz | 0,11 |
| Zimmerdecke | | Holzfußboden,<br>Trittschalldämmung,<br>Beton, 15cm | 1,13 |
| Trennwand Zimmer | bzw. | Beton, 10cm verputzt, bzw.<br>Dämmung, 3cm WLG 035<br>(siehe Kapitel 5.2.5) | 4,0 bzw. 0,53 |
| Trennwand Bad | | Gipskartonplatte,<br>Dämmung, 2cm WLG 040<br>Luftschicht, 3cm<br>Gipskartonplatte, | 1,35 |
| Trennwand Flur | | Gipskartonplatte,<br>Dämmung, 2cm WLG 040<br>Luftschicht, 3cm<br>Gipskartonplatte | 1,35 |

Die Zonen tauschen als „adjacent Zones" Wärme über die definierten Trennwände bzw. -decken aus. Teilweise kommt es zwischen den Zonen auch zum Luftaustausch – in die Bäder, die auf 24°C temperiert werden, strömt Luft aus den Zimmern und wird dort abgesaugt. Internen Luftaustausch gibt es auch zwischen den Zonen „Zimmer" und „Flur" (Undichtigkeit, Tür öffnen), sowie „Flur" und „Treppenhaus". Interne Luftleckagen zwischen den Zimmern sind nicht implementiert und aufgrund vernachlässigbarer Druckdifferenzen auch real nicht zu erwarten.

Raster und Anzahl der Zimmer wurde so gewählt, dass unterschiedliche Situationen auftreten können: Zimmer, die rundum von anderen Zimmern umschlossen sind bis zu Zimmern mit drei Außenflächen. Durch die achsensymmetrische Anordnung der Apartments ergibt sich keine primäre Orientierung, bei solaren Einträgen profitiert immer nur die der Sonne zugewandte Seite. Bei den Simulationen lag jedoch das Treppenhaus immer auf der eher der Sonne abgeneigten Seite. Die Bilder Bild 5.1 und Bild 3.2 zeigen skizzenhaft den Aufbau des Modells.

Bis auf Untersuchungen zur Ausrichtung in Kapitel 5.2.3 ist das Gebäude immer als Nord-Süd ausgerichtet angenommen (siehe auch Bild 5.2).

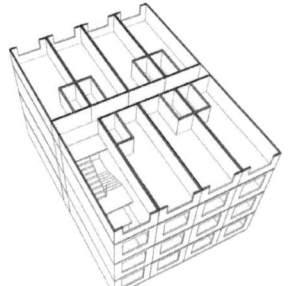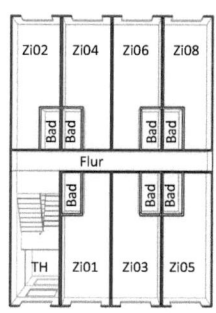

**Bild 5.1)** Skizzenhafte Visualisierung des Simulationsmodells. Der konstruktive Aufbau wurde nach den Gesichtspunkten „möglichst gute Vergleichbarkeit der Zonen" und „Dar-stellbarkeit verschiedener Randbedingungen" gewählt. Eine energetische Optimierung der Gebäudestruktur fand nicht statt.
Der achsensymmetrische Aufbau mit Zimmern rechts und links der Flure findet sich in einer Vielzahl realer Wohnheime (siehe auch Kapitel 2).
Grafik: Sketchup 7

Transparente Flächen sind in erster Linie die Zimmerfenster (Fassadenanteil Glas: 28%), auf den „Querseiten" existieren lediglich Fenster an den Stirnseiten der Flure (Fassadenanteil Glas 4%). Verschattungs-elemente, die solare Einträge reduzieren, sind nicht eingebunden, solare Gewinne werden also nur durch den g-Wert der Fenster reduziert (g-Wert Verglasung: 0,41).

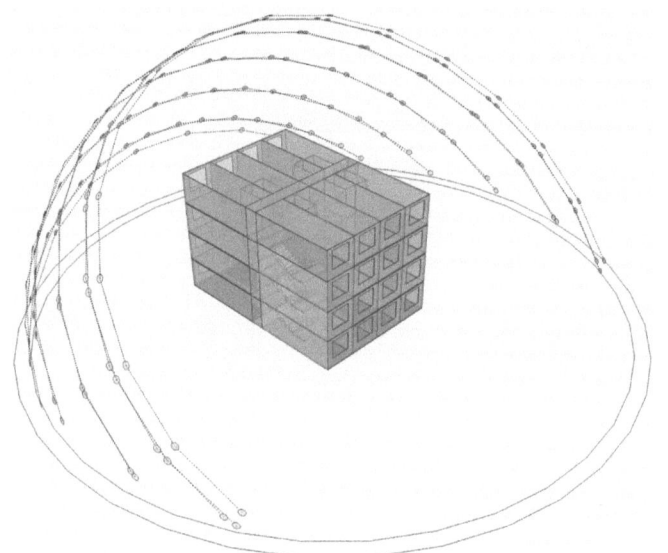

**Bild 5.2)** Die meisten Untersuchungen wurden mit einem Nord- Süd ausgerichteten Modell berechnet – hier mit skizziertem Sonnenverlauf.
Aufgrund der Achsensymmetrie spielt die Ausrichtung eine untergeordnete Rolle – da immer nur eine Hälfte des Gebäudes von solarer Einstrahlung profitieren kann, während die gegenüberliegende Seite verschattet ist.
Grafik: Google Sketchup 7

Wie eingangs erwähnt, erhielt der Baukörper keine „gestalterische Optimierung". So ergibt sich aus den Proportionen ein eher schlechtes A/V Verhältnis vom 0,5 m²/m³. Die Fenster bekamen zur Vereinfachung vordefinierte Profile aus TRNSYS, die einen im Verhältnis zur hochwertigen Verglasung schlecht gedämmten Rahmen haben.

Das Gebäude wurde zum Vergleich mit diesen Parametern im PHPP (Version 2004) eingegeben. Dabei ergibt sich der Passivhaus-typische Heizwärmebedarf < 15 kWh/m²a [PHSIM].

Als Lüftungsgerät diente der Type 334 – ein Lüftungsgerät mit sensibler und latenter Wärmerückgewinnung, der nicht zur Standard- Installation von TRNSYS gehört. Das Modell ist als „Nonstandard Type" über die Transsolar Energietechnik GmbH erhältlich [TP334].

**Tabelle 5.2)** Gebäudekenndaten des „virtuellen Wohnheims", mit denen sowohl die TRNSYS Simulation durchgeführt wurde als auch eine Bilanzierung im PHPP.

| | |
|---|---|
| Außenwände | KS-Mauerwerk, WDVS, 20 cm Dämmung, WLG 035<br>U-Wert: 0,16 W/m²K |
| Fenster | 3 Scheiben, Krypton Füllung<br>$U_G$: 0,68 W/m²K, g-Wert Glas: 0,41<br>Rahmen: Holzrahmen, $U_F$: 1,6 W/m²K<br>$U_W$: 1,05 W/m²K, |
| A/V Verhältnis | 0,50 m²/m³ |
| Fensterflächen<br>% Fassadenanteil<br>(bei Nord- Süd- Ausrichtung) | Nord 60%, Nordwest 28%, Nordost, West 4%, Ost 4%, Südwest, Südost 28%, Süd |
| Transmissionsverlust $H_T$ | 0,25 W/m²K ($H_T'$ gemäß EnEV)<br>0,28 W/m²$_{NGF}$K |
| Lüftungswärmeverlust $H_V$ | 0,11 W/m²$_{NGF}$K (bei n=0,4 h$^{-1}$) |
| Interne Gewinne | 3,5 W/m² |
| Lüftung | Zentrale Zu- und Abluftanlage mit Wärmerückgewinnung,<br>$n_{Lüftungsanlage}$=0,4 h$^{-1}$<br>bzw. dezentrale Lüftungsgeräte pro Apartment.<br>$\eta_{WRG}$=82% / 70% / 60% |
| Verfügbare Heizleistung | 50 W/m² bzw. 15 W/m² |
| Flächen | NGF (beheizt): 762 m² (608m²) |
| Anzahl Wohneinheiten | 28 |
| Heizwärmebedarf nach PHPP | 13,4 kWh/m²a ($T_I$=20°C)<br>17,3 kWh/m²a ($T_I$=22°C) |

**Bild 5.3)** Jahresbilanzen der Gewinne und Verluste auf Basis der Abbildung des „virtuellen Wohnheims" im PHPP unter Verwendung der gleichen Konstruktions- und Klimadaten wie in der Simulation.

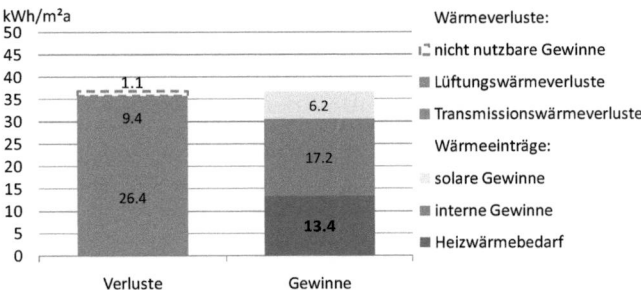

## 5.1.2. Klimatische Randbedingungen

Als Standortklima diente ein Meteonorm Datensatz von Stuttgart. Typische Kenndaten des Testjahres sind in Bild 5.4 und Tabelle 5.3 dargestellt. Die Heizgradstunden liegen teilweise deutlich über den in Tabelle 3.1 angegebenen Werten der betreffenden Jahre für die in Kapitel 3 untersuchten Objekte. Die Verwendung eines „strengeren" Winters soll die Unterschiede verschiedener simulierter Szenarien deutlicher hervortreten zu lassen.

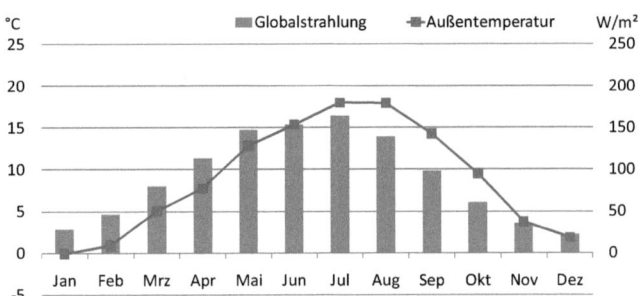

**Bild 5.4)** Darstellung von Einstrahlung und Außentemperatur des genutzten Referenzklimas als Monatsmittelwerte.

**Tabelle 5.3)** Daten des Referenzklimas

| | |
|---|---|
| Heizgradtage[25]: | 1757 Kd |
| Heizgradstunden | 88,75 kKh |
| Minimale Temperatur (Tagesmittel): | Januar: -9,1°C |
| Höchste Temperatur (Tagesmittel): | Juli: 25,2°C |
| Globalstrahlung: | 1085 kWh/m²a |

### 5.1.3. Lüftung – unterschiedliche Konzepte

Bei der ventilatorgestützten Lüftung wurden verschiedene Konzepte angesetzt: ein Modell mit zentraler Lüftungsanlage sowie ein Modell, in dem jedes Apartment über ein eigenes dezentrales Lüftungsgerät mit WRG verfügt. Letzteres ist eher als theoretischer Grenzfall

---

[25] Nach VDI 3807, Heizgrenze 12°C

zu sehen, da die raumweise Installation von Lüftungsgeräten einen hohen technischen Aufwand bedeutet.

Bei den zentralen Anlagen werden Wärmeverluste über Rohrleitungen in gewissem Umfang berücksichtigt, bei den dezentralen Geräten findet ein Wärmeaustausch der Luft mit der Umgebung nur im Wärme-übertrager der WRG statt.

Beide Konzepte wurden noch einmal unterteilt, in dauerhaft bzw. nutzungsunabhängig laufende Lüftungsanlagen und nutzerabhängiger Betriebsweise, in folgenden Grafiken abgekürzt als m̲it / o̲hne A̲nwesenheitsk̲ontrolle – AK. In die Zimmer strömt ein Zu- und Abluft-volumenstrom von 25 m³/h (entspricht einem Luftwechsel von 0,49 $h^{-1}$ im Zimmer, ohne Berücksichtigung von Infiltrations- und Fensterluftwechsel), ist der Bewohner nicht anwesend, reduziert sich beim Konzept mit AK der Volumenstrom auf 10 m³/h (n = 0,2 $h^{-1}$), ohne AK bleibt er konstant bei 25 m³/h. Eine zeitweise Erhöhung des Luftwechsels (z.B. beim Kochen, Anwesenheit von Besuch) durch die Lüftungsanlage findet nicht statt.

Der über die Lüftungsanlage induzierte Volumenstrom von 25 m³/h ist bewusst gering gewählt, dabei gehen die in Kapitel 3 und 4 gewonnenen Erkenntnisse ein, den Luftaustausch zwar so hoch wie zum Erreichen hygienischer Zustände nötig zu wählen, aber aus Gründen der Raumluftfeuchte und zu erwartender Fensterlüftung im Winter so gering wie möglich zu halten. Bezogen auf das gesamte beheizte Gebäudevolumen ergibt sich ein Luftwechsel von 0,4 $h^{-1}$.

## 5.1.4. Heizung und Kühlung

Die Heizwärmezufuhr erfolgt größtenteils direkt in den Zonen. Dabei wird eine „Setpoint" Temperatur vorgegeben und in der Simulation pro Zeitschritt die nötige Heizleistung zum Erreichen dieser vorgegebenen Temperatur berechnet. Wie schon zu Beginn dieses Kapitels erwähnt, ist der daraus resultierende Heizwärmebedarf die physikalisch notwendige Energie, um die Temperatur in der Zone aufrecht zu erhalten. Systemspezifische Verteil- und Übergabeverluste werden nur in Teilbereichen berücksichtigt: bei zentralen Lüftungsanlagen bildet beispielsweise ein Type für Rohrleitungen Wärmeverluste über die Kanalführung ab.

Ein Teil der nötigen Heizwärme bringt das „System Lüftungsanlage" ein, i.d.R. für den Frostschutz des Wärmeübertragers der Wärmerückgewinnung. Eine Frostschutzschaltung verhindert, dass sich im Wärmeübertrager Eis bildet, indem ein Heizregister bei der Unterschreitung der Fortlufttemperatur unter 2°C die Außenluft auf 10°C vorwärmt. Die dafür notwendige Energie wird dem Heizwärmebedarf zugerechnet.

Für die Rechnungen ist die maximal in den Zonen zur Verfügung stehende Heizleistung zwar limitiert, das Limit mit umgerechnet 50 W/m² Wohnfläche aber recht hoch gewählt. Mit der prinzipiellen Limitierung soll verhindert werden, dass in bestimmten Situationen (große Lastwechsel, z.B. durch Fensteröffnungen in der Heizperiode) unrealistisch hohe Wärmeströme fließen. Die Grenze wurde aber hoch angesetzt, um den berechneten Bedarf in Summe nicht durch beschränkte Heizleistung zu begrenzen. Um die Auswirkungen geringerer zur Verfügung stehender Heizleistung untersuchen zu können, fanden auch Berechnungen mit 15 W/m² verfügbarer Heizleistung statt (siehe Kapitel 5.2.8). Bei der Soll-Temperatur wurden zunächst Simulationen mit 20°C und 22°C in allen Zimmer durchgeführt, anschließend in Anlehnung an die gemessenen Temperaturen in Kapitel 4.2 Sollwerte von 20°C bis 24°C gewählt, wobei die Wahl unterschiedlicher Temperaturen in Anlehnung an die Häufigkeitsverteilung aus den Feldmessungen stattfand (siehe Bild 5.5). Der Mittelwert aller Soll- Temperaturen liegt wieder bei 22°C. Für alle Badzimmer wurden einheitlich 24°C angesetzt. Die Heizung in Zimmer und Bad schaltet im Regelfall beim Verlassen des Zimmers ab, um zu überprüfen, ob einzelne Zimmer bei längerem Leerstand auskühlen. Was passiert, wenn die Heizung beim Verlassen des Zimmers aktiv bleibt, wird in Kapitel 5.2.8 untersucht.

**Bild 5.5)** Häufigkeitsverteilung der Sollwerte für die Innentemperaturen.
Der Mittelwert liegt bei 22°C, in welchem Zimmer ein betreffender Sollwert herrscht, wird zu Beginn jedes Simulationslaufs per Zufall bestimmt. Die Häufung der Temperaturklassen bleibt dabei unverändert.

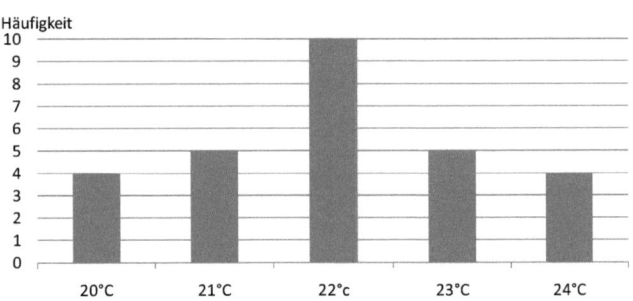

Um eine Reduktion der nötigen Heizwärme durch Wärmespeicherung in der Gebäudemasse auf ein realistisches Niveau zu reduzieren wurde neben der Heizung auch die Kühlung der Zonen aktiviert. Durch die hohen Zeitkonstanten stark gedämmter Gebäude käme es sonst zu unrealistischen Verschiebungen von eingespeicherter Wärme aus Zonen mit hohen Temperaturen in Zeiten mit Heizwärmebedarf. Die Kühlung steht mit unbegrenzter Leistung zur Verfügung und begrenzt die Temperaturen in den Zonen auf 26°C.

## 5.1.5. Nutzung – interne Quellen und Fensterlüftung

Wie sich bei der Analyse bestehender Wohnheime gezeigt hat, ist durch die Belegungsdichte der Studierendenwohnheime mit hohen internen Gewinnen durch Personen und den Betrieb elektrischer Geräte zu rechnen. Allerdings unterliegen diese Wärmeeinträge großen Schwankungen. Um ein möglichst reales Nutzungsszenario abzubilden, wurden zunächst grundlegende Nutzungsprofile erstellt und diese anschließend auf die Zimmer verteilt.

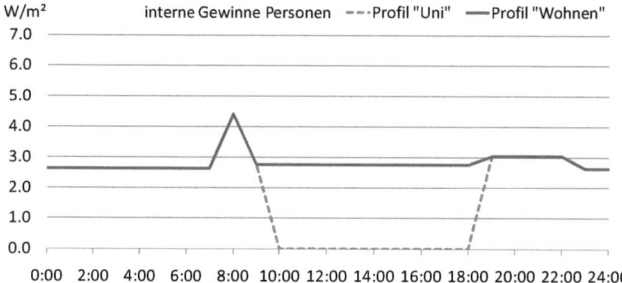

**Bild 5.6)** Hinterlegte Profile für interne Gewinne durch Personen in einem Apartment an Wochentagen. Es werden zwei Profile unterschieden – einmal bleiben die Nutzer ganztägig zu in der Wohnung, beim zweiten Profil sind sie zwischen 10:00 und 18:00 Uhr außer Haus.

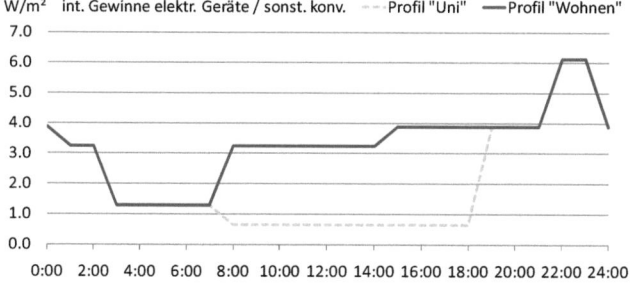

**Bild 5.7)** Profil für (konvektive) Wärmeeinträge, hauptsächlich durch elektrische Geräte.
Auch hier sind zwei Anwesenheitsprofile hinterlegt. Die Einträge in den Abendstunden wurden an die solare Einstrahlung gekoppelt, um von der Beleuchtung verursachte Wärme von der Verfügbarkeit von Tageslicht abhängig zu machen.

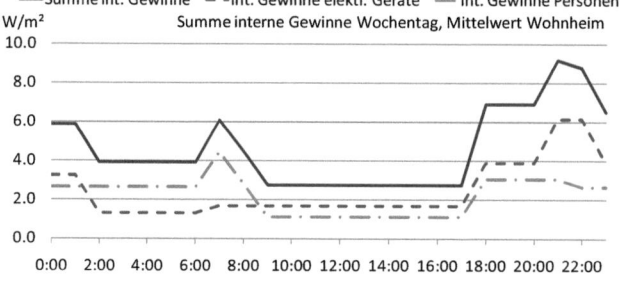

**Bild 5.8)** Lastgangprofil interner Gewinne an einem Wochentag als Mittelwert aus allen Zonen.
Im Tagesmittel ergeben sich (Wochentag im Semester) interne Gewinne von 4,65 W/m². An Wochenenden, bzw. Semesterferien reduzieren sich diese entsprechend.

Neben Tagesprofilen sind auch Feiertage und Semesterferien hinterlegt, die zu unterschiedlichen Anwesenheitszeiten führen, d.h. für jedes Zimmer ist extra angegeben, ob der Nutzer am Wochenende da ist, in den Sommersemesterferien, den Wintersemesterferien, an Weihnachten sowie an Ostern. Der Anteil anwesender Nutzer orientiert sich an den in Kapitel 3.2 und 3.3 aus Wasserzapfung und Stromverbrauch ermittelten Belegungsdichten.

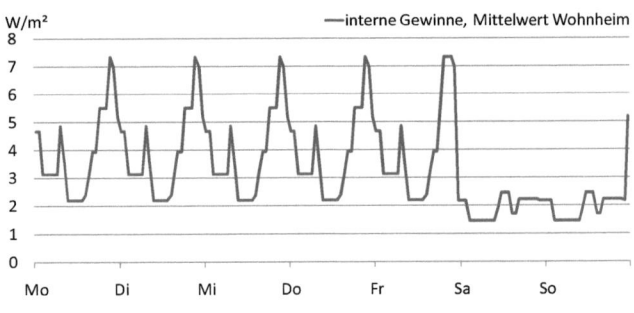

**Bild 5.9)** Lastprofil der internen Gewinne als Mittelwert aus allen Zonen für eine Woche im Semester.
Am Wochenende sind nur ca. 50% der Apartments belegt, die Zeitprofile für Personen und elektrische Geräte an freien Tagen wurden ebenfalls angepasst. Im Mittel ergeben sich nutzbare interne Gewinne von 3,5 W/m², die als Berechnungsgrundlage im PHPP dienten.

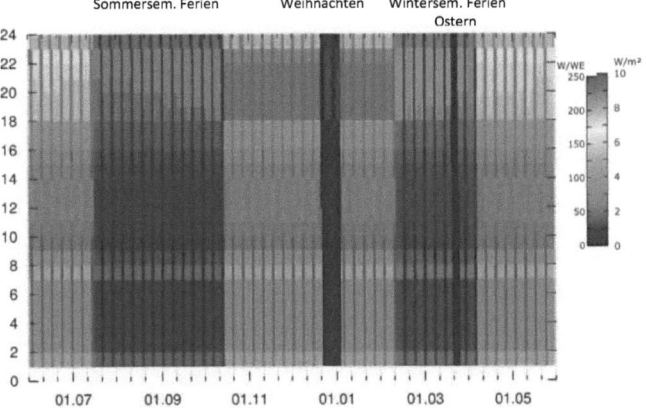

**Bild 5.10)** Darstellung der internen Gewinne über den Simulationsverlauf als Carpet-Plot.
In den Semesterferien und an Feiertagen wie Weihnachten und Ostern sind entsprechend viele Apartments nicht belegt.

Jedem Belegungsprofil ist auch ein „Fensterlüftungsprofil" zugeordnet, wann (bei Anwesenheit der Nutzer) Fensterlüftung stattfindet. In allen Zimmern werden bei Überschreitung von 25°C Raumtemperatur die Fenster geöffnet und ein zusätzlicher Außenluftwechsel von $n=1\ h^{-1}$ angesetzt (wobei auch hier nur, wenn Personen anwesend sind). Ist kein Nutzer da, kann sich der Raum nicht über 26°C erwärmen, da, wie im vorangegangenen Kapitel beschrieben, dann die Kühlung eingreift.

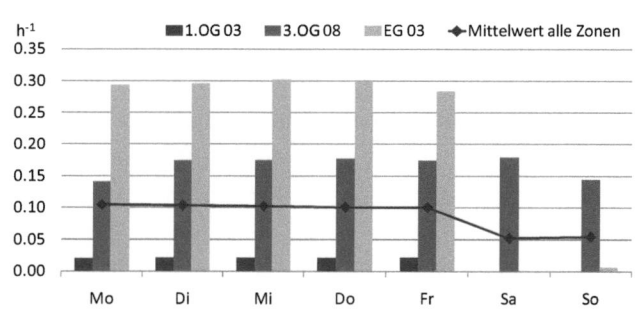

**Bild 5.11)** Infiltrationsluftwechsel über Fensterlüftung als Tagesmittelwert in drei verschiedenen Zimmern, sowie als Mittelwert aus allen Zonen. Die Bezeichnung der Zimmer ist nur beispielhaft – beim Großteil der Simulationsläufe wurden die Nutzungsprofile zufällig auf die verschiedenen Zonen verteilt.
Der mittlere Fensterluftwechsel am Wochenende sinkt durch die geringere Belegung.

Neben der innentemperatur- induzierten Lüftung wurden drei typische Fensterlüftungsprofile definiert, die sich auch in den Felduntersuchungen häufig gezeigt haben[26]:
- Lüftung morgens: von 7:00 bis 8:00 Uhr mit n=1,0 $h^{-1}$.
- Lüftung tags: von 15:00 bis 17:00 Uhr mit n=0,7 $h^{-1}$.
- Lüftung nachts: von 23:00 bis 7:00 Uhr mit n=0,3 $h^{-1}$.

Diese Lüftungstypen wurden (auch in Kombination) auf verschiedene Zimmer – unterschiedlich häufig – verteilt. Während das Profil „Lüftung morgens" in 18 der 28 Profile auftritt, wohnen nur in sechs Apartments „Nachtlüfter". Die sich daraus ergebenden Infiltrationsluftwechsel für das ganze Gebäude bzw. für einzelne Apartments sind in Bild 5.11 zu sehen.

Gewisse, in der Realität auftauchende Phänomene in Bezug auf Fenster- bzw. Infiltrationsluftwechsel gibt diese Simulation nicht wider:
Der Luftwechsel bei Fensteröffnungen ist fest vorgegeben und unabhängig von der Temperaturdifferenz zwischen innen und außen. In der Realität sind Dichteunterschiede der Luft aufgrund ihrer Temperatur (neben der Windanströmung) die treibende Kraft für den Luftaustausch. Im Winter kommt es evtl. sogar zu höheren auftriebsinduzierten Luftwechseln, im Sommer findet über die Fenster (bei fehlender Wind- Anströmung des Gebäudes) nahezu kein Luftaustausch statt. Da bei höheren Außentemperaturen allerdings auch kein Heizwärmebedarf besteht, wirkt sich dies kaum auf das Ergebnis aus.

---

[26] Die angegebenen Luftwechsel sind Außenluftwechsel, zusätzlich zur mechanischen Lüftung über die Lüftungsanlage

Fensteröffnungen haben in der Simulation auch keinen Einfluss auf die Hydraulik der Lüftungsanlage. Eine bei geschlossenem Gebäude abgeglichene Anlage kann real bei geöffneten Fenstern zu unausgeglichenen Volumenströmen in den einzelnen Apartments führen.

## 5.2. Ergebnisse

In den folgenden Abschnitten werden Ergebnisse der Simulationsrechnungen dargestellt und diskutiert. Dabei handelt es sich um Resultate aus einzelnen Simulationsläufen sowie aus Parametervariationen generierte Mittelwerte mehrer Simulationsrechnungen.

### 5.2.1. Verteilung der Nutzerprofile

Beim Vergleich verschiedener technischer Konzepte wie der Konzeption der Frischluftversorgung ergibt sich die Frage, inwiefern die interne Verteilung verschiedener Nutzerprofile einen Einfluss auf den Heizwärmebedarf hat. Oder anders formuliert: reagieren bestimmte Systeme mehr oder weniger empfindlich auf bestimmte Belegungsstrukturen?

Wie zu Anfang dieses Kapitels beschrieben, ist jedes Zimmer mit einem eigenen Nutzungsprofil belegt. Diese entsprechen in der Realität beobachteten Verhaltensmustern. Die Verteilung dieser Nutzungstypen auf die einzelnen Zimmer ist jedoch nicht vorhersehbar. Es könnte also sein, dass es besonders „günstige" oder „ungünstige" Konstellationen gibt (hohe Solltemperaturen nur in nordausgerichteten Zimmern o.ä.). Um festzustellen, ob die Verteilung der Nutzungsprofile innerhalb des Wohnheims einen Einfluss auf die Simulationsergebnisse hat – und wenn, ob dieser Einfluss bei unterschiedlichen technischen Konzepten unterschiedlich ausgeprägt ist – wurde die Zuordnung der vorher definierten Nutzerprofile zufällig auf die Zimmer verteilt und mit diesen Zuordnungen Simulationsläufe durchgeführt.

Ohne Aktivierung der in Kapitel 5.1.5 genannten Fensterlüftungsprofile und einer einheitlichen Festlegung der Soll- Temperaturen für alle Apartments auf 20°C (Badezimmer 24°C) – also etwa den Bedingungen bei der Bestimmung des Heizwärmebedarfs aus der stationären Bilanz – schwankt das Simulationsergebnis der einzelnen Rechnungen nur sehr gering um einen Mittelwert, der mit den Berechnungen des PHPP korreliert.

Werden neben den schwankenden internen Gewinnen unterschiedliche „Fenster-Lüfter" Profile einbezogen und höhere Solltemperatur für die Apartments unterschiedlich verteilt, erhöht sich einerseits der berechnete Bedarf deutlich, zudem schwanken die Ergebnisse der Simulationsläufe stärker.

Der Heizwärmebedarf aus allen Berechnungen wurde mit Hilfe des Kolmogorow-Smirnow Tests (K-S-Test) untersucht. Das Ergebnis zeigt, dass bei 50 Simulationsrechnungen mit hoher Wahrscheinlichkeit (Signifikanz > 90%) eine Normalverteilung vorliegt (siehe Bild 5.12 und Bild 5.13).

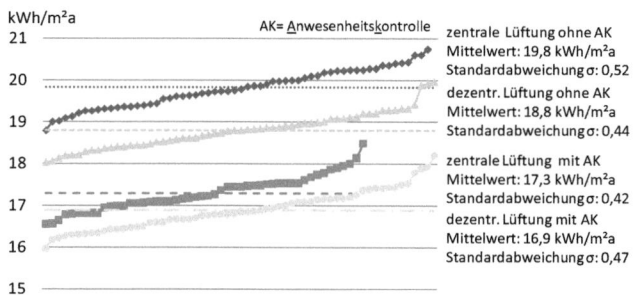

**Bild 5.12)** Einzelne Ergebnisse der Simulationsrechnungen, der Größe nach sortiert aufgetragen. Zu beachten: auch hier fängt die Größenachse zur besseren Darstellung nicht bei null, sondern bei 15 kWh/m²a an, da die Ergebnisse nur wenig voneinander abweichen. Zu den jeweiligen Simulationsläufen ist der Mittelwert aus allen Ergebnissen, sowie die Standardabweichung von diesem Mittelwert angegeben.

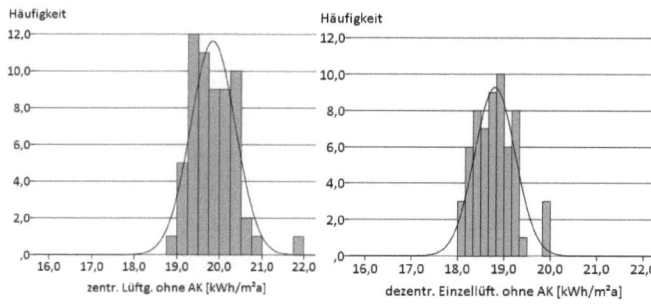

**Bild 5.13)** Histogramme der Häufigkeitsverteilung der Ergebnisse für den Heizwärmebedarf. Die Werte streuen mit einer Standardabweichung von etwa 0,5 kWh/m²a um das jeweilige arithmetische Mittel. In fast allen Simulationen zeigten sich ab 50 Rechnungen die Ergebnisse mit >90% Signifikanz innerhalb einer Normalverteilung.
Grafik: SPSS 12

Werden Nutzungsprofile wie zusätzliche Fensterlüftung, sowie unterschiedliche Anforderungen an die Raumtemperatur bei der Simulation einbezogen, erhöht sich der Heizwärmebedarf im Fall der zentralen Lüftungsanlage mit gleichbleibendem Luftwechsel von 13,9 kWh/m²a auf 19,8 kWh/m²a (Mittelwert aus 50 Simulationen).

**Tabelle 5.4)** Vergleich der Simulationsergebnisse bei gleichmäßiger Nutzung und 20°C Solltemperatur bis zu „realer" Nutzung mit entsprechend erhöhten Temperaturen und verstärkter Fensterlüftung. Aus den höheren Standardabweichungen der Simulationsergebnisse wird deutlich, dass alleine durch Unterschiede in der räumlichen Belegung (bei ansonsten gleichem Nutzungstyp) der Wärmebedarf deutlich schwanken kann.

|  | „Norm Nutzung" 20°C Solltemperatur | | spezif. Nutzungsprofile 22°C Solltemperatur | | spezif. Nutzungsprofile 20-24°C Solltemperatur | |
| --- | --- | --- | --- | --- | --- | --- |
|  | $\varnothing\ Q_H$ [kWh/m²a] | Std.Abw. σ [kWh/m²a] | $\varnothing\ Q_H$ [kWh/m²a] | Std.Abw. σ [kWh/m²a] | $\varnothing\ Q_H$ [kWh/m²a] | Std.Abw. σ [kWh/m²a] |
| zentr. Lüftung o AK | 13,9 | 0,172 | 17.61 | 0.287 | 19,8 | 0,524 |
| zentr. Lüftung m AK | 12,0 | 0,127 | 15.54 | 0.286 | 17,3 | 0,421 |
| dezentr. Lüftung o AK | 13,4 | 0,115 | 17.12 | 0.307 | 18,8 | 0,437 |
| dezentr. Lüftung m AK | 11,6 | 0,169 | 15.18 | 0.250 | 16,9 | 0,474 |

Aus der statistischen Betrachtung der Ergebnisse bei unterschiedlicher Verteilung der Nutzungsprofile zeigt sich, dass der resultierende Heizwärmebedarf zwar mit der Anordnung der Belegungsprofile schwankt, die Ergebnisse sich jedoch mit guter Näherung durch eine Normalverteilung mit geringer Streuung um einen zentralen Mittelwert darstellen lassen. Die folgenden Untersuchungen beschränken sich daher häufig auf Einzelrechnungen.

Die Vermutung, dass verschiedene technische Konzepte zu unterschiedlich starken Streuungen in den Ergebnissen führen und damit ein Maß für die „Robustheit" des Systems darstellen, zeigt sich kaum. Alle Systeme reagieren ähnlich auf die Verteilung der Lastprofile. Mit einer Standardabweichung von ca. 0,5 kWh/m²a liegen damit nach statistischer Definition 95,4 % der möglichen Ergebnisse im Bereich ± 1 kWh/m²a um den betreffenden Mittelwert.

### 5.2.2. Einfluss der Belegung auf die Heizleitung

Mit der Methode der Heizkennlinien lässt sich wie in Kapitel 3.2 gezeigt auch der Einfluss der Belegung analysieren. Die Simulation bietet den Vorteil, dass im Gegensatz zu den vermessenen Wohnheimen festgelegt ist, wann sich Bewohner im Wohnheim aufhalten.
Bei der zeitlichen Untersuchung der benötigten Heizwärme stellt sich heraus, dass Leistungsspitzen von allem dann anfallen, wenn größere Lastwechsel vorkommen, beispielsweise in der Nacht von Sonntag auf Montag, wenn viele Bewohner aus dem Wochenende zurückkehren. In Bild 5.14 wird die Heizleistung auf Abhängigkeit der Wochentage dargestellt.

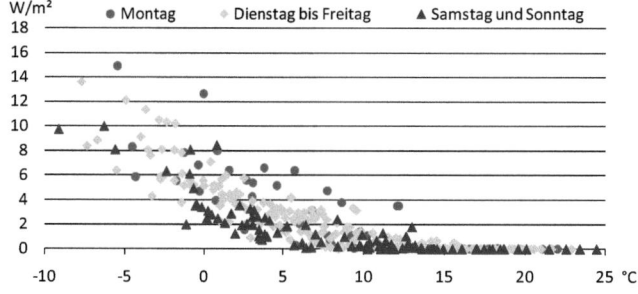

**Bild 5.14)** Einbeziehung der Wochentage in die Heizkennlinie (zentrale Lüftung ohne AK).
Montage (extra ausgewiesen) sind etwas häufiger Tage mit hoher Heizleistung, da sich in Zimmern zurückkehrender Wochenendpendler Auskühleffekte bemerkbar machen.

Bei Ankunft von Wochenendpendlern treten kurzzeitig hohe spezifische Heizleistungen auf, die sich fast über den gesamten Betrachtungszeitraum deutlich hervorheben. Der Effekt tritt durch die exakt gleichen Zeitpläne in der Simulation stärker in Erscheinung (gleiche „Ankunftszeit" aller Wochenendpendler), bei den Feldmessungen konnten diese Abhängigkeiten nicht so deutlich herausgearbeitet werden. Er zeigt aber, dass durch interne Lastwechsel andere Einflüsse wie solare Einstrahlung überlagert oder gar überdeckt werden können.

Im Simulationsmodell wird die Heizung im Zimmer bei Abwesenheit der Bewohner abgestellt, bei der Korrelation von Anwesenheit und Heizleistung zeigt sich daher nicht der in den Wohnheimen Neue Burse und Molkereistraße beobachtete Effekt, dass hohe Heizleistungen eher bei geringer Belegung auftreten – siehe Bild 5.15.

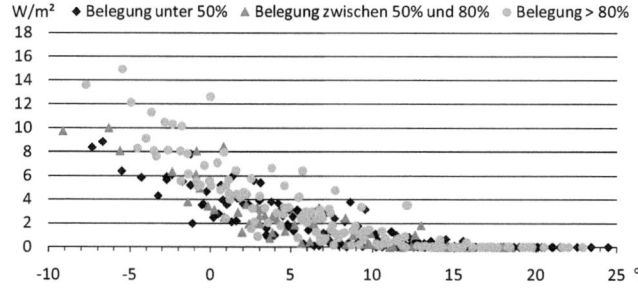

**Bild 5.15)** Abhängigkeit der Heizleistung von der Belegung. Durch das Abschalten der Heizung bei Abwesenheit der Bewohner verringern sich auch die Heizwärmeeinträge bei geringer Belegung.

Die höheren internen Gewinne bei hoher Belegung gleichen also nicht den zusätzlichen Wärmebedarf aus – was auch in den hinterlegten Nutzungsprofilen (Fensterlüftung) begründet liegt.
Bei dieser Betrachtung ist jedoch wieder die idealisierte Heizwärmezufuhr zu beachten, die jedem Zimmer mit hoher Heizleistung eben genau die Wärme zur Verfügung stellt, die es

zum Erreichen seiner Soll- Temperatur braucht, also ohne die dahinterliegende Dynamik eines realen Heizsystems. Eine Untersuchung im Falle geringerer Heizleistungen im Zimmer folgt im Kapitel 5.2.8.

### 5.2.3. Einfluss der Ausrichtung auf die Szenarien

Um festzustellen, ob trotz achsensymmetrischem Aufbau des Modells die Ausrichtung einen Einfluss auf die Ergebnisse der Simulation hat, wurden drei unterschiedliche Ausrichtungen modelliert und berechnet.

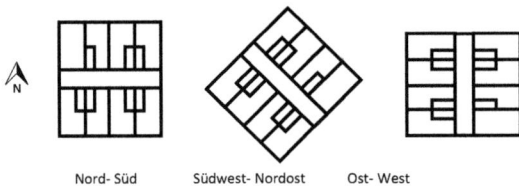

**Bild 5.16)** Verschiedene Ausrichtungen des Simulationsmodells. Transparente Flächen befinden sich fast ausschließlich an den Stirnseiten der Apartments, bei den Seitenwänden wurden jeweils an den Flurenden Fenster angenommen.

Pro Ausrichtung wurden 50 Simulationsläufe mit zufällig verteilten Nutzungsprofilen und Zimmer- Solltemperaturen durchgeführt.

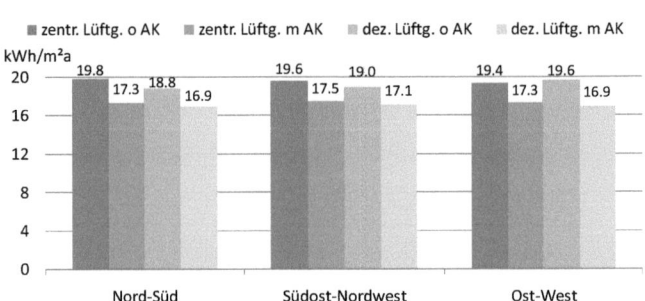

**Bild 5.17)** Mittlerer Heizwärmebedarf des Modells bei unterschiedlichen Ausrichtungen.
Der Achsensymmetrische Aufbau führt dazu, dass sich die Ergebnisse kaum unterscheiden.
Bei allen Untersuchungen betrug der Wirkungsgrad der WRG 82%.

Die Ausrichtung hat nur geringen Einfluss auf die Jahressummen des Heizwärmebedarfs. Dabei ist noch einmal zu beachten, dass das Simulationsmodell keine Verschattung der Fenster zur Reduktion solarer Einträge vorsieht. Allerdings ist wie in Kapitel 5.1.5 beschrieben in den Nutzungsprofilen hinterlegt, dass die Nutzer ab Zimmertemperaturen von 25°C über die Fenster lüften – ab 26°C werden Wärmegewinne „weggekühlt".

Um den Einfluss der Einstrahlung im Simulationsmodell zu untersuchen und mit real gemessenen Werten zu vergleichen, folgt eine Darstellung der errechneten Heizleistungen nach der in Kapitel 3.2.2 beschriebenen Methode als Heizkennlinie (Bild 5.18).

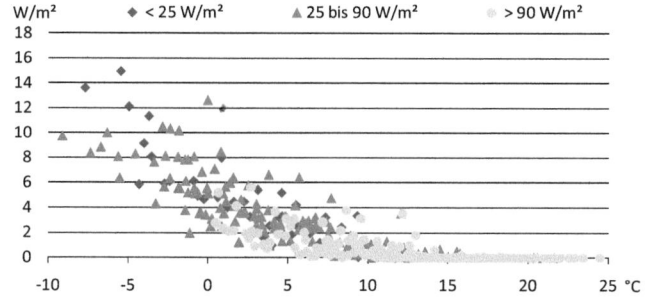

**Bild 5.18)** Darstellung der Heizkennlinie, für den Fall einer zentralen Lüftungsanlage ohne Anwesenheitssteuerung.
Das Bild ähnelt stark den in Kapitel 3 dargestellten Kennlinien real gemessener Verbrauchswerte. Beim hier dargestellten Fall der Nord-Süd Ausrichtung zeigt sich (wie bei den vermessenen Objekten) kein signifikanter Zusammenhang zwischen Einstrahlung und Heizleistung. Das Bild ändert sich auch für die anderen Ausrichtungen kaum.

Der Einfluss der solaren Einstrahlung ist trotz nicht vorhandenem Sonnenschutz zwar in der Tendenz erkennbar, aber nicht ausgeprägt. Bei den Heizkennlinien ähneln die Grafen stark den in Kapitel 3.2 dargestellten, auf Messwerten basierenden Heizkennlinien. Bezogen auf das ganze Gebäude haben also dynamische Effekte wie im vorangegangenen Kapitel 5.2.2 dargestellt, einen größeren Einfluss auf die angeforderte Heizleistung. Dies ist plausibel, da der Anteil an Zonen, die von solaren Gewinnen profitieren maximal die Hälfte der genutzten Zimmer ausmacht.

Beim Vergleich der Standardabweichung, als Maß für die Streuung des Ergebnisses, zeigt sich ebenfalls keine Abhängigkeit zwischen Ausrichtung und Abweichung vom Mittelwert.

**Tabelle 5.5)** Zusammenstellung der Simulationsergebnisse für unterschiedlich ausgerichtete Gebäudemodelle.

| | Nord-Süd | | Südwest-Nordost | | Ost-West | |
|---|---|---|---|---|---|---|
| | Ø $Q_H$ [kWh/m²a] | Std.Abw. σ [kWh/m²a] | Ø $Q_H$ [kWh/m²a] | Std.Abw. σ [kWh/m²a] | Ø $Q_H$ [kWh/m²a] | Std.Abw. σ [kWh/m²a] |
| zentr. Lüftung o AK | 19,8 | 0,524 | 19,6 | 0,589 | 19,4 | 0,430 |
| zentr. Lüftung m AK | 17,3 | 0,421 | 17,5 | 0,398 | 17,3 | 0,421 |
| dezentr. Lüftung o AK | 18,8 | 0,437 | 19,0 | 0,515 | 19,6 | 0,428 |
| dezentr. Lüftung m AK | 16,9 | 0,474 | 17,1 | 0,445 | 16,9 | 0,411 |

Ein unerwartetes Phänomen zeigt sich beim Vergleich des Bedarfs bei unterschiedlichen Ausrichtungen: dezentrale Einzellüfter unterscheiden sich im Heizwärmebedarf nur wenig von zentralen Anlagen. Dies wird auch bei der Betrachtung des Heizwärmebedarfs aufgeteilt nach Ausrichtung (Bild 5.19) deutlich.

Zu Beginn der Simulationen wurden bei dezentralen Geräten Vorteile bezüglich geringerer Anfälligkeit für lokale Störungen (Fensteröffnung, etc.) angenommen, da sie sich nur auf das betreffende Zimmer auswirken, während bei zentralen Anlagen der gesamte Luftstrang davon betroffen ist. Dahingegen bieten die zentralen Anlagen theoretisch den Vorteil, solare Gewinne einer Gebäudeseite durch die WRG für alle Zimmer verfügbar zu machen.

In den Berechnungsergebnissen für den Heizwärmebedarf lassen sich diese Unterschiede jedoch nicht feststellen. Zur Kontrolle wurde der Heizwärmebedarf der Zimmer auf beiden Flurseiten getrennt summiert und verglichen, siehe Bild 5.19. Bei der Angabe der Bedarfswerte ist zu beachten, dass diese auf die Summe der reinen Zimmerfläche bezogen sind. Ein gemeinsamer Bezug auf die Gesamtfläche würde zu Verzerrungen führen, da auf der „ungeraden" Seite durch das (unbeheizte) Treppenhaus ein Zimmer fehlt.

**Bild 5.19)** Heizwärmebedarf der Zimmer, getrennt nach Ausrichtung. Wie in Bild 5.1 zu sehen, sind die Zimmer mir ungerade Nummern eher nach Norden ausgerichtet.
Zur besseren Vergleichbarkeit wurden die Ergebnisse auf die jeweilige *Zimmer*fläche umgerechnet, sie addieren sich also nicht zum Gesamtverbrauch.
Beim Bedarf der nach Ausrichtung getrennten Zimmer lassen sich die unterschiedlichen Fälle ablesen, im Gesamtbedarf (Bild 5.17) schlägt sich dies kaum nieder.

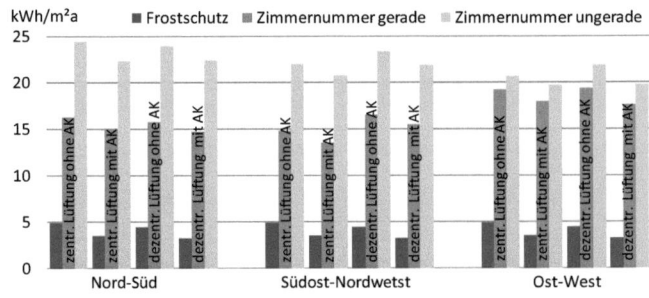

Dabei zeigt sich auch in der nach Ausrichtung getrennten Darstellung kein Unterschied zwischen zentralen und dezentralen Anlagen. Auch bei der Untersuchung der Heizkennfelder (hier nicht dargestellt) sind keine Unterschiede bezüglich einer Sensitivität auf solare Einstrahlung erkennbar. Eine „Individualisierung" der Lüftungstechnik bringt nach dieser Untersuchung keine Vorteile in Bezug auf den Heizwärmebedarf.

## 5.2.4. Einfluss Wärmebereitstellungsgrad der Lüftung

Ein zentraler technischer Parameter der ventilatorgestützten Lüftung ist neben dem Luftwechsel der Wirkungsgrad der Wärmerückgewinnung. Um den Einfluss der Qualität der Wärmerückgewinnung bei unterschiedlichen technischen Konzepten zu untersuchen, wurden Simulationsläufe mit unterschiedlicher Wirksamkeit der Wärmerückgewinnung, aber gleichem Volumenstrom (also auch Druckverlust und damit Stromverbrauch) durchgeführt. Eine Verschlechterung des Wirkungsgrades der WRG kann in der Realität durch verschiedene Umstände verursacht werden. So kann trotz hohem Wirkungsgrad des Wärmeübertragers im Lüftungsgerät selbst über Verluste der Rohrleitungen der Wärmebereitstellungsgrad der gesamten Anlage sinken. Deutlich wird dies beispielsweise bei der „Neuen Burse", wo sich aufgrund der Außenaufstellung der Wirkungsgrad der Lüftungsanlage zusätzlich reduziert wird. Aber auch verstärkte Fensterlüftung in Zimmern (oder be- und entlüfteten Fluren) kann durch Vermischung der Abluft mit kalter Außenluft die Wirkung der WRG verringern.

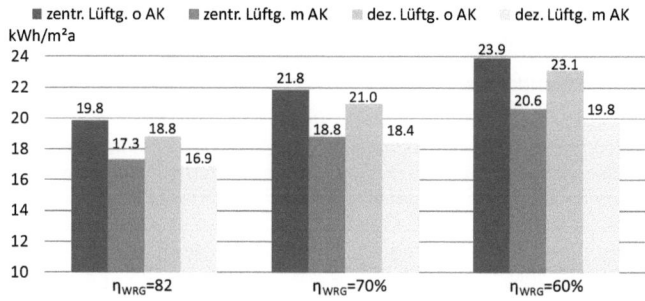

**Bild 5.20)** Ergebnisse der Simulationsläufe bei unterschiedlicher Wirksamkeit der Wärmerückgewinnung im Lüftungsgerät.
Der Heizwärmebedarf steigt nahezu linear mit sinkendem Wirkungsgrad der WRG. Insgesamt zeigt sich jedoch ein kleiner Vorteil beim Konzept mit Anwesenheitskontrolle, hier steigt der Bedarf im Verhältnis am geringsten (siehe auch Tabelle 5.7)

Auch für den Fall weniger effizienter Wärmerückgewinnung wurden Simulationsreihen mit zufällig verteilten Belegungszuordnungen gemacht. Die Streuung der Ergebnisse bleibt jedoch annähernd gleich, d.h. auch bei höheren Systemverlusten zeigt sich kein System als „robuster" gegenüber wechselnder Belegung.

**Tabelle 5.6)** Zusammenstellung der Simulationsergebnisse bei unterschiedlicher Qualität der Wärmerückgewinnung. Auch für diese Untersuchung wurden Belegungsprofile zufällig im Wohnheim verteilt. Die Standardabweichung ist jedoch bei keinem Konzept signifikant größer oder kleiner.

|  | $\eta_{WRG}$ 82% | | $\eta_{WRG}$ 70% | | $\eta_{WRG}$ 60% | |
| --- | --- | --- | --- | --- | --- | --- |
|  | ∅ $Q_H$ [kWh/m²a] | Std.Abw. σ [kWh/m²a] | ∅ $Q_H$ [kWh/m²a] | Std.Abw. σ [kWh/m²a] | ∅ $Q_H$ [kWh/m²a] | Std.Abw. σ [kWh/m²a] |
| zentr. Lüftung o AK | 19,8 | 0,524 | 21,8 | 0,462 | 23,9 | 0,542 |
| zentr. Lüftung m AK | 17,3 | 0,421 | 18,8 | 0,428 | 20,6 | 0,514 |
| dezentr. Lüftung o AK | 18,8 | 0,437 | 21,0 | 0,530 | 23,1 | 0,491 |
| dezentr. Lüftung m AK | 16,9 | 0,474 | 18,4 | 0,551 | 19,8 | 0,583 |

Vergleicht man die prozentuale Zunahme des Heizwärmebedarfs bei sinkender Wirksamkeit der WRG, so zeigen sich leichte Vorteile der Systeme mit anwesenheitsabhängiger Ansteuerung der Lüftung. Hier fällt die Zunahme des Heizwärmebedarfs am geringsten aus – wenn auch mit nur sehr kleinem Abstand – siehe Tabelle 5.7.

**Tabelle 5.7)** Vergleich der prozentualen Änderung des Heizwärmebedarfs bei Veränderter Wirksamkeit der Wärmerückgewinnung. Werden die Zimmer bei Abwesenheit nicht mit vollem Luftwechsel belüftet, wirkt sich die Reduktion des Wirkungsgrades etwas weniger stark auf den Heizwärmebedarf aus.

|  | Reduktion WRG 82% auf 70% | Reduktion WRG 70% auf 60% | Reduktion WRG 82% auf 60% |
| --- | --- | --- | --- |
| zentr. Lüftung o AK | 9% | 9% | 17% |
| zentr. Lüftung m AK | 8% | 9% | 16% |
| dezentr. Lüftung o AK | 10% | 9% | 19% |
| dezentr. Lüftung m AK | 8% | 7% | 15% |

Neben der Erhöhung des Heizwärmebedarfs hat aber die Verschlechterung der WRG auch maßgeblichen Einfluss auf die Temperaturen der Zuluft. Ist diese beim Einblasen in die Zimmer kühler als 15°C wird sie als Zugluft empfunden. Um zu prüfen, wie häufig dieser Fall eintritt, erfolgte eine Ermittlung der Anzahl Stunden, in denen in der Heizperiode (1.10. bis 30.04.) die Zulufttemperatur unter 15°C fällt[27].

---

[27] Der in Bild 5.21 dargestellte Fall „mit Dämm" bezieht sich auf die Untersuchung mit zusätzlich aufgebrachter Dämmung der Zimmertrennwände, Details im folgenden Kapitel 5.2.5.

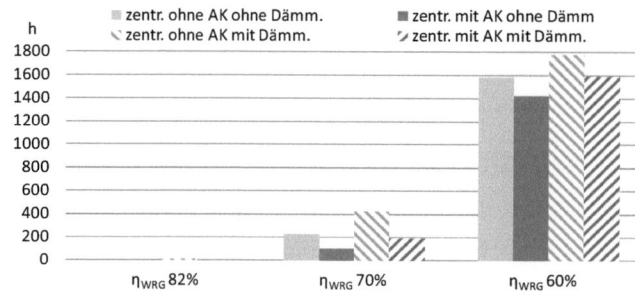

**Bild 5.21)** Anzahl der Stunden in der Heizperiode mit Zulufttemperatur unter 15°C, bei verfügbarer Heizleistung von 50 W/m² im Zimmer und zentraler Lüftungsanlage.
Neben der Variante der Anwesenheitskontrolle wurden hier auch zusätzlich gedämmte Zimmertrennwände untersucht. Durch die Entkopplung der Speichermassen kommt es bei gedämmten Trennwänden etwas häufiger zu kühleren Zulufttemperaturen. Eine detaillierte Analyse folgt im nächsten Kapitel.

Unterschreitet der Wärmebereitstellungsgrad 70%, häufen sich die Zeiten mit Zulufttemperaturen unter 15°C. Erfolgt die Heizwärmezufuhr (teilweise) über eine Luftheizung, stellt dies kein direktes Behaglichkeitsproblem dar, andernfalls treten ohne nachträgliche Zulufterwärmung Komfortprobleme auf.

Bild 5.22 zeigt einen Ausschnitt des zeitlichen Verlaufs der Zulufttemperaturen in der kritischen Zeit um Weihnachten und Neujahr (alle Kurven: zentrale Lüftungsanlagen ohne AK). In dieser Zeit fallen geringe Belegung und tiefe Außentemperaturen zusammen, die Herausforderung an die Wärmeversorgung ist also am größten. Man sieht, dass bei hohem Wirkungsgrad der WRG auch bei längerer anhaltender schwacher Belegung die Temperaturen nur langsam sinken – überschlägig um etwa 2 K innerhalb einer Woche. Bei schlechteren Wärmebereitstellungsgraden ist das Temperaturniveau insgesamt geringer: die Zulufttemperaturen erreichen früher kritische Werte.

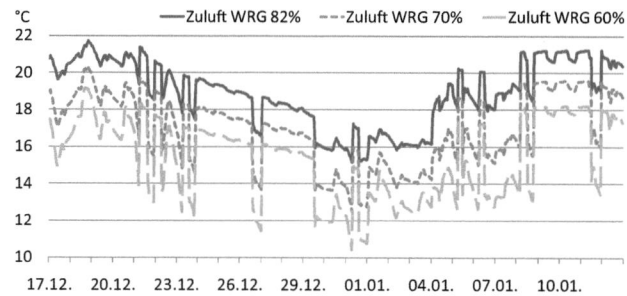

**Bild 5.22)** Temperaturen der Zuluft unmittelbar nach der Wärmerückgewinnung für verschiedene Wirkungsgrade des Wärmeübertragers der WRG.
Während bei hohem Wirkungsgrad die Zulufttemperatur auch bei geringer Belegung und tiefen Außentemperaturen nicht unter 15°C fällt, wird diese Schwelle bei geringeren Wirkungsgraden schon am Wochenende unterschritten.

Wird bei Abwesenheit der Nutzer der Luftwechsel im Zimmer reduziert, fallen die Zulufttemperaturen etwas langsamer: im Schnitt nur um 1 bis 1,5 K in der Woche (in Bild 5.22 nicht dargestellt). Unterschreitungen von 15°C Zulufttemperatur können wie in Bild 5.21 zu sehen durch diese Technik nicht vermieden werden, reduzieren aber die Gefahr des Auftretens.

### 5.2.5. Dämmung der Trennwände und interne Wärmeströme

Die festgestellten Schwankungen des berechneten Heizwärmebedarfs sind vor allem auf interne Wärmeströme zwischen den Zimmern zurückzuführen. Vor allem „ungünstige" Kombinationen zweier Zonen nebeneinander, z.B. ein Nutzer, der hohe Temperaturen wünscht, neben einem ausgeprägten „Fensterlüfter", der hohe Außenluftwechsel und niedrige Temperaturen bevorzugt, können zu hohen internen Ausgleichsströmen führen.

Um diesen Energiefluss zu unterbinden und damit mit die Zonen thermisch zu entkoppeln, wurden im Simulationsmodell die Zimmertrennwände beidseitig mit 3cm Polystyrol versehen und der U-Wert der vormals massiven Betonwand von 4,0 W/m² auf 0,53 W/m² reduziert. Eine solche Maßnahme ist in der Realität unüblich – lediglich aus schallschutztechnischen Gründen mit Vorsatzschalen nachgerüstete Wände kommen einem solchen Aufbau nahe. Durch die Dämmung wird nicht nur der Wärmestrom zwischen den Zonen stark reduziert, auch die thermische Speichermasse der Wände ist weitgehend entkoppelt.

Die Dämmung der Trennwände führt zu einer Reduktion des Heizwärmebedarfs um 8% bis 10%. Bei der Berechnung mit 50 zufällig verteilten Nutzerprofilen verringert sich die Streuung der Ergebnisse in Form der der Standardabweichung jedoch kaum (siehe Tabelle 5.8).

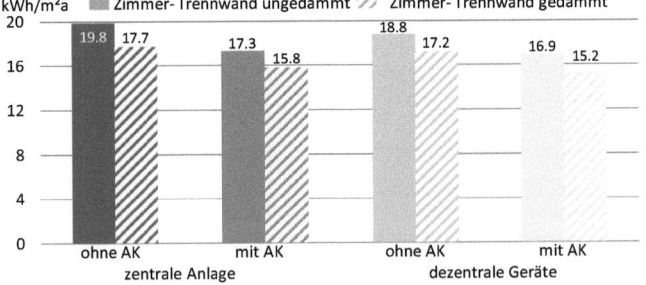

**Bild 5.23)** Vergleich der Ergebnisse des Heizwärmebedarfs (Wirkungsgrad der Wärmerückgewinnung: 82%) bei den verschiedenen Lüftungstechniken, jeweils in Kombination mit beidseitig auf die Zimmertrennwände aufgebrachter Wärmedämmung.
Durch die Entkopplung der Zimmer wird der Wärmebedarf insgesamt kleiner.

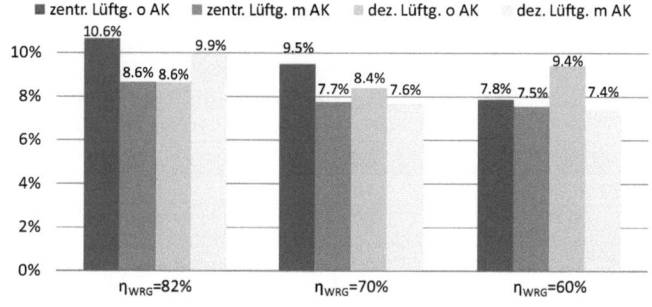

**Bild 5.24)** Prozentuale Veränderung (Reduzierung) des Heizwärmebedarfs durch Dämmung der Zimmertrennwände für unterschiedliche Szenarien, sowie Variation des Wirkungsgrades der WRG.

Eine deutliche Korrelation zwischen $\eta_{WRG}$ und Wärmebedarfsreduktion gibt es nur bei zentralen Anlagen ohne AK – hier wird der Einfluss der Trennwand- Dämmung mit abnehmendem Wirkungsgrad der WRG geringer. Bei den anderen Fällen zeigen sich keine klaren Tendenzen.

**Tabelle 5.8)** Mittelwerte und Standardabweichungen für 50 Simulationsrechnungen mit wechselnder Zusammensetzung der Belegung. Die Dämmung der Trennwände (Beschriftung: m D) hat keinen entscheidenden Einfluss auf die Streuung der Ergebnisse – sie entspricht den Werten ohne Dämmung (siehe Tabelle 5.6).

|  | $\eta_{WRG}$ 82% | | $\eta_{WRG}$ 70% | | $\eta_{WRG}$ 60% | |
| --- | --- | --- | --- | --- | --- | --- |
|  | Ø $Q_H$ [kWh/m²a] | Std.Abw. σ [kWh/m²a] | Ø $Q_H$ [kWh/m²a] | Std.Abw. σ [kWh/m²a] | Ø $Q_H$ [kWh/m²a] | Std.Abw. σ [kWh/m²a] |
| zentr. Lüftung o AK m D | 17,7 | 0,488 | 19,8 | 0,442 | 22,0 | 0,477 |
| zentr. Lüftung m AK m D | 15,8 | 0,441 | 17,3 | 0,511 | 19,1 | 0,433 |
| dezentr. Lüftung o AK m D | 17,2 | 0,460 | 19,2 | 0,458 | 20,9 | 0,385 |
| dezentr. Lüftung m AK m D | 15,2 | 0,504 | 17,0 | 0,493 | 18,3 | 0,575 |

Aufgrund der Reduktion des Heizwärmebedarfs stellt sich die Frage, ob sich eine Dämmung der internen Trennwände stärker auswirkt als eine Erhöhung des äußeren Wärmeschutzes. Zum Vergleich: die Summe der Innenwandflächen, die gedämmt werden müssten, ist mit ca. 1.000 m² deutlich größer als die der zu dämmenden Außenwände mit 585 m². Als Gegenbeispiel wurde im Modell die Dämmung der Außenhülle um 6cm erhöht (20 cm auf 26 cm Polyurethan, WLG 035), was einer Verbesserung des mittleren Transmissionswärmeverlustes der Gebäudehülle von $H_T'$ = 0,25 W/m²K (20cm Dämmung) auf 0,22 W/m²K (26cm) entspricht.

**Tabelle 5.9)** Vergleich von 6cm Dämmung – einmal auf die Außenhülle aufgebracht, im zweiten Fall wurden die Zimmertrennwände auf beiden Seiten mit 3cm gedämmt. Der Heizwärmebedarf ist in beiden Fällen etwa der gleiche, der reine Einsatz des Dämm- Materials ist also auf der Außenhülle effizienter.

|  | ohne TW Dämmung $H_T'$=0,22 W/m²K | mit TW Dämmung $H_T'$=0,25 W/m²K |
|---|---|---|
| zentrale Lüftung ohne AK $\eta_{WRG}$=82% | 18,3 | 18,0 |
| zentrale Lüftung mit AK $\eta_{WRG}$=82% | 15,7 | 16,0 |
| dezentrale Lüftung ohne AK $\eta_{WRG}$=82% | 17,3 | 17,3 |
| dezentrale Lüftung mit AK $\eta_{WRG}$=82% | 15,3 | 15,4 |
| zentrale Lüftung ohne AK $\eta_{WRG}$=60% | 22,4 | 22,5 |
| zentrale Lüftung mit AK $\eta_{WRG}$=60% | 19,0 | 19,3 |
| dezentrale Lüftung ohne AK $\eta_{WRG}$=60% | 21,5 | 21,4 |
| dezentrale Lüftung mit AK $\eta_{WRG}$=60% | 18,2 | 18,4 |

Im Ergebnis wird der Heizwärmebedarf unter der Voraussetzung einer Lüftungsanlage mit $\eta_{WRG}$=82% bei Trennung der Dämmwände marginal stärker reduziert. Verschlechtert sich der Wirkungsgrad der WRG, ist in den meisten Fällen die zusätzliche Außendämmung effizienter. Durch den deutlich höherem Materialaufwand (und damit Kosten) für die Innendämmung, bei gleichem Effekt auf den Heizwärmebedarf, erscheint also ein zusätzlicher Einsatz von Dämmung in der Außenhülle sinnvoller zu sein.

Offen bleibt: wo und wie wirken sich die gedämmten Trennwände aus?
Um diese Frage qualitativ zu beantworten, wurden interne Wärmeströme zwischen den Zimmern während der Heizperiode vereinfacht als stationäre Bilanz aus Temperaturdifferenz und U- Wert der Bauteile berechnet. Speichervorgänge in den Bauteilen fanden keine Berücksichtigung, allerdings wird davon ausgegangen, dass sich Ein- und Ausladevorgänge in den Wänden bei der Betrachtung längerer Zeiträume etwa ausgleichen. Die sich ergebenden Wärmeströme also in erster Linie qualitativ zu sehen.

$$Q_{intern} = \sum U_i \cdot A_i \cdot (\vartheta_{Nachbarzone} - \vartheta_{Zimmer}) \qquad \text{Gl.02}$$

Diesen Wärmeströmen gegenübergestellt wird der aufsummierte Heizwärmebedarf der Zone. In den folgenden Diagrammen sind die Ergebnisse für alle Zimmer aufgetragen. Dabei wird getrennt nach der dem Zimmer zugeführten (positiv) und der in Nachbarzonen abfließenden Wärme (negativ). Bei den Berechnungen geht der Wärmeaustausch zur Zone „Bad" nicht ein. Es werden nur die Wärmeströme der Zimmer untereinander sowie der Zimmer zu den Fluren eingerechnet. Zusätzlich ist der Heizwärmebedarf pro Zimmer- Zone eingezeichnet. Wärmeeinträge aus Nachbarzonen (positiv) und Wärmeabfluss in angrenzende Zonen (negativ) werden innerhalb der Heizperiode getrennt summiert (in Bild 5.25 dargestellt als „interne Wärmeströme") und anschließend bilanziert (in der Grafik „Bilanz interne Wärmeströme). Bezugsfläche ist die jeweilige Zimmerfläche (21,7 m² pro Zone).

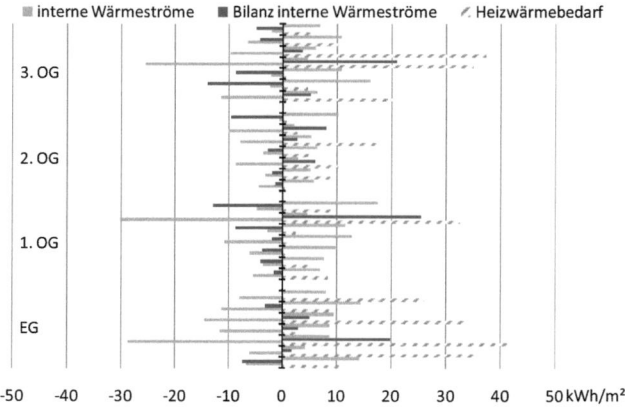

**Bild 5.25)** Interne Wärmeströme und Heizwärmebedarf der einzelnen Zimmer im Falle einer zentralen Lüftungsanlage mit 82% WRG ohne Anwesenheitskontrolle.
Da der Heizwärmebedarf stark vom hinterlegten Fensterlüftungsprofil abhängt, korrelieren die Gewinn/Verlust- Bilanzen der Zonen nicht immer mit dem zugehörigen Wärmebedarf. Es zeigt sich, dass interne Wärmeströme zwischen den Zimmern durchaus in der Größenordnung des Heizwärmebedarfs auftreten können.

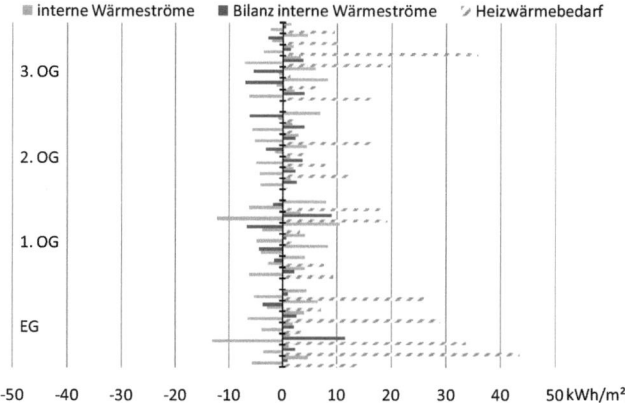

**Bild 5.26)** Interne Wärmeströme (zentrale Lüftungsanlage) für den Fall, dass die Zimmertrennwände zusätzlich gedämmt werden.
Die unter den Zimmern ausgetauschte Energie wird deutlich reduziert – der Heizwärmebedarf sinkt aber nur leicht.

Wie in Bild 5.25 zu sehen, können interne Wärmeströme einzeln oder in der Bilanz größer sein als der Heizwärmebedarf eines Zimmers. Werden die Trennwände gedämmt (Bild 5.26), verringern sich auch die Energieflüsse zwischen den Zonen, die Struktur des Heizwärmebedarfs ändert sich jedoch nur in wenigen Zonen. Deutlicher werden die Auswirkungen, wenn der Heizwärmebedarf aufgeschlüsselt nach Ausrichtung und Zonen aufgetragen und verglichen wird, siehe Bild 5.27 und Bild 5.28.

**Bild 5.27)** Vergleich der benötigten Heizwärme, abhängig von der Zone, beim Einsatz einer zentralen Lüftungsanlage mit $\eta_{WRG}$ 82%. Es zeigt sich, dass im Wesentlichen die nach Norden orientierten Zonen durch die Trennwand-Dämmung einen geringeren Heizwärmebedarf aufweisen – in erster Linie die Bäder.

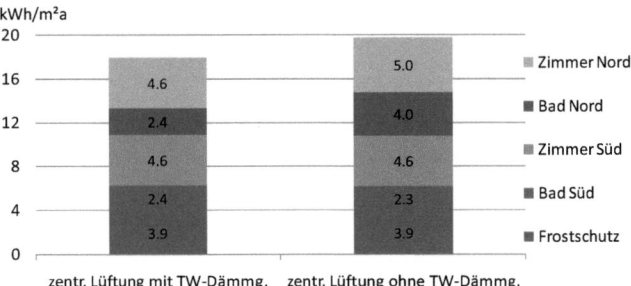

**Bild 5.28)** Vergleich mit und ohne Trennwanddämmung bei dezentralen Lüftungsgeräten. Die Reduktion des Heizwärmebedarfs liegt in der gleichen Größenordnung wie bei der zentralen Anlage, auch hier zeigt sich nur bei den Zimmern im Norden ein Rückgang des Wärmebedarfs.

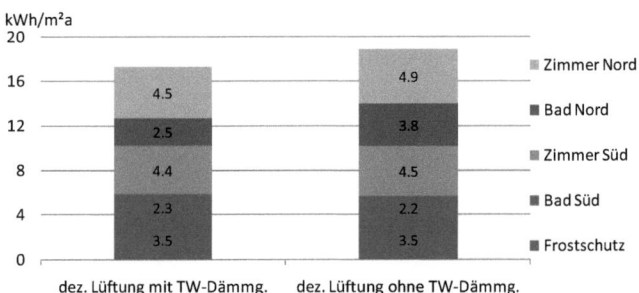

Beim Vergleich der zonenspezifischen Bedarfswerte zeigt sich: eine Reduktion des Heizwärmebedarfs ergibt sich in erster Linie in den Bädern der nach Norden ausgerichteten Zimmer.

Der Grund dafür liegt indirekt bei der Nutzung solarer Gewinne: durch die Trennwanddämmung wird auch in den Bädern die Betonmasse der Zimmertrennwände thermisch vom Bad entkoppelt. Die Bäder haben bei Anwesenheit der Bewohner eine Solltemperatur von 24°C, bei Abwesenheit ist die Wärmequelle in der Zone abgeschaltet. Sie sind durch die Luftführung thermisch gut an die Zimmer angebunden – die Luft, die für ausreichende Luftwechsel in den Zimmern sorgt, strömt anschließend ins Bad und wird dort abgesaugt – ein 0,5-facher Luftwechsel im Zimmer (25 m³/h) bedingt dabei einen dreifachen Luftwechsel im Bad. Die Heizung in den Bädern unterliegt also einer hohen Dynamik.

In den Zimmern im Süden steigen durch solare Gewinne die Temperaturen in den Zimmern auch bei Abwesenheit (und ausgeschalteter Heizung), dies überträgt sich auch auf die Bäder. Im Norden sind die Zimmer i.d.R. nur so warm wie die Solltemperaturen der Nutzungsprofile. Bei Abwesenheit „kühlen" die Bäder entsprechend auf Zimmertemperatur ab und müssen bei Anwesenheit wieder hochgeheizt werden. Die Trennwanddämmung reduziert die dafür nötige Leistung erheblich und sorgt auf diese Weise für einen geringeren Heizwärmebedarf.

Eine Entkopplung der Zimmer durch interne Dämm- Maßnahmen reduziert in der Simulation den gesamten Heizwärmebedarf, wirkt sich aber in erster Linie auf Zonen mit hohen Lastwechseln und geringen solaren Gewinnen aus. Eine Verbesserung des Wärmeschutzes der Außenhülle ist in jedem Fall effizienter und kostengünstiger. Es scheint jedoch sinnvoll, entsprechende Zonen wie Bäder thermisch „leicht" auszuführen.

### 5.2.6. Wärmeschutz vs. Lüftungskonzept

Die Auswirkungen, die verschiedene Konzepte in der Lüftung haben, speziell die Reduktion des Luftwechsels bei Abwesenheit, sollen Optimierungen an der Gebäudehülle gegenübergestellt werden.

Realisiert wurde dies durch eine Erhöhung der Dämmstärke der Außenwände um 10cm (von vormals 20cm auf 30cm Polyurethan, WLG 035). Der Transmissionswärmeverlust- Koeffizient der Gebäudehülle sinkt damit von 0,25 W/m²K auf 0,21 W/m²K. Äquivalent dazu wäre ein Verbesserung der Fenster (bzw. der Rahmen) auf einen $U_W$ Wert von 0,86 W/m²K (vorher $U_W$=1,05 W/m²K).

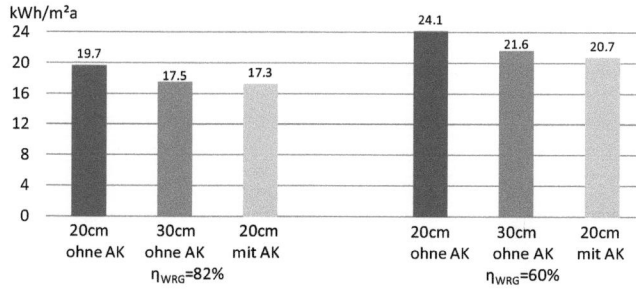

**Bild 5.29)** Heizwärmebedarf als Variante mit erhöhtem Wärmeschutz und nutzungsabhängiger Steuerung der Lüftungsanlage.
Beim vorliegenden Nutzungsprofil entspricht der Einfluss einer nutzungsabhängigen Regelung der Lüftung etwa einer um 10cm verstärkten Dämmung der Gebäudehülle.

Bild 5.29 zeigt den Vergleich der Standard- Variante im Vergleich zur Berechnung mit einer realisierten Anwesenheitskontrolle sowie ohne Eingriffe in die Lüftung, dafür aber mit verbesserter Gebäudehülle.
Es wird deutlich, dass vor allem bei geringerer Wirksamkeit der Wärmerückgewinnung die Anwesenheitskontrolle einen größeren Einspareffekt aufweist als der verbesserte Wärmeschutz. Dies ist vor allem vor dem Hintergrund einer primärenergetischen Bewertung inte-

ressant, da geringere Volumenströme in der Lüftungsanlage auch den Strombedarf reduzieren und damit zu zusätzlichen Einsparungen führen. Eine diesbezügliche Betrachtung erfolgt in Kapitel 5.2.9, bzw. im Fazit der Simulation (Kapitel 5.3).

Da in die Berechnung viele idealisierte Annahmen eingehen, muss sich dieser Effekt in der Realität nicht in gleicher Weise einstellen. Das Ergebnis unterstreicht jedoch noch einmal den Einfluss einer angepassten Lüftung speziell bei dieser Nutzungsart.

### 5.2.7. Einfluss der Auslastung am Wochenende

In den durchgeführten Simulationen hat sich gezeigt, dass die Berücksichtigung der aus den Feldmessungen erstellten Nutzerprofile einen erheblichen Einfluss auf den Heizwärmebedarf hat. Doch wie die Untersuchung realer Objekte zeigt, können sich die Belegungen an Wochenenden deutlich unterscheiden. In der Molkereistraße in Wien sind die Nutzer auch am Wochenende im Wohnheim, im Gegensatz zur Neuen Burse, wo die Belegung am Wochenende erheblich abnimmt.

Mit Hilfe des Simulationsmodells soll nun untersucht werden, inwiefern die unterschiedliche Belegung am Wochenende einen entscheidenden Einfluss auf die Berechnungsergebnisse hat. Dazu wurde der Anteil an Nutzern, die auch am Wochenende im Wohnheim bleiben, von 13 (bei 28 Zimmern: 46% Belegung) auf 24 (86% Belegung) erhöht.

Um festzustellen, ob die gleichmäßigere Belegung die Berechnungsergebnisse bei zufällig verteilten Nutzungsprofilen „stabilisiert", wurden wie in Kapitel 5.2.1 beschrieben 50, Rechnungen mit zufällig verteilten Profilen und Solltemperaturen durchgeführt.

**Bild 5.30)** Mittelwerte des errechneten Heizwärmebedarfs bei einem Wirkungsgrad der WRG von 82%. Die Ergebnisse unterscheiden sich kaum – Differenzen der Mittelwerte liegen jeweils innerhalb der Standardabweichung der Berechnungsreihe.

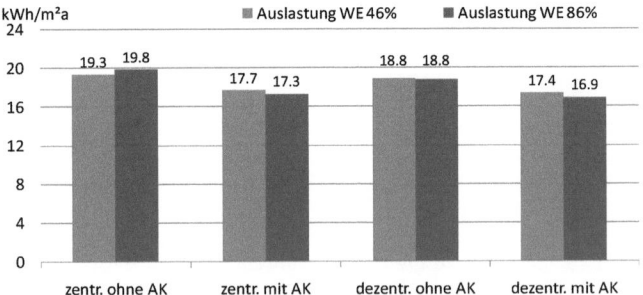

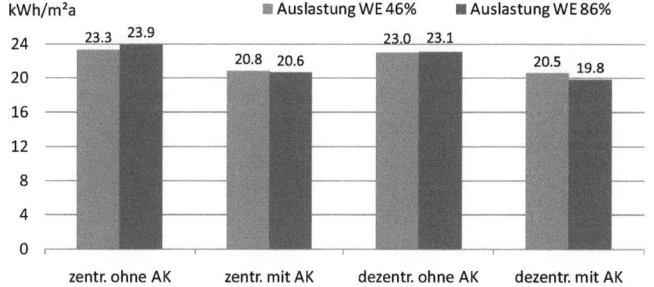

**Bild 5.31)** Auch bei einer Verringerung des Wirkungsgrades der WRG auf 60% unterscheiden sich die Ergebnisse bei unterschiedlicher Auslastung am Wochenende kaum.

Es zeigt sich, dass die Auslastung am Wochenende keinen signifikanten Einfluss auf den berechneten Heizwärmebedarf hat. Zwar fallen die Lastwechsel bei der Rückkehr der Nutzer am Montag geringer aus, diese haben aber in Summe keinen entscheidenden Einfluss auf den Heizwärmebedarf.

Die Streuung der Berechnungsergebnisse bei zufälliger Verteilung der Nutzungsprofile wird durch die höhere Auslastung eher größer als kleiner. Dies ist insofern nachvollziehbar, da mit höheren Belegungsraten auch der Zeitanteil „störender" Nutzereinflüsse steigt.

**Tabelle 5.10)** Resultate aus jeweils 50 Simulationen mit zufallsverteilten Nutzungsprofilen und Sollwerten der Zimmertemperaturen bei höherer Auslastung am Wochenende. Der Heizwärmebedarf bleibt im Vergleich zur Rechnung mit mehr Wochenendpendlern etwa gleich, die Streuung der Ergebnisse steigt aufgrund der intensiveren Nutzung leicht an.

|  | $\eta_{WRG}$ 82% | | $\eta_{WRG}$ 60% | |
| --- | --- | --- | --- | --- |
|  | $\varnothing\ Q_H$ [kWh/m²a] | Std.Abw. σ [kWh/m²a] | $\varnothing\ Q_H$ [kWh/m²a] | Std.Abw. σ [kWh/m²a] |
| zentr. Lüftung o AK | 19,3 | 0,555 | 23,3 | 0,577 |
| zentr. Lüftung m AK | 17,7 | 0,554 | 20,8 | 0,541 |
| dezentr. Lüftung o AK | 18,8 | 0,649 | 23,0 | 0,676 |
| dezentr. Lüftung m AK | 17,4 | 0,607 | 20,5 | 0,684 |

## 5.2.8. Verhalten bei reduzierter Heizleistung

Bei den bisherigen Rechnungen wurde in den Zimmern eine hohe verfügbare Heizleistung angenommen, die mit 50 W/m² bei einer reinen Zuluftheizung nicht umsetzbar wäre. Gründe für die Verwendung der hohen Leistungsreserven wurde am Anfang diesen Kapitels genannt: um auch bei unangepasstem Nutzerverhalten die Soll-Temperaturen im Zimmer sicherstellen zu können. Was geschieht, wenn diese Leistung nicht zur Verfügung steht, wird in diesem Abschnitt untersucht.

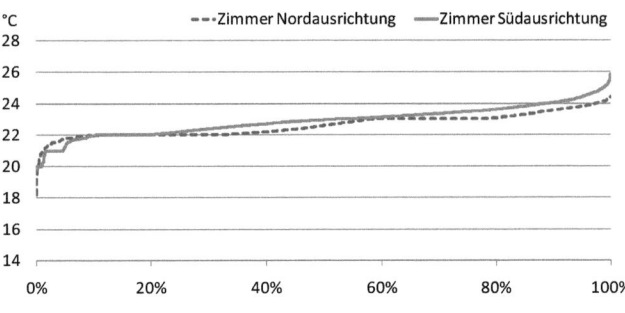

**Bild 5.32)** Dauerlinie mit Mittelwerten der operativen Temperaturen in den Zimmern im Verlauf der Heizperiode. In die Mittelwertbildung der Zimmer gehen nur Temperaturen bei Anwesenheit der Nutzer ein.
Stehen wie im vorliegenden Fall hohe Leistungsreserven zur Verfügung (50 W/m²), gibt es nur wenige Stunden, an denen die gewünschten Solltemperaturen unterschritten werden.

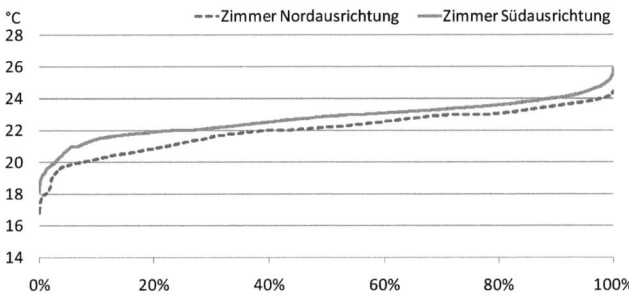

**Bild 5.33)** Wir die verfügbare Heizleistung reduziert, können die gesetzten Sollwerte (im Mittel 22°C) nicht immer gehalten werden.
Auch eine Mindest- Temperatur von 20°C wird an 6-7% der Zeit unterschritten.

Dauerlinien stellen für einen Betrachtungszeitraum den Anteil Stunden dar, in denen die operative Temperatur größer (bzw. kleiner) als der auf der Größenachse angegebene Wert war. Dabei zeigt sich, dass bei reduzierter Heizleistung (15 W/m²) die im Mittel gewünschten 22°C über weite Strecken nicht eingehalten werden können (Bild 5.33). Grundlage für die Grafiken sind die errechneten operativen Temperaturen in der Heizperiode, die nur gewichtet werden, wenn ein Nutzer anwesend ist. Untersuchungen mit weiter reduzierter Heizleistung bzw. der Reduktion auf passivhaus-typische Werte ≤ 10 W/m² wurden nicht durchgeführt, da mit den hinterlegten Nutzungsprofilen und einer entsprechend geringen Heizleistung Komforteinbußen unvermeidbar wären.

**Tabelle 5.11)** Berechnungsergebnisse bei einer Heizleistung von 15 W/m². Der Heizwärmebedarf reduziert sich aufgrund der geringeren verfügbaren Heizleistung. Durch diese können auch Komfortkriterien hinsichtlich gewünschter Temperaturen nicht mehr aufrecht erhalten werden: in der Heizperiode wurde der Anteil an Stunden ermittelt, in denen die operative Temperatur bei Anwesenheit der Nutzer unter 20°C sinkt bzw. in der die gewünschten Soll- Temperaturen in den Zimmern nicht erreicht werden. Während die 20°C Schwelle nicht allzu häufig unterschritten wird, werden die gewählten höheren Temperaturen häufig nicht erreicht.

|  | $\eta_{WRG}$ 82% | | | $\eta_{WRG}$ 60% | | |
| --- | --- | --- | --- | --- | --- | --- |
|  | $Q_H$ [kWh/m²a] | Anteil < 20°C | Anteil < Sollwert | $Q_H$ [kWh/m²a] | Anteil < 20°C | Anteil < Sollwert |
| zentr. Lüftung o AK oD | 18,8 | 1,8% | 14,4% | 22,78 | 4,0% | 21,3% |
| zentr. Lüftung o AK mD | 17,3 | 1,4% | 12,3% | 21,44 | 3,0% | 19,8% |
| zentr. Lüftung m AK oD | 16,4 | 1,2% | 12,9% | 19,62 | 2,6% | 18,2% |
| dezentr. Lüftung o AK oD | 17,9 | 1,6% | 13,7% | 21,81 | 3,8% | 20,8% |
| dezentr. Lüftung o AK mD | 16,6 | 1,4% | 11,8% | 20,43 | 2,8% | 19,0% |
| dezentr. Lüftung m AK oD | 16,0 | 1,2% | 12,7% | 18,84 | 2,3% | 17,7% |

Werden die verschiedenen Szenarien mit einer auf 15 W/m² reduzierten Heizleistung berechnet, zeigt sich bei den in

Tabelle 5.11 aufgeführten Ergebnissen, dass eine Mindesttemperatur von 20°C nicht immer erreicht wird. Bei der Ermittlung der Zeitanteile gehen wie bei der Darstellung der Dauerlinien nur Stunden ein, in den sich die Nutzer im Zimmer aufhalten. Da die Temperatur im Zimmer auch maßgeblich vom Fensterlüftungsprofil abhängt, wurden darüber hinaus als „Unterschreitungsstunden" nur die Stunden gewichtet, in denen die Fenster geschlossen waren. Dadurch soll berücksichtigt werden, dass der Nutzer bei geöffnetem Fenster geringere Temperaturen akzeptiert, da er es sonst schließen könnte.

Bei den bisherigen Rechnungen wurde die Heizwärmezufuhr bei Abwesenheit der Bewohner deaktiviert. Bei den folgenden Berechnungen sollen die stattdessen Zimmer auf einer Mindest- Temperatur gehalten werden, um ein Auskühlen zu verhindern. Dabei kommt vor allem der in Kapitel 5.2.5 festgestellte Umstand zu tragen, dass interne Wärmeströme in Größenordnung des Heizwärmebedarfs auftreten. Werden die Zimmer auch bei Abwesenheit auf einem Temperaturniveau gehalten, verringert sich auch der interne Temperaturausgleich. Dazu wurde für alle Zimmer ein Sollwert von 20°C angesetzt, der auch bei Abwesenheit der Nutzer eingehalten werden soll. Die Heizung der Bäder läuft nach wie vor anwesenheitsabhängig. Individuell höhere Solltemperaturen in den Zimmern (im Mittel 22°C) werden nur bei Anwesenheit der Bewohner gewählt.

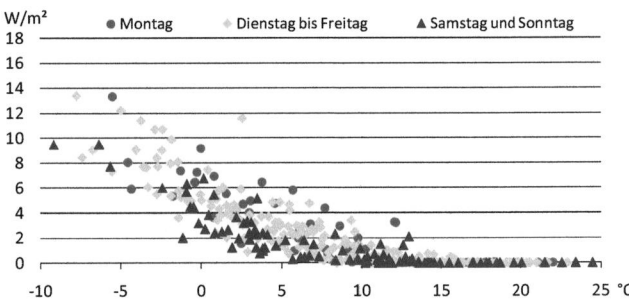

**Bild 5.34)** Der Einfluss der Wochentage zeigt sich auch bei Sicherstellung einer Grundtemperatur von 20°C (verl. Bild 5.14), allerdings liegt die Punktwolke enger zusammen, es gibt weniger ausgeprägte Lastspitzen.

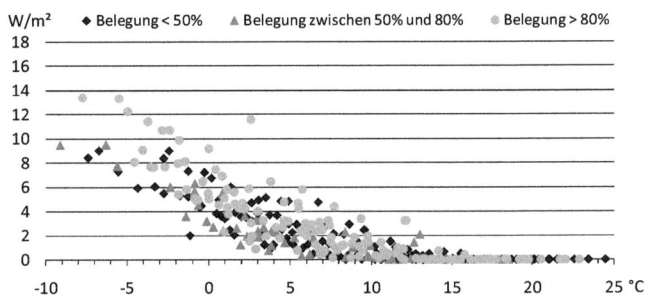

**Bild 5.35)** Einfluss der Belegung auf die Heizleistung für den Fall, dass die Zimmer immer auf 20°C gehalten werden.
Da jetzt auch bei Abwesenheit der Nutzer in den Zonen geheizt wird, steigt die Heizleistung bei geringer Belegung. Durch die Reduzierung der Lastwechsel bei wechselnder Belegung werden aber auch Lastspitzen deutlich reduziert.

**Tabelle 5.12)** Berechnungsergebnisse bei einer Heizleistung von 15 W/m² und 20°C Solltemperatur bei Abwesenheit. Es zeigt sich, dass Mindestanforderungen an Komfortkriterien eingehalten werden können, ohne dass es zu einem Mehrbedarf an Heizwärme kommt. Werden höhere Sollwerte gewünscht, können diese jedoch nicht zu jeder Zeit sichergestellt werden.

|  | $\eta_{WRG}$ 82% | | | $\eta_{WRG}$ 60% | | |
| --- | --- | --- | --- | --- | --- | --- |
|  | $Q_H$ [kWh/m²a] | Anteil < 20°C | Anteil < Sollwert | $Q_H$ [kWh/m²a] | Anteil < 20°C | Anteil < Sollwert |
| zentr. Lüftung o AK oD | 19,4 | 0,0% | 12,4% | 23,9 | 0,0% | 18,9% |
| zentr. Lüftung o AK mD | 18,2 | 0,0% | 9,4% | 23,0 | 0,0% | 15,9% |
| zentr. Lüftung m AK oD | 16,8 | 0,0% | 11,1% | 20,3 | 0,0% | 16,2% |
| dezentr. Lüftung o AK oD | 18,5 | 0,0% | 11,7% | 22,9 | 0,0% | 18,3% |
| dezentr. Lüftung o AK mD | 17,6 | 0,0% | 9,0% | 22,1 | 0,0% | 15,0% |
| dezentr. Lüftung m AK oD | 16,4 | 0,0% | 10,8% | 19,5 | 0,0% | 15,8% |

Wie in Tabelle 5.16 zusehen, führt eine Aufrechterhaltung von 20°C nicht zu einem höheren Heizwärmebedarf. Das ist plausibel, da das Gebäude aufgrund seines hohen Wärmeschutzes auch bei Abwesenheit der Bewohner nur sehr langsam auskühlt. Die individuellen Sollwerte, bis zu 24°C, können zeitweise nicht erreicht werden. Hier ist wieder zu beachten, dass es sich bei der Heizwärmezufuhr um eine idealisierte Wärmequelle handelt, d.h. sie unterliegt keinerlei Dynamik oder Trägheit. Die Berechnungsergebnisse stellen also den „Best- Case" dar, da die benötigte Wärme bei Bedarf verzögerungsfrei mit voller Leistung zur Verfügung steht. Sie wird ebenso verzögerungsfrei reduziert bzw. gestoppt, wenn der Sollwert erreicht ist.

Werden bei der Bewertung der Unterschreitungsstunden die Zeiten in denen die Fenster geöffnet sind nicht ausgeblendet, zeigt sich ein interessanter Effekt bei der Variante mit gedämmten Trennwänden: durch die Ausblendung thermischer Speichermasse sind in diesem Fall die Unterschreitungsstunden deutlich höher als im Fall der „normalen" Trennwände, da die Zimmer schneller auskühlen. Bei den in den Tabellen dargestellten Werten (Temperatur bei geöffnetem Fenster nicht berücksichtigt) sind dagegen die kritischen Zeiträume mit Dämmung eher geringer, da nach Schließen der Fenster weniger Masse erwärmt werden muss, der Aufheizvorgang also schneller geht.

Das Szenario (reduzierte Heizleistung, Sollwert- Minimum Zimmer 20°C) wurde ebenfalls mit zufallsverteilten Belegungsprofilen untersucht. Vergleicht man die Ergebnisse mit den Werten aus Kapitel 5.2.4, Tabelle 5.6, zeigt sich noch einmal, dass der Heizwärmebedarf bei dauerhafter Temperierung der Zimmer nicht steigt (wobei die höheren Sollwerte in den Zimmern nicht zu jedem Zeitpunkt erreicht werden), die Streuung der Ergebnisse sogar leicht abnimmt, d.h. das Wohnheim wird tendenziell etwas unempfindlicher gegenüber der Verteilung unterschiedlicher Nutzerprofile.

**Tabelle 5.13)** Zusammenfassung der Ergebnisse aus 50 Simulationsrechnungen mit zufallsverteilten Nutzungsprofilen. Der mittlere Heizwärmebedarf erhöht sich im Vergleich zu Tabelle 5.6 durch eine dauerhafte Sicherstellung von 20°C nicht, sowohl bei hohem Wirkungsgrad der WRG, als auch wenn dieser auf 60% sinkt. Ein leichter Rückgang bei der Standardabweichung zeigt, dass die Ergebnisse durch wechselnde Belegungsprofile nun weniger um den Mittelwert streuen.

|  | $\eta_{WRG}$ 82% |  | $\eta_{WRG}$ 60% |  |
|---|---|---|---|---|
|  | Ø $Q_H$ [kWh/m²a] | Std.Abw. σ [kWh/m²a] | Ø $Q_H$ [kWh/m²a] | Std.Abw. σ [kWh/m²a] |
| zentrale Lüftung ohne AK | 19,4 | 0,357 | 23,7 | 0,349 |
| zentrale Lüftung mit AK | 16,9 | 0,350 | 20,2 | 0,403 |
| dezentrale Lüftung ohne AK | 18,6 | 0,400 | 22,8 | 0,433 |
| dezentrale Lüftung mit AK | 16,6 | 0,337 | 19,5 | 0,397 |

### 5.2.9. Stromverbrauch der Ventilatoren

In den vorangegangenen Untersuchungen hat sich die anwesenheitsabhängige Steuerung der Luftwechsel im Zimmer immer wieder als die Variante mit dem geringeren Heizwärmebedarf gezeigt. Die Einsparungen wirken sich aber nicht nur auf der Wärme- sondern auch auf der Stromseite aus.

Der Bedarf an elektrischer Hilfsenergie wird im TRNSYS Type für die Lüftungsanlage basierend auf zu förderndem Massenstrom, Druckverlust und Effizienz der Ventilatoren berechnet. Der Strombedarf der Variante mit nutzungsabhängiger Steuerung der Volumenströme ist daher idealisiert, da keine Aussage gemacht wird, wie eine Umsetzung im realen Betrieb erfolgt. Denkbar wäre die Lösung mit einem zentralen Stützventilator, der die Druckverluste im Wärmeübertrager und im Rohrnetz ausgleicht und dezentralen Einzelventilatoren, die den Luftwechsel im Zimmer sicherstellen. Bei der Kalkulation des Strombedarfs im Simulationsmodell gehen als Parameter nur die oben genannten Größen Massenstrom und Druckdifferenz ein – ob der Volumenstrom im Zimmer über dezentrale Ventilatoren oder verstellbare Drosselklappen geregelt wird, ist nicht abbildbar.

Bei den dezentralen Geräten ist die spezifische Leistung aufgrund der geringen Druckverluste durch ein kurzes Kanalnetz potentiell geringer. Dass sich dies in der Praxis anders darstellen kann, zeigt sich am Wohnheim Molkereistraße – die dezentralen Geräte, die an gemeinsame Versorgungsschächte angeschlossen sind, haben aufgrund hoher Druckverluste in der Luftführung eine sehr hohe spezifische Leistungsaufnahme.

**Bild 5.36)** Stromaufnahme der unterschiedlichen Lüftungsvarianten. Für die anwesenheits-kontrollierte Steuerung muss ein Kontrollsignal vorliegen. Dies könnte manuell über einen Schalter erfolgen (kein zusätzlicher Stromverbrauch) oder automatisiert über einen Präsenzmelder, der mit 2,5 W Leistungsaufnahme pro Gerät angenommen wurde.

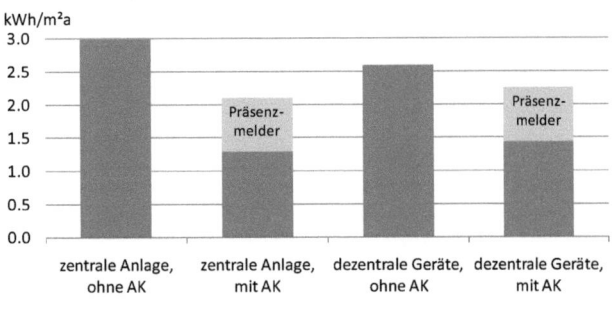

Zum Bedarf der anwesenheitsgesteuerten Geräte kann ein weiterer Hilfsstrombedarf kommen, falls diese Funktion über zusätzliche Sensoren gesteuert wird, beispielsweise über Präsenzmelder. Bei einer Produktrecherche zu Präsenzmeldern schwankten Angaben zur Leistungsaufnahme zwischen 0,5 W und 5 W – für die Kalkulation in Bild 5.36 wurden 2,5 W angesetzt. Denkbar ist auch eine $CO_2$- abhängige Regelung.

**Tabelle 5.14)** Differenzierung des Strombedarfs der Lüftung für unterschiedliche Belegungsraten am Wochenende. Die stärkere Auslastung erhöht zwar auch den Bedarf beim Konzept mit Anwesenheitskontrolle, ausschlaggebend für den geringeren Bedarf ist aber das Verlassen des Apartments tagsüber. Einberechnet ist der zusätzliche Bedarf für Präsenzmelder, in Klammern angegeben ist der reine Bedarf der Lüftung.

|  | Strom Lüftung WE 46% Belegung [kWh/m²a ] | Strom Lüftung WE 86% Belegung [kWh/m²a] |
|---|---|---|
| zentrale Anlage, ohne AK | 3,0 | 3,0 |
| zentrale Anlage, mit AK (nur Lüftung) | 2,1 (1,3) | 2,3 (1,5) |
| dezentrale Geräte, ohne AK | 2,6 | 2,6 |
| dezentrale Geräte, mit AK | 2,2 (1,4) | 2,4 (1,6) |

**Tabelle 5.15)** Verhältnis von Nutzen (zurückgewonnene Wärme) und Aufwand (elektr. Energie) als „Coefficient of Perfomance", COP, bei verschiedenen Lüftungskonzepten und unterschiedlichem Wirkungsgrad der WRG. Wird der Strombedarf der Präsenzmelder berücksichtigt, liegen die COP der Konzepte nahe zusammen. Der bessere COP dezentraler Geräte setzt voraus, dass diese eine geringere spezifische Leistungsaufnahme haben als zentrale Anlagen.

|  | $\eta_{WRG}$ 82% COP | $\eta_{WRG}$ 60% COP |
|---|---|---|
| zentr. Anlage, ohne AK | 9,9 | 7,3 |
| zentr. Anlage, mit AK | 10,1 (16,5) | 7,6 (12,3) |
| dezentr. Anlagen, ohne AK | 11,6 | 8,7 |
| dezentr. Anlagen, mit AK | 9,6 (15,0) | 7,3 (11,4) |

Den Unterschieden im Bedarf an elektrischer Hilfsenergie kommt vor allem beim primärenergetischen Vergleich der Konzepte eine entscheidende Rolle zu. Eine entsprechende Gegenüberstellung erfolgt im nächsten Kapitel.

## 5.3. Fazit Simulation – Maßnahmen und Nutzen

Mit Hilfe der Simulation konnten zwei Ziele erreicht werden:

- Die Kausalitäten zwischen Nutzerverhalten und gemessenen Größen in den Feldmessungen konnten durch die virtuelle Nachbildung verschiedener beobachteter Einflüsse bestätigt und/oder genauer untersucht werden.
- Die Variation beeinflussbarer technischer Parameter ermöglichte Vergleichs- und Optimierungsmöglichkeiten technischer Konzepte bei Verwendung eines realitätsnahen Nutzermodells

Die errechneten Werte für den Heizwärmebedarf bieten einen qualitativen Vergleich grundlegender Konzepte. Bei den Feldmessungen ist ein signifikanter Anteil des Heizwärmeverbrauchs auf Bereitstellungs- und Zirkulationsverluste zurückzuführen war – Wärmeströme, die in der Simulation nicht abgebildet werden. In Tabelle 5.16 sind die wesentlichen Reduktionen des Heizwärmebedarfs, ausgehend vom Modell mit zentraler Lüftungsanlage mit ungeregeltem Luftwechsel, als prozentuale Änderungen aufgelistet.

**Tabelle 5.16)** Maßnahmen und Auswirkungen auf den Heizwärmeverbrauch, basierend auf einer zentralen, ungeregelten Lüftungsanlage. Den größten Einfluss hat die nutzungsabhängige Regelung der Lüftung. Dieser gewinnt bei sinkendem Wirkungsgrad der WRG noch an Bedeutung.

| Maßnahme: | $\eta_{WRG}$ 82% | $\eta_{WRG}$ 60% |
|---|---|---|
| dezentrale Lüftung: | 2,8% | 4,4% |
| Trennwand-Dämmung: | 6,1% | 6,5% |
| anwesenheitskontrollierte Lüftung: | 11,8% | 15,0% |

Werden die Ergebnisse primärenergetisch bewertet, verdeutlicht sich der Vorteil einer anwesenheitsgesteuerten Lüftung. Allerdings muss die zur Kontrolle herangezogene Sensorik kritisch überprüft werden, damit nicht Einsparungen beim Strom für die Ventilatoren durch zusätzlichen Bedarf für die Ansteuerungselektronik aufgehoben werden.

**Bild 5.37)** Gegenüberstellung des primärenergetisch bewerteten Energiebedarfs für Heizwärme und elektrischer Hilfsenergie[28] – zum Vergleich auch eine Berechnung des Modells mit reiner Abluftanlage (aber gleicher Gebäudehülle). Eine an die Anwesenheit der Nutzer angepasste Lüftung führt bei Wärme und Strom zu Reduktionen, die WRG reduziert den Primärenergiebedarf um 33% (Vergleich ohne AK), bzw.40% (Vergleich mit AK).

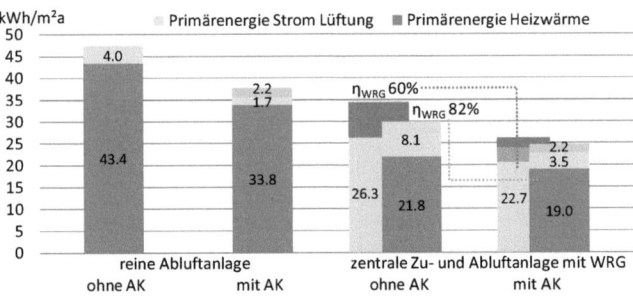

---

[28] Angenommene Primärenergiefaktoren: Strom: 2,7; Wärme (Erdgas) 1,1

Aus den Ergebnissen lassen sich einige Rückschlüsse und Handlungsempfehlungen ziehen: Den größten Einfluss bei der Variation der Lüftungskonzepte hat die Anpassung der Volumenströme an die Anwesenheit der Nutzer. Die Einsparungen an Heizwärme werden ergänzt durch Reduktionen beim Strombedarf. Zusätzlich bietet diese Variante die Option, dem Nutzer auch die Möglichkeit zu geben, die Volumenströme selbst anzupassen - und damit auch temporär zu erhöhen (kochen, bei Besuch).

Der Unterschied zwischen zentralen und dezentralen Lüftungsanlagen ist vergleichsweise gering, d.h. eine Entkopplung der Nutzungszonen über getrennte Lüftungsanlagen bringt energetisch keine Vorteile bzw. die Nachteile dezentraler Geräte (mehr Verschleißteile, Zugang zu Geräten für Filterwechsel, häufige Durchdringung der Außenhülle) werden nicht durch andere Vorteile aufgehoben. Die Anzahl der nötigen Durchbrüche ist im Modell nicht berücksichtigt, hat aber in der Realität erhebliche praktische Auswirkungen. Im Hinblick auf eine eher schwierige gleichmäßige Einregulierung zentraler Anlagen auf eine Vielzahl von Ein- und Auslässen können semi-zentrale Systeme, wie geschossweiser Einsatz zentraler Komponenten, wie Wärmeübertrager und Stütz- Ventilatoren, sinnvoll sein.

Um Komforteinbußen durch dynamische Effekte wie wechselnde Belegung auszugleichen, ist es nach Aussage der Simulationsergebnisse sinnvoll, die Zimmer auf einer Mindest-Temperatur zu halten. Auch hier gilt die Einschränkung: das Modell berücksichtigt keine Verteil-verluste. Beim Wohnheim Neue Burse konnte gezeigt werden, dass beträchtliche Teile des Heizwärmeverbrauchs durch Bereitstellungsverluste hervorgerufen werden, auch bei der Molkereistraße gibt es erhöhte Verteilverluste. Dies sind oft regelungstechnische Probleme - bei der realen Ausführung ist dennoch das Thema Bereitstellung und Verteilung von Heizwärme von großer Bedeutung.

Offen bleibt die Art der Übergabe der Heizwärme. Die möglichen Probleme mit zu geringen Heizleistungen machen den Einsatz einer reinen Luftheizung schwierig, auch wenn die Beheizbarkeit über die Luft eigentlich *das* funktionale Kriterium des Passivhauses darstellt. Bei einer Bereitstellung der verfügbaren Heizleistung mit passivhaustypischen Werten um 10 W/m² muss – vor allem in Verbindung mit zu erwartenden gewünschten Temperaturen in den Zimmern – mit Beschwerden der Nutzer aufgrund von Komforteinbußen gerechnet werden. In den Feldmessungen hat sich gezeigt, dass Systeme, die ein grobes Verständnis der technischen Hintergründe und den richtigen Umgang, oder zumindest auf gewisse Lerneffekte voraussetzen, nicht akzeptiert werden, teilweise waren Umrüstungen und Nachbesserungen nötig. Eine reine Luftheizung stößt damit an die Grenzen ihrer Leistung.

Andererseits hat sich beim Vergleich verschiedener Heizungssysteme am Solarcampus Jülich gezeigt, dass die dort teilweise verwendete Luftheizung in vielen Kriterien am besten bewertet wird ( [SCJ05], S. 4-74). Dies liegt vor allem am schnellen Ansprechen der Heizung – die Nutzer merken schnell, dass „etwas passiert" (warme Luft strömt aus der Zuluft- Düse). Andere, trägere Systeme, vor allem Flächenheizungen wie Fußbodenheizungen, wurden schlecht bewertet, auch wenn sie technisch einwandfrei funktionierten.

Eine individuelle Heizwärmezufuhr pro Apartment bedingt durch die verhältnismäßig kleinen, aber in hoher Anzahl vorhandenen Zimmer umfangreiche Versorgungsleitungen und führt daher wie in Kapitel 3 gezeigt zu Wärmeverlusten bei der Verteilung. Die Simulation gibt nur die physikalisch notwendige Wärme zum Erreichen der Solltemperaturen an – zeigt dabei aber, dass auch bei „problematischem" Nutzerverhalten ein Heizwärmebedarf < 20 kWh/m²a möglich ist, wenn nutzungsspezifische Besonderheiten berücksichtigt werden.

Literatur

Abkürzungen und Formelzeichen

# 6. Literatur

[ACMS04] Müller, M.; Schlüter, C.: Studentenwohnheim Burse 2. BA, Architektur Contor Müller Schlüter, Wuppertal, 2004

[BDEW08] Bundesverband der Energie- und Wasserwirtschaft: Wasserfakten im Überblick, Bundesverband der Energie- und Wasserwirtschaft e.V., Berlin, 2008

[BDEW10] Bundesverband der Energie- und Wasserwirtschaft: Presseinformation 25. Februar 2010: Haushaltsgröße beeinflusst Strombedarf, Berlin, 2008

[BEA07] Piller, S., et al: Heizen mit Abwasserwärme Best Practice Katalog, Berliner Energieagentur im Auftrag der Europäischen Kommission, Berlin, 2007

[BENCH09] Engelmann, P.: Energie- und Wasserverbrauch in Studierendenwohnheimen, Bergische Universität Wuppertal, Wuppertal, 2009

[BENZ04] Datenblatt, WRGW 7, Benzing Lüftungssysteme GmbH, Villingen Schwenningen

[BINE02] Peuser, F. A.: Große Solaranlagen zur Trinkwassererwärmung, Fachinformationszentrum Karlsruhe, Eggenstein-Leopoldshafen, 2002

[BINE08] Schneider, B.: Thermische Solaranlagen – Studentenwohnheime, Fachinformationsdienst Karlsruhe, Bonn, 2008

[BUIN07] Nutzerinfoblatt Neue Burse, Hochschul-Sozialwerk Wuppertal, Wuppertal, 2007

[CEPH01] Schnieders, J., et al: CEPHEUS - Wissenschafltliche Begleitung und Auswertung, Endbericht, PHI Fachinformationen, Darmstadt, 2001.

[DENA07] Studentenwettbewerb: Wer motiviert, gewinnt! Deutsche Energieagentur, Berlin, 2007, URL: http://www.initiative-energieeffizienz.de/newsletter/newsletter-nr-13/studentenwettbewerb.html (Stand 28.03.2010)

[DIED99] Diederichs, C. J.; Getto, P.; Reisbeck, T.: Entscheidungsvotum für den Verwaltungsausschuss des HSW zur Sanierungsmaßnahme Studentenwohnheim „Burse", Haus 2, Bergische Universität Wuppertal, Wuppertal, 1999.

[DIN15251] DIN EN 15251: Eingangsparameter für das Raumklima zur Auslegung und Bewertung der Energieeffizienz von Gebäuden – Raumluftqualität, Temperatur, Licht und Akustik, Beuth Verlag, Berlin , 2007.

[DIN18599] DIN V 18599-1: Energetische Bewertung von Gebäuden, Beuth Verlag, Berlin, 2007

[DIN1946] DIN 1946 Teil 2: Raumlufttechnik Gesundheitliche Anforderungen, Beuth Verlag, Berlin, 1994.

[DRWE] Datenblatt, drexel und weiss, energieeffiziente Haustechniksysteme, Wolfurt, 2008

[EN7730] DIN EN 7730: Analytische Bestimmung und Interpretation der thermischen Behaglichkeit durch Berechnung des PMV- und des PPD Indexes und der lokalen thermischen Behaglichkeit, Beuth Verlag, Berlin, 2003

[ENEV07]  Verordnung über energiesparenden Wärmeschutz und energiesparende Anlagentechnik bei Gebäuden, Bundesministerium der Justiz, Berlin, 2007

[ENOB08]  Engelmann, P.; Voss, K.: Evaluierung eines Niedrigenergie- und Passivhauses in der Sanierung – „Neue Burse", Wuppertal, Bergische Universität Wuppertal, Wuppertal, 2008.

[ENRW10]  Energieagentur NRW, Pressemitteilung 06.04.2006: Erhebung: Singles verbrauchen Strom anders, Wuppertal, 2010

[EUM06]  Barthel, C.: Der "European Way of Life" - Konsumenten können die $CO_2$-Bilanz erheblich beeinflussen, Energie & Management, Herrsching, 2006

[EUST08]  Eurostat: Strompreise für private Haushalte, Tabelle [ten00115], URL: http://epp.eurostat.ec.europa.eu/tgm/table.do?tab=table&init=1&language=de&pcode=ten00115&plugin=1 (Stand: 7.02.2010)

[FEIST94]  Feist, W.: Innere Gewinne werden überschätzt, Sonnenenergie & Wärmetechnik, 1/94, Bielefeld, 1994

[GEMIS]  Globales Emissions-Modell Integrierter Systeme, Verion 4.3, Öko-Institut, Darmstadt, 2008

[HIS09]  Wank, J.; Willige, J.; Heine, C.: Wohnen im Studium, HIS Hochschul-Informations-System GmbH, Hannover, 2009

[HOH89]  Braun, P. O.; Gruber, E.: Projektbegleitendes Meßprogramm im Studentenwohnheim Stuttgart-Hohenheim, Fraunhofer Insitut für Solare Energiesysteme, Freiburg, 1989.

[MIET09]  Deutscher Mieterbund, Betriebskostenspiegel 2007, Berlin 2009 URL: http://www.mieterbund.de/fileadmin/pdf/bks/2008/BKS2008.pdf (Stand 01.12.2009)

[NAMO07]  Smutny, R.; Treberspurg, M.: Nachhaltigkeitsmonitoringt des Passivhaus-Studentenheims Molkereistraße, Universität für Bodenkultur, Wien, 2007

[OBER09]  Oberkleiner, W.: Analyse der Lüftungsanlage und der Nutzerzufriedenheit in Passivhäusern am Beispiel des Studentenheims Molkereistraße in Wien, Universität für Bodenkultur, Wien, 2009

[PHBIH]  Wortmann, R.: Passivhaus Qualitätsnachweis, Wortmann & Scheerer, Bochum, 2001

[PHBIR]  Feist, W., et al: Studierendenwohnheime Birkenfeld - Vergleich von Niedrigenergiehaus und Passivhaus, Endbericht, Passivhaus Institut, Darmstadt, 2000

[PHBUWa]  Such, M.: Niedrigenergiehaus Vorprojektierung, Passivhaus Dienstleistung GmbH, Darmstadt, 2001

[PHBUWb]  Such, M.: Passivhaus Vorprojektierung, Passivhaus Dienstleistung GmbH, Darmstadt, 2001

[PHD01]  Such, M.: Wärmebedarfsberechnung für den Niedrigenergie und den Passivhausstandard, Passivhaus Dienstleistungs GmbH, Darmstadt, 2004

[PHMOL]  Berger, M.: Passivhausstudentenheim Molkereistraße – Wien, Gebäudeklimakonzept / Passivhausnachweis, team gmi Voralberg, Wien, 2005

| | |
|---|---|
| [PHSIM] | Engelmann, P.: Passivhaus Projektierungspaket - Virtuelles Studierendenwohnheim, Bergische Universität Wuppertal, Wuppertal, 2009 |
| [PHT03a] | Großklos, M.; Loga, T.: Fensteröffnung in Passivhäusern, Tagungsband 7. Internationale Passivhaustagung 2003, Hamburg, 2003 |
| [PHT03b] | Voss, K.; Wall, M.; Hastings, R.: Der Beitrag erneuerbarer Energien im Passivhaus, Tagungsband 7. Internationale Passivhaustagung 2003, Hamburg, 2003 |
| [PHT03c] | Wortmann, Ralf.: Bildungsherberge Hagen, Studentenhotel als Passivhaus, Tagungsband 7. Internationale Passivhaustagung, Hamburg, 2003 |
| [SCJ05] | Göttsche, J., et al: Abschlussbericht Solar-Campus Jülich, Fachhochschule Aachen, Jülich, 2005 |
| [SZE07] | Isserstedt, W., et al: Die wirtschaftliche und soziale Lage der Studierenden in der Bundesrepuplik Deutschland 2006, Bundesministerium für Bildung und Forschung, Berlin, 2007 |
| [TP334] | TRNSYS 16 - Type 334 Manual: Air handling unit with sensible and latent heat recovery, Transsolar Energietechnik GmbH, Stuttgart |
| [UCB05] | Gehm, C.;Hausen, H.: Passivhaus versus Niedrigenergiehaus, Umwelt-Campus Birkenfeld Entwicklungs- und Management GmbH, Hoppstädten-Weiersbach, 2005 |
| [UMAN05] | ÖAD Wohnraumverwaltung: ÖAD-Gästehaus der Wiener Universitäten in Passibhausbauweise - User Manual, Österreichischer Austauschdienst, Wien, 2005 |
| [VDI3807] | VDI3807, Blatt 4: Energie- und Wasserverbrauchskennwerte für Gebäude, Teilkennwerte elektrische Energie, Beuth Verlag GmbH, Berlin, 2008 |
| [WKG] | Datenblatt, Klimageräte KG 40-400 Gigant wetterfest, Wolf GmbH, Mainburg |
| [ZAMG] | Zentralanstalt für Meteorologie und Geodynamik, Wetterdaten der Station „Hohe Warte", Wien, 2009 |

# Abkürzungen und Formelzeichen

## Abkürzungen

| | |
|---|---|
| BA | Bauabschnitt |
| BGF | Bruttogeschossfläche |
| KWK | Kraft- Wärme- Kopplung |
| NEH | Niedrigenergiehaus |
| NGF | Nettogeschossfläche |
| PE | Primärenergie |
| PH | Passivhaus |
| PHPP | Passivhaus Projektierungspaket |
| RLT | Raumlufttechnische Anlage |
| TGA | Technische Gebäudeausrüstung |
| WDVS | Wärmedämmverbundsystem |
| WE | Wohneinheit |
| WG | Wohngemeinschaft |
| WMZ | Wärmemengenzähler |
| WRG | Wärmerückgewinnung |

## Indizes

| | |
|---|---|
| BGF | Bruttogeschossfläche |
| f | Rahmen (Frame) |
| g | Glas |
| ges | gesamt |
| i | intern |
| N | Nutz |
| NGF | Nettogeschossfläche |
| s | solar |
| T | Transmission |
| V | Ventilation |
| w | Fenster (Window) |
| WRG | Wärmerückgewinnung |

## Lateinische Zeichen

| Zeichen | Einheit | Bezeichnung |
|---|---|---|
| A/V | $m^{-1}$ | Oberflächen zu Volumen- Verhältnis |
| $A_N$ | $m^2$ | Nutzfläche der Energieeinsparverordnung |
| $H_T$ | $W/m^2K$ | Transmissionswärmeverlustkoeffizient |
| $H_V$ | $W/m^2K$ | Lüftungswärmeverlustkoeffizient |
| Q | kWh | Wärme |
| T | K | Temperatur in K |
| $U_f$ | $W/m^2K$ | Wärmedurchgangskoeffizient Fensterrahmen |
| $U_g$ | $W/m^2K$ | Wärmedurchgangskoeffizient Glas |
| $U_w$ | $W/m^2K$ | Wärmedurchgangskoeffizient Fenster |

## Griechische Zeichen

| Zeichen | Einheit | Bezeichnung |
|---|---|---|
| α | $W/m^2K$ | Wärmeübergangskoeffizient |
| η | - | Wirkungsgrad |
| ϑ | °C | Temperatur in °Celsius |

## I want morebooks!

Buy your books fast and straightforward online - at one of world's fastest growing online book stores! Environmentally sound due to Print-on-Demand technologies.

Buy your books online at
**www.morebooks.shop**

Kaufen Sie Ihre Bücher schnell und unkompliziert online – auf einer der am schnellsten wachsenden Buchhandelsplattformen weltweit! Dank Print-On-Demand umwelt- und ressourcenschonend produziert.

Bücher schneller online kaufen
**www.morebooks.shop**

KS OmniScriptum Publishing
Brivibas gatve 197
LV-1039 Riga, Latvia
Telefax: +371 686 204 55

info@omniscriptum.com
www.omniscriptum.com

MIX
Papier aus verantwortungsvollen Quellen
Paper from responsible sources
FSC® C105338

Printed by Books on Demand GmbH, Norderstedt / Germany